哲学新课题丛书

SEMANTIC EXTERNALISM
JESPER KALLESTRUP

〔丹麦〕杰斯帕·凯勒斯特拉普 著　　李 葵 译

语义外在论

华夏出版社
HUAXIA PUBLISHING HOUSE

Routledge
Taylor & Francis Group

目　录

致　　谢

　　语义外在论总是使我着迷，尤其是因为它那引人入胜的讨论方式，在其中这个心灵哲学和语言哲学的论题与知识论和形而上学中被激烈讨论的话题交织在一起。对这个论题及其相关话题的兴趣始于我在圣安德鲁斯大学读博士生的时期，从克里斯平·莱特（Crispin Wright）、莎拉·索亚（Sarah Sawyer）、斯蒂芬·里德（Stephen Read）以及"南门帮"（the Southgait Group）成员那里我获教匪浅，后者是由拉尔斯·宾德拉普（Lars Binderup）、帕特里克·格林诺夫（Patrick Greenough）、拉尔斯·博·格伦德森（Lars Bo Grunderson）、帕特里斯·腓利（Patrice Philie）、邓肯·普利查德（Duncan Pritchard）和斯文·罗森克兰茨（Sven Rosenkranz）组成的。在澳洲国立大学的研究期间，我从弗兰克·杰克逊（Frank Jackson）和菲利普·佩蒂特（Philip Pettit）的想法中受益尤多。近来，我要感谢我在爱丁堡大学的同事和研究生们，特别是与安迪·克拉克（Andy Clark）、邓肯·普利查德、埃文·巴茨（Evan Butts）、乔伊·波洛克（Joey Pollock）和山姆·贝尔德（Sam Baird）具有启发性的讨论。本书的部分内容在各种工作坊和研讨班上宣读过，我也收到了如下读者的有益评论，他们包括凯蒂·法卡斯（Kati Farkas）、米克尔·格尔肯（Mikkel Gerken）、桑迪·高登堡（Sandy Goldberg）、克莱门斯·卡佩尔（Klemens Kappel）、尼古拉·张·佩德森（Nikolaj Jang Pedersen）和阿萨·维克福斯（Åsa Wikforss）。蒂姆·克莱因（Tim Crane）曾友善地邀请我到伦敦大学哲学研究所渡过了一段时光，来自英国科学院的一份研究资助使我在那里能够完善本书的内容。

我还能回想起在哲学研究所的访问期间,与乔纳森·伯格(Jonathan Berg)、蒂姆·克莱因、加布里埃尔·西格尔(Gabriel Segal)和凯瑟琳·韦尔林(Gabriel Wearing)那些具有启发性的谈话。我也想感谢两位匿名评审对早期手稿极其有益的反馈。最后,但不是最少地,要感谢劳特里奇团队的托尼·布鲁斯(Tony Bruce)、亚当·约翰逊(Adam Johnson)、吉姆·托马斯(Jim Tomas)和安德鲁·瓦茨(Andrew Watts)自始至终提供的极大支持和鼓励。

导　　论

　　看到简的套衫是红的和相信苹果有益健康都是心灵状态。这两个状态也都是表征性的(representational)。说一个心灵状态是表征性的,即是说它执行关涉(about)世界中某物的功能,或者说以某一特定方式来看待世界。知觉和信念都是表征状态。处于这样的状态中,即是将世界表征为处于某一特定方式。状态将世界表征为所处的方式即是其表征内容。有一点比较特殊,处于一个信念状态涉及处于一个这样的状态中:它为真或为假,只取决于世界是否被该信念如其所是地表征。有的心灵状态也有现象特征(phenomenal characters)。说一个知觉经验具有现象特征,即是说存在某种对体验过该经验的主体来说是什么样的东西。设想下与关于红色套衫的视觉经验相联的那种质的感觉(qualitative feel)。虽然有的哲学家将现象特征视为完全被所论及的知觉经验表征内容决定,但亦有人宣称,通过经验的表征内容并不能穷尽地理解现象特征。那个争论不是我们在这里要探究的。实际上,我们随后将关注于信念和其它所谓的命题态度上。说安娜相信苹果是有益健康的,即是说安娜持有朝向"苹果是有益健康的"这个命题的信念态度。命题是信念可与之相联的抽象实体。它们由概念构成,且能为真或为假。我们将关注的表征内容类型是命题内容。除非另有明确说明,我们将在命题态度的意思上使用"意义"(meaning)这个概念。一些哲学家坚持认为某些表征内容是非概念的。他们相信我们能以超出概念资源之外的方式来表征世界。安娜关于阴影红 29 的视觉经验在现象上与红 31 的不同,但她却没有此类红色概念。因此,她视觉经验的表征内容比其命题内容的区分更加细致。还有人声称，仅通过使用她拥有的概念，我们就能完全详细说明安娜表征世界的方式。例如，她经验的命题内，容即那块阴影（指示红29）是如此这般。但这不是我们接下来将要深究的争论。

把意义的本性理解为命题内容，是一个需从多方面考虑的棘手问题。本书介绍和评估哲学家们称之为语义外在论的问题。鉴于这个主题下的大多数著作都涉及语义外在论者与语义内在论者之间的争论，本书的大量篇幅将用来考察这一争论中诸多悬而未决的论证和立场。这两个阵营在意义是如何个体化的这一问题上各执一端。后一个阵营中的人认为，意义是完全被内在于说话者的特征所决定的；而前一个阵营的人则认为，意义至少部分决定于外在于说话者的特征。有个这样的例子。假设在你面前的灌木丛中笨手笨脚地找车钥匙的人是约翰。然后，你指着灌木丛说出这样的句子，"那个人喝醉了"，你所说的是约翰喝醉了。现在假设在灌木丛中的是约翰的同卵双胞胎詹姆斯。就你所知的其它一切都是相同的，的确除了看上去相同的个体约翰和詹姆斯实际上是不同的这一事实外，其它一切都是相同的。然后你指着灌木丛说出了同样的句子，但你现在所说的是詹姆斯喝醉了。在两个情形中你是内在相同的。例如，你在第一个情形中的视觉经验与在第二个情形中的是无法分辨的。因此你在两个言说中表达的命题不能是你头脑中的东西的功能，而必须依赖于外间世界是什么样的。结论是，意义至少部分决定于超出说话者掌握之外的外在因素中。或正如意义外在论者所宣称的那样。这不是在"那个"这样的指示词或"我"这样的索引性表达的例子那样大有争议。而仅仅是约翰和詹姆斯是相异个体这一事实，蕴涵了当约翰说"我觉得愉悦"这个句子所表达的东西不同于詹姆斯说同一句子表达的东西。但在一种重要意义上，似乎可以说约翰和詹姆斯说得很像。毕竟，他们中的每一个都觉得愉悦。类似地，在某种重要意义上我在两种情形下都说了相同的东西,例如,那个被指示地识别(demonstratively identified)的个体喝醉了。语义内在主义者倾向于明确指出,意义或至少它的一个层面,只依赖于说话者内在地是什么样的,并且因此对外在环境中的各种相关变化不敏感。相较之下,语义外在论者执于强调,像"老虎"或"水"这样的自然类词项的意义,甚至像"化油器"或"沙发"这样的社会类词项的意义,也是外在地被个体化的。语义外在主义者的策略,即让两个内在相同的说话者处于除某种不能感知的微观物理或社会语言差异之外完全相同的环境下。他们所不知道的是,他们对这些词项的使用将由此挑出不同的自然类或社会类,并且他们所表达的东西将因此以各种方式被外在地确定,也许都不为其所知。但是,如果这些说话者所相信的东西是由命题决定的,而后者是由他们用来表达其信念的句子加以表达的,那么不仅是语言学的意义被外在地个体化,其信念的内容也是如此。语义外在论者得出结论,信念内容是外在地被决定的,并且信念状态自身也是如此,只要这些状态是由其内容被个体化的。语义内在论者的典型回应是指出,由于相关环境对于所有显现的或表面的特征而言都是相同的,这些说话者的语言和身体行为只有被转而赋予其信念某种共同的内容才能获得最好的理解。说话者的信念内容表征他们将世界看作是什么样的,内在相同的说话者们,他们所处的环境就其所知的一切而言是相同的,将以同样方式看待世界。重要的是,语义内在论者承认,就某种心理解释目的而言,此类说话者行为相同,因为他们关于事物是什么样的概念是相同的。

　　语义外在论在 1970 年代和 1980 年代声名显赫,部分原因是由于索尔·克里普克(Saul Kripke)和希拉里·普特南(Hilary Putnam)对语言哲学中指称的描述理论(descriptive theory of reference)或描述主义(descriptivism)的革命性攻击。此论可以回溯至哥特洛布·弗雷格(Gottlob Frege),说的是描述属性集被有能力的说话者联系于单一和通称词项,它们给词项以意义并决定其指称。与之相对,这些哲学家们倡导直接指称理论(direct reference theory)或指称主义(referentialism),根据此论,词项直接挑出指称,不用通过任何描述属性的中介。在这种观点看来,词项的意义被其所指(referents)完全穷尽,指称是以命名仪式的方式决定的,其中词项先是被引入语言中,然后通过一条因果历史(causal-historical)链条传播。虽然描述主义和语义内在论,与指称主义和语义外在论是不同的教条,然而在某些版本中它们却携手并进。例如,指称主义蕴涵了一种版本的语义外在论。如果一个指称项的意义是由其指称的外在对象给予的,那么此意义明显是被外在地个体化的。但是,反过来却是错的。一些语义外在论者坚持,一个指称项的意义在于思考其所指的一种可能的描述方式,要是词项缺乏指称该方式就不存在。为了给支持心灵或思想哲学中语义外在论立场的论证以适当的评价,我们需要检查那些反对语言哲学中描述主义立场的公开指责。类似地,为了深化对近期由戴维·刘易斯(David Lewis)、弗兰克·杰克逊、戴维·查尔默斯(David Chalmers)等人领导的反革命潮流的理解,即对某种类型的语义内在论的复兴,我们需要对这些哲学家就其能令人满意地回应指称主义者的反对这件事是否正确作出判断。本书的前两章就是要致力于这些问题的。

第1章始于对描述主义的介绍,其立场认为单一和通称词项的意义在于描述内容,后者决定了词项的指称,同时也是有能力的说话者理解词项时所知道的东西。例如,"亚里士多德"的意义可由"亚历山大大帝的老师"这一限定摹状词给出,而"那种充满海洋、降自云端的干净、适饮且被称为'水'的液体"给出了"水"的意义。约翰·塞尔(John Searle)、迈克尔·达米特(Michael Dummett)、弗兰克·杰克逊和戴维·刘易斯等人捍卫这种观点,此论可追溯至弗雷格和伯特兰·罗素(Bertrand Russell)。那时,弗雷格提出了对存在其所谓异于指称的"涵义"(sense)的论证。这样的涵义被看作一种关于指称的呈现模式或思维方式。在其加强的版本中,这种著名的同一性论证利用了关于指称命题态度语境中词项的行为的直觉。命题态度大致上是一个个体加之于命题的一种态度,例如,约翰相信玛丽没上班。这个论证显示,涵义对于说话者来说必须是某种具有认知意义的东西:如果一个个体能对两个命题持不同的认知态度,那么它们的涵义是不同的。最终,借用弗雷格的一个广为人知的例子,来讨论这一问题:涵义是否能构成一个语言共同体中共享的语言学意义的概念。在此背景下,关于意义的知识在交流中所扮演的角色将被考察。最紧迫的担忧是,如果意义在说话者之间差异显著,那么在交流中主体间的知识传播将会被危及。

第 2 章始于对直接指称和严格性(rigidity)的介绍,这些概念是理解指称主义的关键。严格性即这样的概念:在所有可能世界中词项都挑出相同的对象。一个可能世界是我们的世界可能会是(might have been)的一种方式。在这种观点看来,指称项是严格的,是因为它们是直接指称的。含有指称项的句子因此表达单一命题,这些词项的所指即命题的组成部分。随后介绍的是克里普克反对描述主义的模态论证。这个著名的论证依赖于模态语境下指称词项行为的直觉。描述主义者的回应,或是援引内容的两种概念,或是利用严格限定摹状词。加雷斯·埃文斯(Gareth Evans)捍卫一种混合的观点,根据他的论述,内容的一个层面决定现实世界中的指称,而其另一层面则决定可能世界中的指称。刘易斯和杰克逊则建议诸如"亚里士多德"这样的专名是"亚历山大大帝实际上的老师"的缩写,以至于甚至在不是亚里士多德而是其他人教育了亚历山大大帝的可能世界中,"亚里士多德"仍然指称亚里士多德。然而,这些反对者中没有谁是完全没有问题的。司各特·索姆斯(Scott Soames)已经指出,可能世界中的说话者完美地相似于现实世界,为了获得关于亚里士多德的信念,他们无需具有关于现实世界的信念。最后,要详述一种对第一章中信念论证的回应,这是南森·萨尔蒙(Nathan Salmon)和司各特·索姆斯站在指称主义的立场上作出的。它说的是,单一命题内容是在与语义无关紧要的呈现模式下被掌握的。

第3章将涉及从语言哲学向思想和心灵哲学的过渡。首先要详细介绍一下普特南的孪生地球论证,并继之以批判性的讨论。这个论证旨在说明,自然类词项的意义部分决定于关于自然类的基础物理事实,它们由上述词项挑出,甚至这些事实在该说话者对其一无所知的情况下亦是如此。推理看起来很有说服力,但是像蒂姆·克莱因、加布里埃尔·西格尔和弗兰克·杰克逊这些哲学家提出了不赞同的异议观点。随后将梳理泰勒·伯奇对普特南结论的三种扩展方式。第一,如果语言内容是外在个体化的,那么心灵内容也是如此。的确如果心灵状态自身是部分地被其内容个体化的,那么处于一个有这般内容的信念状态中也将是被外在个体化的。第二,心灵内容不仅依赖于关于外在环境的物理事实,也依赖于语言共同体中语言被约定使用的方式这一社会事实。第三,不仅是自然类词项的内容是外在地个体化的,非自然词项的内容亦是如此。然后将介绍伯奇的关节炎论证,继之以对攻击这种社会外在论观点的各种反对意见的批判性讨论。在这里语义遵从现象扮演了核心角色,它是这样的思想:说话者对一个表达没有完全地理解,却能通过诉诸那些拥有相关知识的语言专家(expert speakers),有效地使用那个表达并具有其所指的信念。最后,要仔细检查的是戴维森的"沼泽人"(Swampman)的例子。这个思想实验不仅对戴维森自己关于表征内容历史的解释,也对目的论语义学提出了挑战。根据后者,表征状态的内容是被个体的选择历史(selectional histories)所个体化的。一些回应也将被讨论,其中的一个突出了戴维森著作中关于意义和彻底翻译的深层紧张关系。

第4章始于对"干涸地球"(Dry Earth)例子的审察,在其中相关的外在事实是缺失的。它们旨在显示,如果内容是被外在环境个体化的,那么这样的内容的存在也依赖于那些环境的获得。戴维·卡普兰(David Kaplan)对知觉指示思想(perceptual – demonstrative thoughts)的解释,以及雷加斯·埃文斯和约翰·麦克道威尔(John McDowell)关于弗雷格式从物(de re)意义的思想,均给出了对象依赖内容(object – dependent content)的例子。接下来,要修正的是自然类词项是缩略的严格限定摹状词的建议。鉴于严格化涉及一个现实性算子,并且"实际上"是个索引性表达,因此涉及水的概念的思想在本性上是以自我为中心的(egocentric)。问题是这些自我中心思想的内容是应该被视为真值的条件呢,还是像戴维·刘易斯认为的那样,其内容在于特定属性的自我归属。一个自然的建议是认识到心灵内容存在两种不同的构成:内在地个体化的窄内容(narrow content),和外在地个体化的宽内容(wide content)。来自科林·麦金(Colin McGinn)和戴维·查尔默斯的两种混合观点将被详细讨论。虽然他们在窄内容的语义输入方面意见不一,但均赋予内容以因果地解释行为的角色。此时,自然类概念的语义学就被修正了。特别地,普特南和查尔默斯的论断——此类概念都有一个索引性构成的观点将予以批判地检查。取而代之将探讨的是一种指称主义的语义学。最后,在刻画窄内容时需要留意:处于一个具有窄内容的状态中,即是处于一个随附于(supervenes on)内在属性的状态中,但窄内容不是内在的。借助戴维·刘易斯、弗兰克·杰克逊和罗伯特·斯托内克(Robert Stalnaker)的工作,有人主张窄内容最好被视为世界内地窄(intra – world narrow),内容仅仅在同一可能世界之内而不是横跨不同可能世界,被内在完全一样的东西所共有。

　　第5章主要关注于相容论和不相容论之间的争论。相容论者宣称,语义外在论和自我知识是相容的,但不相容论者反对这个观点。有能力的说话者通常被视为对其当下心灵状态的内容具有特许进入权,这就造成了关于这些内容的先天知识。但是,如果那些内容的个体化是依赖于外在环境的,对于这些环境说话者既不能特许进入又不必对其有任何了解的话,那么前述论断将似乎是不可能的。处理不相容论者的这个问题有不同的方式。保罗·波戈斯扬(Paul Boghossian)认为,如果说话者缓慢而不知情地在地球和孪生地球间来回切换,他将不能先天地知道他当下思想的宽内容,因为他不能排除这样的可能性:他实际具有一个内容相关但不同的思想。依靠伯奇的自我证实(self-verifying)思想的概念,一些语义外在论者回复道,说话者可以先天地知道他在想什么,无需具有如下先天知识:这样的内容是等同于还是相异于他正在思考的其它内容。但伯奇没有将自我证实视为赋予对于思想的二阶判断以保证(warrant)的东西。相反,通过这些判断在批判性思维中扮演的角色,说话者有权先天地具有判断。缓慢切换还给语义外在论带来另一类问题。如果在地球和孪生地球间一个有能力的说话者被不知情地来回传输,他不会意识到当他说出含有"水"的句子时会想到不同的宽内容。因此,如果他在这样的传输同时要完成一个直觉有效的论证,前提中出现的"水"将在不同的内容之间模棱两可。他的推理也将变得无效。

第6章将继续检查语义外在论的知识论意义,特别是这种观点是否将关于外间世界的知识问题替换为关于内在世界的知识问题。安东尼·布吕克纳(Anthony Brueckner)使语义外在论面临这样的推论,即一个有能力的说话者关于他在想水是湿的的内省信念不能构成先天知识。如果这个说话者先天地知道他在想水是湿的,那么他没在想孪生水是湿的也是他先天地知道的。由于他没在想孪生水是湿的不是他先天知道的,所以他并非先天知道他在想水是湿的。作为回应,一些人质疑其下的知识论原则,而另外一些人则坚持认为内容怀疑论证是自我反驳的。布吕克纳认为虽然语义外在论为自我知识的怀疑论提供了基础,但却没有对关于外在世界的怀疑论有任何帮助。普特南曾论证过,如果一个人成功地想他不是缸中之脑(BIV)仅当他不是缸中之脑。这样,如果一个人先天地知道他想他不是肛中之脑,那么他就先天地知道她不是缸中之脑。与之相关,迈克尔·麦肯锡(Michael McKinsey)和保罗·波戈斯扬争论道,将一个强的语义外在论版本与自我知识相结合,将导致关于日常偶然外在世界命题的不可靠的先天知识。回应者包括杰西卡·布朗(Jessica Brown)、比尔·布鲁尔(Bill Brewer)、吉姆·普赖尔(Jim Pryor)、布莱恩·麦克劳林(Brian Mclaughlin)和迈克尔·泰(Michael Tye)。这最后一个论证可以被视为语义外在论支持下的反怀疑论证通过传递关于这样普通常见命题的简单知识而贪功致败的证据。

第7章始于对心灵状态导致物理状态或其它心灵状态的重要性的强调。尤其是,心灵状态通过它们的内容而导致其结果。使约翰走进酒吧的原因,主要是他想喝啤酒的欲望和他相信走进酒吧能满足这欲望的信念。要是约翰的信念和欲望的内容不一样了,他的行为也会有所不同。但是如果心灵内容是被外在个体化的而因果关系是局部的,那么具有这样宽内容的心灵状态在因果作用上就会显得无所作为。约翰的心理学和神经学属性对于他的身体行为具有因果效力,但是将其心灵状态内容个体化的外在环境特征却没有因果效力。对语义外在论这类挑战的各种加强版本纷纷被提出,其中杰里·福多(Jerry Fodor)和哈罗德·诺南(Harold Noonan)的观点尤为瞩目。他们的论证将被详细介绍,并且它们是否支持可用的窄内容概念的问题也将予以评估。作为回应,也许可以在因果关系和因果解释或描述结果的不同方式间作出区分。因此,蒂莫西·威廉姆森(Timothy Williamson)提出知识状态在对行为的因果解释中扮演一个不可还原的角色;弗兰克·杰克逊和菲利普·佩蒂特则认为因果解释可以援引那些作出规划而非实际产生效果的特性;而弗雷德·德雷茨基(Fred Dretske)的双重解释项策略主张,心灵状态的触发性物理属性解释了单纯的身体活动,而这些状态的建构性内容属性则解释了行为的原因。

　　各章末尾都有一个带注解的深入阅读书目,提供了与该章相关的更加深入的文献详情。此外,各章皆附有一个章节小结,可对该章的关键之点做一个快速回顾。困难的哲学术语和相关的技术词汇将在书末的哲学词汇术语表中予以简要解释。

　　语义外在论是当代哲学中一个令人烦恼的问题,它也涉及大量的文献。为了阐述的集中,下列章节忽略了许多其它关于这个引人入胜的讨论的重要处理方式。例如,弗雷德·德雷茨基、迈克尔·泰和其他人认为经验状态内容同样是外在地个体化的。正如前面所提及,一个经验状态具有现象特征在于处于那个状态下是什么样的。我们将这样的现象外在论排除在外,完全集中于语言学内容和命题态度内容。另外日益流行的一个外在论分支即所谓的积极外在论,它宣称外在环境在认知过程的构成中扮演了一个积极的角色。近来的提倡者中包括安迪·克拉克和戴维·查尔默斯。语义外在论说的是一些心灵内容是外在地个体化的,而积极外在论则坚持这些内容的载体也都是外在的。表面上看,语义外在论相容于积极内在论,而语义内在论相容于积极外在论。但要合理评价积极外在论的优点以及那些引人入胜的相容论断,却超出了此书的范围。为了便于阐述,当涉及特定论证及其反驳时,章节都经过了审慎的选择。对核心领域的阐释尽可周遍,而不求疏阔的覆盖面。虽说当今大多数专业哲学家都倾向于某种版本的语义外在论这话不失公允,本书的目标还是在阐述中尽可能自始至终都不偏不倚,或至少确保在文本中对已有的争辩双方都有呈现。

1

描述主义

1.1 描述主义详述

一些语言表达服务于指称语言之外的对象这个目的。例如,像"戴维·卡梅伦"、"西港"和"爱丁堡"这样的专名分别指称首相、我最喜欢的酒吧和苏格兰的首府。[1] 这些词项旨在挑出单一对象,因而它们是单指词项(singular referring terms)。个体、酒吧和城市是实在的有形对象。其他单指词项还挑出事件甚至抽象对象。想想"环法自行车赛"和"1 米"吧。形如"这个 F"的限定摹状词自然也可被视为单指手段。例如,"美国现任总统"挑出了巴拉克·奥巴马。相较之下,通称词项"柠檬"指称所有且仅属于柑橘属柠檬种(Citrus limon)的水果,通称词项"老虎"指称所有且仅属于豹属虎种(Panthrea tigris)的猫科动物。这些词项旨在挑出的不止是一个对象,因而它们是复指词项(plural referring terms)。这些词项具有外延,即它们均被正确地应用于其上的对象的集合。具体说来,"柠檬"和"老虎"是自然类词项(natural kind terms),它们将所有且仅是其下物理、化学或生物类的例示或成员作为其外延。[2] 这类词项的划分大致是独立于心灵的,它们将对象归置在不同程度的普遍性之下。例如,我的母亲是其普遍性还在日渐增加的自然类——哺乳类智人生物中的一员。可以认为,如果一个对象归属于一种自然类,那么这种成员关系就是此对象的一种本质属性。也许我母亲在其外貌和心态上会历经变化,但是她不可能停止作为人类的一员。然而,打个比方,并不是所有的复指词项都像自然类词项那样对自然的划分都若合符节。非自然类词项(non - natural kind terms)挑出的是人工种类的例示。这样,"沙发"挑出了带靠背和扶手的装有软垫的长椅,而"化油器"挑出了任何为内燃机混合空气和燃料的装置。在这些情形中,没有共同的、基础的科学种类,例如,一些沙发是由金属和毛料制成的,另外一些是由橡木和皮革制成的。使得什么被算作沙发或化油器,不是其物理构成,而是其是否满足工作描述(job description)或扮演了具有沙发或化油器特性的特定功能角色。

在区分了这些指称词项的种类之后,让我们现在转向它们的语义学。就指称词项而论,语义学处理的是与其所指相关的意义的层面。弗雷格(1964/1893)认为,每一个语言表达都具有一个所指,而后者属于一个适合其范畴的种类。例如,陈述句指称其真值,后者他称之为"真"和"假"。[3]这即是说,这样的句子是抽象实体——真和假的句子名字(sentential names)。并且弗雷格用谓词来指称概念,后者在他看来是函项,其值对于每个作为其主目的对象而言就是一个真值。在这里没有必要追随弗雷格。某些类型的语言表达直觉上是没有指称的。谓词具有外延,例如,所有红色物体都落在"是红色的"外延中;而句子具有真值,例如,"本尼维斯山有 1344 米高"为真。相应地,谓词或句子的语义学关系到那些与其外延或真值有关的意义层面。

如果我们忽略弗雷格的奇怪术语,转而将最基本的语义值(semantic value)作为句子的真值,那么我们就能将语义学作如下理解:它是关于句子的真假是如何被构成句子的表达的语义值所决定的理论。换句话说,表达的语义值就在于对其出现于其中的句子的真假所作出的贡献。单指词项的语义值自然等同于它的指称,而谓词的语义值自然等同于它的外延。

那么,指称又在于什么呢?指称是单称或通称词项与一个或多个语言之外对象间的一种独特关系。指称是语言附着于实体的最直接的方式。一个复合表达的指称的确是由构成部分的指称及其组合模式所决定的。指称受如下的组合性原则(compositionality principle)支配:

> (指称组合)句子的真值是由其组成部分的指称(或语义值)以及它们的结合方式决定的。

最后的从句的重要性在于它关系到那些正相同的组成部分是如何联接的。"托马斯打了詹姆斯"这个句子要是真,则"詹姆斯打了托马斯"这个句子就为假。根据指称组合,如果共指(co‐referential)组分词项被替换而句子的其他所有部分维持原样,那么句子的真值也保持不变。具有相同指称的词项可以相互替换而不改变真值。例如,由于"波诺是 U2 乐队的主唱"这个句子为真,而波诺也用"保罗·戴维·休森"这个名字,那么"保罗·戴维·休森是 U2 乐队的主唱"这个句子也保证为真。这里有条指称替换原则(substitution principle for reference):

> (指称替换)如果句子"a 是 F"为真且 a = b,那么句子"b 是 F"也为真。

我们可以说指称是词项所具有的属性,仅当它能被用于具有真值的特定句子中。用弗雷格的例子来说,鉴于"威廉·退尔射落了他儿子头上的苹果"这个非虚构的肯定句缺乏真值,词项"威廉·退尔"也没有指称。当然,谓词也可以被用于具有真值的句子中,例如,"是红色的"在假句子"白金汉宫是红色的"中的情形。当涉及谓词时,如果我们希望离开弗雷格的框架,那么词项能用于一个有真值的句子这一事实还不足以使该词项被算作是具有指称的。

然而什么是一个指称项的意义呢?我们所理解的"意义"指的是一个词项的语义内容,即,在其首要涵义的层面与决定词项指称(如果有的话)有关。意义是决定指称的东西。这样,这个更宽泛的意义概念的某些层面是语义无关的。"波诺"这个名字也许会产生在"保罗·戴维·休森"的情形中所不具有的艺术认可态度。一种在历史上有影响的观点是描述主义,它曾经以各种版本被罗素(1994/1905)、斯特劳森(1950)、塞尔(1958)、达米特(1978:Ch. 9)、克鲁恩(Kroon, 1987)、刘易斯(1972, 1984, 1997)、杰克逊(1998a, 2004)及其他哲学家所捍卫;而其根源确实可以追溯到弗雷格(1994a/1892)。其主旨是,指称项的意义在本质上是描述性的。更确切地说,一个指称项"a"的意义是由一个限定摹状词集给出的:"是 F 的"、"是 G 的"、"是 H 的",等等。例如,"亚里士多德"的意义是这样的:古代著名哲学家、亚历山大大帝的老师、《尼各马可伦理学》的作者,等等。根据描述主义,指称项"a"的描述内容扮演了两个不同角色:或是当一个有能力的说话者 S 理解"a"时所知道的东西,或是决定了"a"的指称的东西。描述主义同时是一个关于意义和关于指称的理论。表面上看,这种观点似乎混淆了两个问题:一个是关于意义和指称是什么的一阶问题;另一个则关于是什么使得词项具有了其所具有的意义和指称。用斯托内克的术语来说,一阶问题由一种描述语义学(descriptive semantics)来回答,而二阶问题由一种基础语义学(foundational semantics)来回答。在把描述内容视为指称项的意义,同时也视为是使词项具有其所具有的指称的东西,这看上去似乎是将"词项的语义学是什么"的问题与"是什么使得我们语言中的那个词项有这样的语义学"的问题合二为一了。然而,像杰克逊(1998a)这样的描述主义者绝不会拒斥这样的区分。

他们仅坚持描述内容能在对这两个问题的回答中发挥作用。

让我们先从意义理论开始。当 S 理解了"亚里士多德"这个专名时,她就知道了它的意义。那个名字与"古代著名哲学家"、"亚历山大大帝的老师"、"《尼各马可伦理学》的作者"等摹状词是同义的,并且那些就是 S 通过理解这个名字时所知道的东西。这即是说,S 理解了"亚里士多德"这个名字,当且仅当 S 知道亚里士多德是那位教过亚历山大大帝和写了《尼各马可伦理学》的著名古代哲学家。并且 S 所具有的知识类型是先天的——即独立于任何经验证据的知识。如果 S 完全理解了"亚里士多德",那么就是说她先天地知道亚里士多德教过亚历山大大帝。如果亚里士多德是否教过亚历山大大帝对于 S 来说还成问题的话,那么说话者 S 就不能掌握"亚里士多德"的意义。正是有能力的说话者在心理上把这些描述与名字联系在一起这一事实,使得名字具有了其所具有的意义。并且如果掌握"亚里士多德"的意义涉及将"亚历山大大帝的老师"这样的摹状词与那个名字联系在一起,那么理解这个名字就足以使我们知道亚里士多德是亚历山大大帝的老师。简言之,根据描述主义,意义完全决定于有能力的说话者的心理联想。从这种观点看来,意义植根于有能力的说话者的心灵。

但是描述主义也是一个指称理论,因为描述内容正是决定指称的东西:一个特定对象是一个指称项的所指,当且仅当那个对象满足所有相关描述。这些单个看必然而合起来充分的摹状词表达了描述属性,例如,"著名古代哲学家"表达了作为著名的古代哲学家的这一属性。[4] 因此,换句话说,一个对象是否例示了所有那些描述属性,决定了该对象是否是一个词项的所指。例如,决定了某人是否是"亚里士多德"的所指的是:他是否是古代著名的哲学家,他是否教过亚历山大大帝,还写了《尼各马可伦理学》,等等。假设一个限定摹状词"是 F 的"是指称一个独特对象的表达,如果没有对象是 F,或有两个及以上对象是 F,那么"是 F 的"就未能实现指称。

这就对描述主义提出了一个关于独特性(uniqueness)的问题。正如柏拉图也是古代著名的哲学家,在古代也不只一位著名哲学家。但以此观点看,"亚里士多德"指称一个对象,仅当它独特地满足了包括"古代著名哲学家"在内的所有这些描述。因此,看上去"亚里士多德"似乎是缺乏指称的。一种解决方案是将限定摹状词集在如下意义上视为一簇(a cluster):"亚里士多德"指称一个对象仅当它满足了这些描述中的大多数。在这种方式下,即使相关摹词中的某一个不能只挑出亚里士多德,甚至该摹状词挑出了其他人,"亚里士多德"仍然指称亚里士多德。这种描述主义簇的版本是由塞尔(1958)提出的,刘易斯(1972,1984)随后不断对其进行完善。刘易斯将簇视为包含了对大多数摹状词合取的一个析取。因此,为简便起见,假设三个摹状词"是 F 的"、"是 G 的"、"是 H 的"构成了用于指称名字"a"的簇。然后一个对象是"a"的所指,仅当对象满足既"是 F 的"又"是 G 的",或者既"是 F 的"又"是 H 的",或者既"是 G 的"又"是 H 的"。

　　到目前为止我们都是以专名为例,但描述主义同样也是种关于通称词项的观点。以自然类词项"水"为例。以此观点来看,"水"的意义在于描述内容,而后者既是当有能力的说话者理解词项时所知道的东西,也是决定了词项指称的东西。词项"水"与如下形式的限定摹状词是同义的:"那种充满海洋和降自云端的干净、可饮、无味的液体。"其后我们将使用"水状之物"作为其略称,这里的"水状的"抓住了水的所有这些表面的、稳定可观察的属性。因此,一个有能力的说话者理解了"水"当且仅当他知道水是种水状之物。正如S 将这个复合的摹状词联系于"水",他可以先天地知道水有这些水状的属性。而且,根据描述主义,"水"将挑出任何满足"水状之物"的东西,或至少任何满足足够多的被那个表述所概括的摹状词组的东西。换句话说,任何例示了全部或足够多的由这些摹状词所表达的描述属性的东西,将被"水"挑出,也将被视作水。例如,在地球上

H_2O 满足这些摹状词中的大多数（如果不是全部），因此 H_2O 是地球上的居民在各个句子中使用"水"时所指称的东西。

1.2 同一性论证

在 1.1 节中我们介绍了描述主义，但却没有援引任何对这一观点的支持。我们将在 1.2 和 1.3 节介绍被认为是支持描述主义观点的一些论证。为什么我们需要意义凌驾于指称之上，并且尤其是为什么我们需要描述内容？难道我们不能将意义认同为我们在 1.1 节中所说的"语义值"吗？特别是密尔（1963/1843）曾认为指称项的意义不在于别的，就是其指称，这种观点有何问题？在弗雷格的著名文章《论涵义与指称》（1994a/1892）中，他在涵义（德语"Sinn"）和指称（德语"Bedeutung"）之间作了一个重要区分。弗雷格认为，除非指称项被与不同的涵义相联系，否则我们不能解释当一个说话者 S 完全理解词项时他知道些什么。相较之下，根据指称主义，意义不是凌驾于指称之上的东西。[5] 以这种观点看，知道一个指称项的意义就是知道其指称。在这篇文章中，弗雷格提出了针对指称主义的同一性论证（identity argument）。它旨在说明，知道一个词项的指称不仅仅是专注于知道其涵义。对于解释真同一陈述何以能提供信息的（informative）来说，同一性论证被视为一个挑战。考虑如下陈述：

（1）暮星是暮星。
（2）暮星是晨星。[6]

由（1）和（2）中的句子表达的命题，就它们何以能提供信息这点而言，有着直觉上的不同。要记住，命题是句子所表达的语义内容。虽然（1）是琐屑的，但（2）却是条有趣的信息。一个理性的说话者完全有可能掌握这两个命题,并且相信暮星是暮星,然而却不相信暮星是晨星。在某个时期,古希腊的天文学家不相信暮星是晨星,但是他们总是相信暮星是暮星。命题"暮星是晨星"比起命题"暮星是暮星"来有着更加丰富的信息内容。[7]

说明一下,当代哲学家会说后者是个分析真理(analytic truth),并且因而是先天可知的(a priori knowable)。说一个命题是先天真的,就是说其凭借意义为真(true in virtue of meaning)。没有任何经验事态使得它真。说一个命题先天可知,即是说那些掌握这个命题的人能独立于感觉经验而知道它。因此,鉴于理解就是关于意义的知识,理解一个命题就足以知道其真值。这就是为什么古希腊的天文学家总是相信暮星是暮星的原因。但是当他们积累了足够多的经验证据——早晨天空中最亮的那颗星就是晚上天空中最亮的那颗星时,暮星和晨星实际上是同一个天体(金星)才为人所知。当天文学家发现暮星就是晨星时,他们得到了关于一条综合真理的后天知识(a posteriori knowledge of a synthetic truth)——一条可提供信息的非分析真理。一直以来天文学家都掌握着暮星是晨星这个命题。在他们成功地开展某项经验探索前,他们所缺乏的仅是关于其真值的知识。

但是如果正如指称主义所说,在(2)中等号两侧的词项"暮星"和"晨星"的意义在于其指称,那么命题"暮星是暮星"与命题"暮星是晨星"的信息内容应该别无二致。特别是,由于这些命题是同一的,前者是分析且先天可知的仅当后者也是如此。正如(1)中的情形,一个理解(2)的说话者将知道"暮星"和"晨星"指称同一对象。两个命题都仅是在说这个实际上是金星的对象与其自身的同一。但由于指称主义的这个结论显然是不可接受的,那么涵义作为异于指称的存在这点就必须被认识到。此时,一些指称主义者也许会抵制(1)是分析真且先天可知的,也许出于独立的理由,分析性和先天性只是任何命题的可疑属性。然而,这些指称主义者仍将不得不解释:(1)何以在某种意义上是琐屑的而(2)不是这样,同样地,(2)何以在某种意义上是可以提供信息的而(1)不是这样。

同一性论证所要说的就是,要理解一个指称项不在于知道它的指称是什么。更正面地说,弗雷格建议,要理解这样的词项必须在于知道其所指呈现给说话者的某种模式。弗雷格的涵义就是所指的呈现模式(modes of presentation)。[8]不像指称项的大多数所指,涵义是无形的实体。它们是永恒地存在于时空之外的抽象实体。涵义在可把握、共享和被一个以上的说话者相互交流的意义上说是客观的。涵义不同于观念(ideas),后者是私人的心理影像。此外,和指称项一样,句子也有涵义。弗雷格把句子的意义称为思想(thought)。思想不是思维的行为,而是这些行为的客观内容。这些都是表征内容(representational contents):它们将世界表征为处于某一特定方式中。思想由此满足了语言的一个首要目的,即表征事物是怎么样的。现在哲学家们比较喜欢谈论命题,我们在大多数情况下将采纳这个术语。因此,命题是句子所要表达的东西。更确切地说,命题由像"乔相信吉尔被解雇了"("Joe believes tht Jill has been laid off")这个句子中的"that"从句所表达,并且也是真值的主要承担者。我们可以说"雪是白的"这个句子为真,只是因为"雪是白的"这个命题为真。

重要的是,弗雷格将将句子的意义,即思想,视为不仅由与构成句子的表达相联的意义所构成的,而且是被那些意义的组成部分以及它们的结合方式所决定的。如果将我们更普遍地谈论表达的命题内容,而不是有争议的"意义"概念,作为对决定命题(它是由包含它的句子所表达的)所做的贡献,那么命题内容就服从于一条组合性原则(compositionality principle)。考虑如下原则:

(命题组合)由句子所表达的命题是由构成句子的表达的命题内容和这些内容的组合方式决定的。

换句话说,命题是被其(命题的)部分和它们的组合方式所决定的。并且这个命题结构与表达该命题的句子结构相似。例如,句子"雪是白的"所表达的命题"雪是白的"的成分是"雪"和"是白的"的意义,并且这些命题成分"雪"和"是白的"与那些表达出现在那个句子中的排列方式相同。此外,由句子所表达的命题被那个句子的成真条件所决定。因此,我们可以将表达的命题内容视为被其对包含它的句子的真值条件所作出的贡献来确定的。简言之,真值条件的内容决定了命题内容。如果在特定命题中的某成分被替换为一个不同的成分,或者现有命题成分的次序被调换,那么结果将是一个不同的命题。"超人飞翔"这个命题不同于命题"泰山飞翔",因为命题内容"超人"不同于命题内容"泰山"。毕竟,"超人"和"泰山"指称不同的个体。相似地,"克拉克·肯特爱慕路易斯·莱恩"这个命题不同于命题"路易斯·莱恩慕克拉克·肯特",因为同样的命题内容在两个命题中的排列不同。这样(命题组合)蕴涵了下述命题内容的替换原则(substitution principle for propositional content):

> (命题替换)命题 a 是 F 同一于命题 b 是 F 当且仅当命题内容 a 同一于命题内容 b。

对弗雷格来说,作为呈现模式的意义被认为扮演了一些使人联想起描述内容的角色。指称项"a"的意义既是当说话者 S 完全理解"a"时所知道的东西,也是决定了"a"指称的东西。S 所具有的是独一无二地识别出"a"所指的知识。但这还不是全部。S 所具有的知识也构成了 S 看待"a"所指的方式。这即是说,"a"的意义是其指称的概念表征,S 通过将其联系于"a"而把握住它。[9]对于弗雷格来说,这样的表征是以一种独特的方式而具有意义的:

（认知意义）命题 a 是 F 与命题 b 是 F 有相同的认知意义，当且仅当一个理解了这两个命题的理性说话者 S 不能同时相信 a 是 F 而不信 b 是 F。

更重要的是，如果两个命题的认知意义不同，那么它们就是不同的命题。对弗雷格来说，意义由此是以一种精细的方式而个体化的。如果是因为一个有能力的理性说话者可以相信超人飞翔而不相信泰山飞翔，以致命题"超人飞翔"与"泰山飞翔"的认知意义有所不同，那么这两个命题就是不同的。如果它们之间的差异仅在于一个含有命题内容超人，而另一个含有命题内容泰山，那么这两个命题内容是不同的。这都可由替换原则导出。

不同的命题"超人飞翔"和"泰山飞翔"表明指称不同会导致意义不同，但即使在指称之间没有差异时意义也可以是不同的。意义是指称的决定者，以致如果两个词项的指称相异，那它们的意义也就不同。名字"超人"和"泰山"就说明了这一点。但即使两个词项有相同的指称，它们也能相异于意义。较之指称，意义更为精细。名字"暮星"和"晨星"就说明了这一点。理解"暮星"和"晨星"不在于知道它们的所指，更在于知道它们所指的呈现模式，或它们所指被识别的方式。只有这样，暮星是暮星与暮星是晨星之间认知意义和信息内容的差异才能被予以充分考察。由于"暮星"的意义相异于"晨星"的意义，尽管两个名字有共同的指称，然而这两个命题也是不同的。这可由替换原则推知。并且如果这两个命题是不同的，那么何以一个是分析且先天可知，而另一个却是综合且后天可知就不足为怪了。

我们也可用自然类词项而非专名来展开同一性论证。考虑如下两个句子：

（3）水是水。

(4) 水是 H_2O。

对(3)和(4)的言说表达了具有不同认知意义的命题。一个理性的说话者完全有可能理解这两个命题,且相信水是水,却不信水是 H_2O。[10]命题水是水是分析地真且先天可知,而命题水是 H_2O 是综合地真且仅是后天地可知。依据认知意义,这两个命题的认知意义不同,因而是不同的命题。它们之间的差异仅在于一个含有命题内容水,而另一个含有命题内容 H_2O。因此,从(命题替换)可得出水和 H_2O 是不同的。但是"水"和"H_2O"具有共同的指称,因此命题内容必须相异于且更精细于指称。结论依然是指称主义——认为"水"和"H_2O"的意义被其指称所穷尽的观点——一定是错的。指称主义者也许依旧会对分析性和先天性提出异议,但(3)和(4)相异于信息内容的情形仍然不变:(4)当然不是琐屑的。

同一性论证作出了这样的关键假设:如果命题 p 和命题 q 相异于它们的认知意义和信息内容,那么 p 和 q 是不同的命题。由于将在 1.3 节重新回到认知意义,我们可以先专注于信息内容的差异,后者对于命题的个体化而言是充分的。指称主义者有可能会质疑那个假设,若那样同一性论证将没有多少说服力。命题暮星是暮星和暮星是晨星之间信息内容的差异是认识论的差异,而且没有强有力的理由支持为什么认识论差异应该归结为语义差异。例如,认识论差异也许可以归结为语用传达的内容,而非语义编码的内容。为了说明这个区分,考虑下高速公路上的警示标志"禁止酒驾"。其要传达的信息是一个人不能在酒后驾驶,但这个时间顺序却不是在语义上被编码的。语义学处理的是表达的类型,而语用学处理的则是表达的个例,即此类表达的特定言说。[11]并且关于(2)的言说也许能传达超出该句子类型所编码的信息。"暮星"和"晨星"在信息内容上的差异由此被归结为如下事实:其对含有它们的句子所言说之物所作的贡献不同,但是这种贡献在语义学上却是无关的。究竟被表达是哪个命题,在此毫无关系。因此,虽然(1)和(2)在语义上表达了完全相同的命题,然而对它们的言说却传达了不同的信息,这就解释了为什么(1)是琐屑的而以此方式看(2)却不是。

最后要注意的是,即使命题是通过其信息内容而个体化的这个假设得到认可,同一性论证也不足以确立描述内容的存在。为了证实描述主义,必须要就为什么要完全用摹状词项去思考作为呈现模式的意义这一点供某种额外的理由。当然,一旦描述内容被确立,我们就能解释同一性陈述是能够提供信息的有多少正确。如果"暮星"的意义是由"夜晚天空中最亮的星"给出,而"晨星"的意义是由"早晨天空中最亮的星"给出,并且所谓理解就是关于这些限定摹状词的知识,那么一个有能力的说话者 S 就能先天地知道夜晚天空中最亮的星是夜晚天空中最亮的星,然而 S 不能先天地知道夜晚天空中最亮的星就是早晨天空中最亮的星。但问题是为什么我们一开始就要接受描述内容呢。

1.3　信念之谜

在前一部分,我们看到了同一性论证是如何依赖于命题是由其信息内容或认知意义个体化的这一前提的。然而,同一性论证的问题在于,有各种解释方式可以消除信息内容或认知意义的差异,以致对命题内容不会有语义影响。我们所需的是这样一种情形:两个命题或其部分,其信息内容或认知意义有差别,然而依然有强烈的直觉认为它们的真值也不同。因为如果它们的真值是不同的,那么这些命题就必须是不同的。不要忘了,命题有真值条件:如果一个句子为真的条件相异于另一个句子为真的条件,那么这两个句子就表达了不同的命题。(1)和(2),与(3)和(4)的问题,在于它们都有相同的真值。因此,我们需以这样一种方式来加强同一性论证:共指项的替换造成了语义差异,因此也是真值上的差异。这不难补

救,我们仅需把(1)和(2),与(3)和(4)中的句子嵌入到一个信念算子的辖域中即可。思考:

(5) 古代天文学家相信暮星是暮星。

(6) 古代天文学家相信暮星是晨星。

普遍认为(5)是真的。古代天文学家确实相信暮星与其自身同一。但说他们相信暮星是晨星却非常奇怪。这倒不是说他们没有掌握相关的语言成分。他们将暮星视为夜晚天空中最亮的星,同时也将晨星视为早晨天空中最亮的星,但他们没有任何证据可以指出夜晚天空中最亮的星实际上就是早晨天空中最亮的星。实际上,他们各种不同的行为是在暮星与晨星是不同的这一情形下作出的。例如,当被问及暮星是否同一于晨星时,他们会毫不犹豫地作出否定回答。这样看上去(6)似乎是假的。

现在我们就能展开信念论证了。假设指称主义是对的。而两个词项"暮星"和"晨星"都指称同一颗行星,即金星。因为根据这种观点,这些词项的意义被其指称所穷尽,它们必须拥有相同的意义。(5)和(6)中句子唯一的差别是"暮星"在(5)中的第二次出现在(6)中被替换为"晨星"。由于这两个词项拥有相同的意义,(5)和(6)应表达相同的命题。这可由我们关于命题内容的替换原则(命题替换)推知。记住,说"暮星"和"晨星"拥有相同的意义即是说它们的命题内容是相同的,即其对任何它们出现于其中的句子所表达命题作出的贡献是相同的。但(5)和(6)必定是表达了不同的命题,因为它们具有不同的真值。因此,指称主义是假的:指称项的意义必须相异于其指称。

我们也能用(3)和(4)中的自然类词项来构造同样的信念论证。假设安娜理解了"H_2O"这个词项:她知道这挑出了由两个氢原子与一个氧原子构成的分子。安娜同样理解"水"这个词项,但她没有任何证据使其能将这两个词项联系起来。例如,她会拒绝承认"水是H_2O"这个句子——实际上,她可能不赞同这个句子。思考:

（7）安娜相信水是水。

（8）安娜相信水是 H_2O。

毫无疑问(7)是真的,但是(8)却令我们震惊地为假。指称主义再次遇到了麻烦。(7)和(8)仅有的差别是(7)中"水"出现了两次,而(8)中"水"和"H_2O"各有一次出现。但鉴于在这种观点看来意义就是指称,(7)和(8)应该表达了相同的命题,因为"水"和"H_2O"两个词项具有共同的指称。然而,要它们的真值有差异又是不可能的。看上去意义似乎是某种指称之外的东西。

两种版本的信念命题都假定形如"S 相信 a 是 F"的信念归属句表达了相信者 S 和由嵌入信念算子辖域的句子"a 是 F"所表达命题之间的一种二元信念关系。由句子归属的信念规定了所相信的内容,且这些内容是由这些句子中所嵌入的"that"从句表达的命题。与 S 有信念关系的命题陈述了信念所关涉的实在的那些特征。考虑到命题有真值条件,S 的命题内容为真仅当事情就像那些内容把它们所说成的那样。可以就由句子归属的信念的逻辑形式而对该假设提出异议,但我们不应在这里耽搁而延误对其他观点的介绍。[12]然而,要注意的是,即使信念论证是可靠的,它还不足确立描述主义。正如同一性论证的情形,说意义不能还原为指称是一回事,说意义本性上是描述性的则是另一回事。虽然如此,对于描述主义者对信念论证的回应却也有利得多。例如,如果"暮星"和"晨星"的描述内容分别是夜晚天空中最亮的星和早晨天空中最亮的星,那么古代天文学家相信夜晚天空中最亮的星是夜晚天空中最亮的星将为真,而古代天文学家相信夜晚天空中最亮的星是早晨天空中最亮的星将为假。但是至此还言犹未尽。

还记得我们在 1.1 节中的指称替换原则:

（指称替换）如果句子"a 是 F"为真且 a = b,那么句子"b是 F"也为真。

其主旨是,共指项可以在外延语境中相互替换而真值不变。一个词项出现于外延语境,仅当含有它的句子没被嵌入像信念算子那样的意向算子的辖域中。而一个词项出现于意向语境,仅当含有它的句子被嵌入此类算子的辖域中。因此,名字"超人"在句子"超人飞翔"中是处于外延语境,而在句子"路易斯相信超人飞翔"中则是处于意向语境。现在来看与意向语境相关的一条替换原则:

> (指称替换*) 如果句子"S 相信 a 是 F"为真且 a = b,那么句子"S 相信 b 是 F"也为真。

信念论证看上去显示了(指称替换*)为假。指称主义的问题是,其观点承诺了(指称替换*)。因为如果"S 相信 a 是 F"报道了 S 与由"a 是 F"所表达的命题有信念关系,而共指的"a"和"b"对决定由句子"a 是 F"和"b 是 F"所表达的命题都作出了相同的贡献,那么"S 相信 a 是 F"和"S 相信 b 是 F"就表达了相同的命题。可以得出,如果一个命题归属句是真的,那么另外一个亦然。然而,可能是由于出自弗雷格的理由,描述主义者会拒斥(指称替换*)。弗雷格(1994a/1892)建议出现于意向语境中的词项采用间接指称:它们指称其通常的涵义。正如"超人"这个名字出现在"路易斯·莱恩相信超人飞翔"中,名字所指称的不是超人自身,而是那个名字的涵义。这个涵义可由"四处飞翔追捕罪犯的蓝衣红袍超级英雄"给出。而"克拉克·肯特"这个名字则有与之不同的涵义,后者是由诸如"那个为星球日报工作的戴眼镜的羞涩记者"的描述给出的。这意味着在"路易斯·莱恩相信克拉克·肯特飞翔"中的"克拉克·肯特"指称一个不同的涵义。应用1.1节中的指称组合性原则(指称组合),"路易斯·莱恩相信超人飞翔"可由此为真,而"路易斯·莱恩相信克拉克·肯特飞翔"则为假。这两个信念归属句的真值是不同的,是因为它们中的某些组分词项有着不同的指称。[13]

站在指称主义立场的一个突出的回应就是要指出,即使无视(指称替换 *),信念之谜也会产生。克里普克(1979)论证了:如不依靠(指称替换 *),常识原则将导致矛盾。如果是这样的话,信念之谜将是一个普遍问题,而不仅仅是对指称主义者的担心。这样的原则有两条。首先是将赞同联系于信念的间接引用原则(disquotation principle):

> (间接引用)如果一个有能力的说话者 S 在真诚的反省下赞同"a 是 F",那么 S 相信 a 是 F。

在(间接引用)后面的理由是,说出"a 是 F"这个句子即是断言 a 是 F,而断言 a 是 F 即是表达了 a 是 F 这个信念。其次是一致性原则(consistency principle):

> (一致性)如果说话者 S 当下反思地相信 a 是 F 且 a 是非 F,那么 S 不是充分理性的。

其主旨是,如果 S 像他人所能达到的那样理性,那么 S 就不会持有自相矛盾的信念。克里普克现在要论证的是,仅从(间接引用)与(一致性)就会得出矛盾。克里普克(1979:265)让我们设想以下情形:

> 彼得可以通过将之识别为一位著名的钢琴家,来习得"帕德雷夫斯基"这个名字。知道了这些,彼得自然会赞同"帕德雷夫斯基有音乐天赋",我们通常也是这么做的,即通过"帕德雷夫斯基"可以推断出这是波兰的音乐家和政治家:彼得相信帕德雷夫斯基有音乐天赋……后来,在一个不同的圈子中,彼得知道了叫"帕德雷夫斯基"的某人是波兰民族主义领袖和首相。

彼得很怀疑政治家有音乐天赋……如果"帕德雷夫斯基"是一个政治家的名字,那么彼得会赞同"帕德雷夫斯基没有音乐天赋"。通过【(间接引用)】,我们应不应该作出彼得相信帕德雷夫斯基没有音乐天赋的推断呢?

通过使彼得在一个言说语境下赞同"帕德雷夫斯基有音乐天赋",而在另一个言说语境下赞同"帕德雷夫斯基没有音乐天赋",却不让其知道"帕德雷夫斯基"的两次出现都有共同的指称,我们是规避了对(指称替换 ∗)的使用。在这里我们可以跟从卡普兰(1989)将一个言说语境视为是由说者、听者、时间和地点构成的一个可能的使用场合(occasion of use)。以下是克里普克悖论:

(9)彼得是充分理性的。

(10)在音乐语境下的"帕德雷夫斯基"和在政治语境下的"帕德雷夫斯基"具有共同的指称。

(11)彼得赞同"帕德雷夫斯基有音乐天赋",且他也赞同"帕德雷夫斯基没有音乐天赋"。

(12)因此,鉴于(间接引用),彼得相信帕德雷夫斯基有音乐天赋,且他也相信帕德雷夫斯基没有音乐天赋。

(13)因此,鉴于(一致性),彼得持有矛盾的信念,且不是充分理性的。

关于克里普克悖论还有太多的要说,但我们将只是简单地考察下描述主义者的一种回应。[14]为使"S 相信 a 是 F"和"S 相信 a 是非 F"表达相矛盾的信念,嵌入的句子"a 是 F"和"a 是非 F"必须表达相矛盾的命题。例如,S 可以同时相信 bank 是 F 且 bank 是非 F 而不违背理性的规范,仅当她相信银行是 F 而河堤是非 F。简而言之,相矛盾的信念不是在被嵌入的句子之间,而是在前者所表达的命题之间。根据描述主义者的观点,相矛盾的信念是处于描述命题——由描述内容构成的命题之间的,但在此情形中,彼得在两类语境下将"帕德雷夫斯基"这个名字与不同的描述内容相联系:政治家帕德雷夫斯基和音乐家帕德雷夫斯基。由于政治家帕德雷夫斯基没有音乐天赋这个命题并不与音乐家帕德雷夫斯基有音乐天赋这个命题相矛盾,因此彼得并不持有相矛盾的信念。这意味着(一致性)在这里失效了,而克里普克悖论也被堵住了。

1.4　涵义、语言学意义与交流

在前面的章节中,我们看到了信念论证旨在确立作为呈现模式或思考所指方式的涵义的存在。涵义是一种将某物思考为某种条件的满足者的方式,以致如果一个对象恰好满足了该条件,那么该对象就是与涵义相联的名字的所指。弗雷格琢磨过把条件看作是描述性的想法,但在其《论涵义与指称》的第4个脚注中,他注意到了这种描述主义涵义方案的一个问题:

> 就诸如"亚里士多德"这样的现实专名而言,关于涵义的观点也不尽相同。例如,其涵义也许会被视为:柏拉图的学生和亚历山大大帝的老师。持此观点的人和把"那位出生于斯塔吉拉的亚历山大大帝的老师"作为该名字涵义的人,会赋予"亚里士多德出生于斯塔吉拉"这个句子以不同的涵义。只要指称保持不变,这种涵义的变化就可以被容许,尽管在证明科学的理论结构中这应该避免,而且也不应该出现于完善的语言中。

这里的担忧是,如果一位说话者(S)对句子的理解所涉及的指称项"a"要求S掌握某种思考其所指的方式,那么这个句子的信息内容将如何传达给以某种非常不同的方式思考该所指的另一位说话者 S∗ 呢？如果这些思考方式不在任何"a"的可相互共享的意义中得以反映，那么 S 还有什么理由可以认为 S 用"a"所指称的与S∗用"a"所指称的是同一个对象呢？信念论证所要指出的就是，说话者必须将某种涵义联系于"a"，但是如果这个涵义不是主体间共享的，那么尽其所能言，他们之间的对话很容易变得如秋风之过耳。最终，交流有毁于一旦的危险。用达米特的话来说（1978：130），这个论证有：

> ……一个主要的缺陷：它没有任何显示词的涵义也是语言特征的倾向。它至多表明，对每个说话者而言，如果他要将指称与语词相联，那么就必须赋予后者一个特定的涵义；它并没有表明对于不同的说话者而言有将相同的涵义赋予任意一词的必要性，只要该词被赋予的这些涵义都决定了相同的指称。因此这就留下了如下可能性：如果意义是某种客观且被所有说话者共享的东西，那么一个词的涵义可以完全不是它意义的一部分……

但是，达米特又继续说道（1978：132）：

> ……语言之交流用途……取决于句子的信息内容在说话者间连绵不绝。如果语言要作为交流的媒介，那么一个句子应在某个说话者对其设置的解释下实际为真、而在其他说话者对其设置的解释下也恰好为真这一点并非充分，但所有说话者都应知晓事实这一点却是必要的。

必须要指出的是，不仅在说话者的指称理论（a theory of speakers' reference）中需要涵义，在公共语言的指称理论（a theory of reference for a common language）中也需要涵义。如果我们不仅能表明每个说话者都将涵义与他们用作指称的词项相联,而且也表明他们将大致相同的涵义与这些词项相联,那么涵义将使语言学意义(linguistic meaning)作为他们公共语言的约定特征。

我们通常依赖于这样一个区分:通过某些经验途径确实为我们所知的信息,和划定我们主题的信息。第一类出现于百科全书中,而第二类出现于词典中。语言学意义属于后一类信息。当说话者将语言理解为约定地使用时,他们就把握了这类意义。除非他们是语言专家,否则其知识通常是不确切的,且需要大量的反思功夫才能加以澄清。这就是为什么他们通常查询词典词条的原因,那有内行人士明白的解释。涵义也可被列为百科全书中的词条,就像亚里士多德通常被认为是亚历山大大帝的老师,或确实就像词典中的词条一样。但是涵义无需交付印刷。思维方式是带有特质的诸多信息,亦无需烦人誊录笔端。设想我可将亚里士多德想作我叔叔最喜欢的哲学家。

表面上看,涵义似乎由此异于语言学意义。也要记得对于弗雷格而言,涵义是永恒不变的抽象实体,其所有的语义属性都独立于语言使用者的活动。而另一方面,语言学意义是约定的,且是由说话者运用语言的偶然方式所决定的。要是他们运用语言的方式不同了,现有意义将被不同的语言学意义所取代。

关于交流的问题表现为如下担忧:作为思考对象方式的涵义,又被不同的说话者联系于给定的名字,它是何以必须被关联起来以使交流得以可能的。让我们仔细看一下弗雷格在其论文《思想》中的例子:

> 假设……赫伯特·加纳知道古斯塔夫·劳本医生于1875年9月6日生于某地,并且该情况不适用于其他任何人。再假设,他不知道劳本医生现在住哪,也不知道关于他的其他情况。另一方面,假设利奥·彼得对劳本医生于1875年9月6日生

于某地并不知晓。然而,就专名"古斯塔夫·劳本"而言,赫伯特·加纳和利奥·彼得说的不是同一种语言,尽管他们实际上是用这个名字指称了同一个人;因为他们不知道他们正在这样做。

设想在彼得在场的情况下,加纳说"劳本医生受伤了"。彼得假定加纳用"劳本医生"指称的是和彼得用"劳本医生"指称的是同一个人。彼得是正确的,而且就此相信劳本医生受伤了。这是一个成功交流的案例吗? 在某种意义上,当加纳说"劳本医生受伤了",他所说的和彼得所理解的是一回事。他俩都将这句话理解为是关于劳本医生具有受伤这一属性的。如此看来,也许信息已从加纳成功地传给了彼得。也许因此维持指称不变对于理解来说是充分的。只要彼得正确地获知指称,他就将理解加纳所说的,尽管他们没有任何可识别的共同知识。考虑如下建议:

(A) 我们仅需正确地获知指称:共同的指称对于相互理解、进而对于交流而言是必要且充分的。

关于(A)所担忧的不是其中的必要论断:如果我们把依赖他人的证言作为理解其所说的手段,那么维持指称不变是必要的。共同的指称反而不足以确保以语言手段进行的信息传递。只要加纳和彼得指的是同一个人,他们就没有扭曲信息的风险,这点确实是对的。但问题是,尽管加纳和彼得指的是同一个人,但他们是在不知情的情况下这样做的。并且他们缺乏有效手段以使其得知他们是在指称相同的情况下使用"劳本医生"的,因为在他们关于劳本医生的识别知识中没有任何重合之处。但是交流需要理解,而理解又是一种知识:理解某人所说即是知道被说之物。交流的目的在于便于知识的传递,而不仅仅是真信念。

彼得不知道加纳所说之事,是因为他不知道加纳言说中的"劳本医生"指的是谁,即便这个名字偶然会指称彼得言谈中的同一个人。加纳的陈述促使彼得形成一个真信念,但真信念并不是知识。要彼得去相信他相信加纳之所信(to believe that he believes what Garner believes),是没有任何辩护的理由的。彼得不能依赖于用词方式(wording),因为加纳和他自己使用了拼写相同的劳本医生的名字仅是巧合。看上去彼得有权从加纳的陈述中推出的就是:有个叫"劳本医生"的人受伤了。

有人也许会反对,由于劳本医生对彼得和加纳对"劳本医生"的使用在因果上承担责任,彼得并非仅仅是获得了一个真信念,而是获得了一个有着正确因果历史的真信念。有人甚至可能坚持认为彼得就此知道劳本医生受伤了,因为真信念 p 如果是由事实 p 所导致,那么它就相当于知识。[15]

假设彼得只有在劳本医生用他另一个名字"古斯塔夫·亨德里克斯"时才知道他。再设想彼得没有任何理由认为"劳本医生"和"古斯塔夫·亨德里克斯"具有共同的指称。果不其然,彼得在听到加纳关于"劳本医生受伤了"的断言后,形成了亨德里克斯受伤了这个信念。根据(A),在确保了彼得就同一个人具有同样的属性这点上获得了类似于加纳的信念,交流就达成了目的。但是在直觉上,彼得缺乏关于加纳所说之事的知识。由于彼得缺乏劳本医生就是古斯塔夫·亨德里克斯的证据,就他的信念是关于同一个人而言他是幸运的,但是这运气也排斥了知识。出于运气为真的信念是不能构成知识的。尽管彼得正确地获知了指称,但他还是没有理解加纳的陈述。因此,也许(A)应替换为:

(B) 我们仅需知道我们正确地获知了指称:共同指称的知识对于相互理解、进而对于交流而言是必要且充分的。

如果彼得知道加纳用"劳本医生"所指称的就是他自己用"劳本医生"指称的人，那么彼得就理解了加纳的陈述，因为他知道加纳说起劳本受伤了。但彼得是如何知道他们所谈论的是同一个人呢？通常我们都只是依靠用词方式。我说"巴拉克·奥巴马上 BBC 新闻了"。你接受我的论断，就此相信巴拉克·奥巴马上 BBC 新闻了。在正常语境下，你假定我指的是现任美国总统，而不是你同名的叔叔。通常，这种共同的识别知识是预设在语境中的，并且实际上从不显现出来。但如果你对我说的是你的叔叔，那么关于我所谈论的是谁就可能不太清楚了。对于每个奥巴马来说，我们具有不同的识别知识，但在我们之间也存在共同的根基可以消除该分歧。

假设我在如下语境下说"约翰迟到了"：其中我们都知道我可能指的是两人中的一位。为使你了解我所说的话，你必须知道我所意指的是哪一位。只有借助共同相关属性"我所指的是那个叫约翰的德国人，而不是那个叫约翰的英国人"消除掉我们言语中的歧义后，交流才能成功。你必须这样来设想我使用"约翰"时的所指，即你能知道我指的是谁。然而如果我们不是以相关的近似方式来设想这个所指的，那么将难以看出你是如何能做到这点的。理解就需要说话者以近似的方式设想对象。因此，也许正确获知指称的方式就是要有共同的识别知识。这就预示了：

(C) 我们需要共享某些识别知识：共同的描述内容对于相互理解、进而对于交流而言是必要且充分的。

我们来考察如下两个假设对(C)的反例。先来看必要性论断。假设林格斯是通过那个住在他和彼得都知道的房子中唯一那位医生——"劳本医生"理解了彼得的话，再进一步假设林格斯通过那个生于 1875 年 9 月 6 日的唯一那人——"劳本医生"理解了加纳的话。然后有人也许会认为加纳与彼得都可以和林格斯交流，尽管不是他俩之间互相交流。但如果林格斯把加纳的话报告给彼得，那么彼得将就此基于证言而知道加纳使用"劳本"所指称的和他使用"劳本"所指称的是同一个人。因此，以此间接的方式，彼得可以理解加纳所说的话。

要不是林格斯，彼得和加纳也许不能成功地交换信息。在两个说话者意在直接交流的基本情形中，经由相互关联的描述属性所得的共同指称的知识依然可行。彼得可以和林格斯交流，仅因为他们共享关于劳本医生的识别知识。此外，彼得和加纳可以通过听从林格斯的方式共享某些识别信息：他们都可以把成为某人的属性联系于"劳本医生"，而这正是林格斯使用"劳本医生"所指称之人。然后当彼得听到加纳说"劳本医生受伤了"，他能推测加纳相信林格斯用"劳本医生"来指称的任何人受伤了。

现在再来看充分性论断。假设我昨晚在地窖酒吧看到一个酩酊大醉的美国人，决定叫他"杰克"。我离开后，你看到了同一个家伙，并称他为"杰克"，然后把相同的识别信息与那个名字相联，即昨晚在地窖酒吧酩酊大醉的美国人。我们之后相遇时，你告诉了我所发生的事"杰克被扔了出去"。这话促使我相信杰克被扔了出去。尽管有共享的描述属性和相同的指称，直觉上我还是没有理解你所说的话。仅当我们最终碰巧以同样的方式来思考同一个人。就我所知，你所说的"杰克"挑出了昨晚在地窖酒吧的那个安静的苏格兰人。这运气排斥了关于你所说之事的知识。因此，有这样的情形，其中理解不仅要求说话者以近似的方式思考对象，而且也知道他们是这样做的。下面推荐一个（C）的加强版本：

（D）我们需要确信地共享某些识别知识：已知的共同描述内容对相互理解、进而对于交流而言都是必要且充分的。

在这样的情形中——其中语境能为说话者知道他们谈论的是

同一件事提供充分信息,原先的建议(C)也许适用,但在其他情形中他们必须知道他们共享同样的识别信息。假设我将他称为"琼斯",并且你所说"杰克被扔了出去"不知怎么地使我相信琼斯被扔了出去。我昨晚只见到一个人在地窖酒吧喝醉了,因而假定你是在谈论他。显然,我缺乏知识,因为我不知道你用"杰克"指称的人就是我用"琼斯"指称的人。知道这些的唯一途径就是要知道我们都将同样的识别信息与"杰克"和"琼斯"相联系:昨晚在地窖酒吧中沉醉的美国人。[16]

其结果是,如果我们要通过指称项的手段来交流,那么在我们系于指称项的描述属性的种类上必须有某种一致性。在像"水"或"沙发"这样的通名情形中,可以期待一个共同体就相联的描述属性达成共识;而在专名情形中,可以期待有虽不广泛但更相对于说话者的赞同。交流不能发生在以极端不同的方式思考对象的说话者之间。如果说话者大多将相同的描述内容联系于相同的指称项,那么它们是此类应用于公共语言中的词项的属性,而不只是用于单个说话者的个人习语中。

小　结

在这一章里,我们考察了对描述主义的辩护。描述主义即这样的观点:单称和通称指称项具有描述内容,后者既是决定指称之物,也是有能力的说话者凭之理解词项所要知道之事。尽管弗雷格没有明确倡导指称主义,但是他的涵义概念——作为陈述所指的模式,能够用描述项来刻画,由此产生了一类描述内容。然后,我们检查了弗雷格的同一性论证。根据指称主义,指称项的意义只不过在于其指称,以致两个词项如果指称相同的对象那么就有相同的意义。问题是形如"a 是 a"和"a 是 b"的句子有着不同的认知意义。例如,路易斯·莱恩相信超人是超人,但直觉上她并不相信超人是克拉克·肯特。这暗示着由"a 是 a"表达的命题不同于由"a 是 b"表达的命题,因此"a"的意义不同于"b"的意义。但是由于"a"和"b"有共同的指称,因此它们的意义必须是某种指称之外的东西。作为回应,指称主义者可以反对认知意义的差异蕴涵了命题内容的差异。毕竟,"a 是 a"和"a 是 b"都为真。补救办法是在这些句子之前缀以信念算子。例如,虽然"路易斯·莱恩相信超人是超人"为真,但"路易斯·莱恩相信超人是克拉克·肯特"直觉上却为假。根据相同的命题有相同的真值,两个信念归属句必须表达不同的命题。这些句子的差别是其中一个含有"超人"的出现,而另一个则含有"克拉克·肯特"的出现。最终,这两个专名的意义是不同的。如果这个信念论证是可靠的,那么它表明意义不能被指称所穷尽,但其并没确立这样的意义在本性上是描述性的。通过把信念之谜普遍化,克里普克作出了著名的回应。诚然,指称主义者都承诺了如下原则:在信念语境下,共指项可以相互替换而不改变其真值。但这条替换原则不应受到诟病。因为仅通过援引其他支配我们信念归属的看似无害的原则,也会推出涉及信念归属的同样异常的结果。本章的最后部分涉及由弗雷格和达米特而起的对涵义公共性的担忧。信念论证所指出的是说话者必须将某些涵义与他们掌握的词项相联系,但是如果这些涵义不是在说话者间被共享,交流将会受到危及。即是说,在说话者的指称理论中需要涵义,但更重要地,在公共语言的指称理论中也需要涵义。我们也仔细讨论了相互理解的充要条件是什么、进而成功的交流在于什么的各种建议。最后得出了个多少有点无定论的结果:在某些情形中,共享的涵义对于相互理解而言是充分且必要的;然而在其他一些情形中,说话者必须同样要知道,如果要正确地理解彼此,他们就要共享这种涵义。

拓展阅读

Alex Millar 的 *Philosophy of Language*(2007)和 William Lycan 的

Philosophy of Language(2008)都是出色的语言哲学导论。它们含有关于弗雷格语言哲学和描述主义的非常易懂的章节。一本讨论语言哲学中意义与指称的要求更高但仍高度推荐的书是 François Recanati(1993)的 *Direct Reference：From Language to Thought*。对弗雷格哲学各个层面更详尽的介绍参见 Harold Noonan 的 *Frege：A Critical Introduction*(2001)。Richard Heck(1995)的"The Sense of Communication"是专门针对源自弗雷格的交流问题的。Michael Dummett 关于弗雷格的著作较难,但也极具质量。例如,可参考其 *Frege. Philosophy of Language*(1973)的 4、5、6、9 和 11 章。由 Michael Dewitt 和 Richard Hanley 编著的 *The Blackwell Guide to the Philosophy of Language*(2006),在其 10、14 和 15 章中详尽地处理了专名的语义学、通称词项和命题态度的归属。由 Brian Mclaughlin, Ansgar Beckermann 和 Sven Walter 编著的 *The Oxford Handbook of Philosophy of Language* 在其 13、17、18、21 和 22 章对命题内容、语义 – 语用的划分、语言学和说话者指称,和专名与自然类词项都有深度阐述和讨论。Nathan Salmon(1986)的 *Frege's Puzzle* 是关于弗雷格信念之谜的经典讨论。

2

指称主义

2.1　严格性与直接指称

在第 1 章里我们介绍了弗雷格的论证,即由于涵义具有认知意义,所以它的个体化方式比指称更为精细。涵义是所指的呈现模式,因而相异于所指。两个出现在不同语境中的相异或等同的词项,即便它们有相同的指称,也可以和不同的涵义相联。描述主义补充道,呈现模式是被一簇限定摹状词所刻画的。这种观点认为,一个单称或通称词项"a"的指称以一组描述属性为媒介,以致一个对象是"a"的所指当且仅当这个对象具有所有或足够多的这些属性。正如前面提到,描述主义与指称主义大异其趣,后者用句口号来说就是意义被指称所穷尽。在这种观点看来,指称项唯一的语义功能就是挑出作为该词项所指的对象。本章将介绍指称主义,并对支持它的一个论证加以讨论。

对于指称主义的口号,有两种解读方式。从否定的方面看,指称主义是这样的观点:单称或通称词项的指称没有描述内容作为中介。名字"亚里士多德"指称亚里士多德这个人并不出于以下事实:亚里士多德例示了与该名字相联的各种描述属性,比如作为亚历山大大帝的老师。含有"亚里士多德"的句子不表达描述性命题,理解"亚里士多德"也不涉及知道一簇表达这些属性的限定摹状词。从肯定方面看,指称主义说单称或通称词项"a"直接指称其所指,以致"a"的意义或命题内容——它对决定含有"a"的句子所表达命题的贡献——在于其指称。名字"亚里士多德"对决定由句子"亚里士多德是位哲学家"表达的命题所做的贡献就是亚里士多德这个人本身。这就是说,这个句子表达了单称命题亚里士多德是位哲学家,这是由亚里士多德自身和作为哲学家的属性所构成的有序对。"亚里士多德"的命题内容是单称的,是由于该命题将亚里士多德作为构成成分而包含于其中。最终,理解"亚里士多德"就是要知道那个名字"亚里士多德"所指称的亚里士多德。这种知识要求一个人在认识论上恰当地与亚里士多德发生关联,比如,亲知亚里士多德或与他处于某种因果 – 历史的关系中。[1]

正如描述主义一样,指称主义既是意义理论也是指称理论;但与描述主义不同,指称主义在词项的意义和指称是什么这个一阶问题,与是什么使得词项具有它所具有的意义和指称这个二阶问题之间作出明显区分。说指称项的意义不是其指称以外的东西是对一阶问题的回答。而对于第二个问题,指称主义通常援引某种因果 – 历史的方案。在时间中的某点,"亚里士多德"这个名字被以某种施洗的仪式行为引入语言,比如,让"亚里士多德"来指称那个蓝色摇篮中的男婴。那些当时的在场者挑出了这个名字,而后通过某种交流的因果链条代代相传。这种因果 – 历史的联系不是"亚里士多德"的意义或指称,而是决定其意义和指称的东西。这种联系解释了名字是何以开始具有它实际所具有的指称和意义的。[2]

要注意到,正如"亚里士多德"的例子,指称主义者通常容许限定摹状词扮演确定词项指称的角色。说话者可以通过设定名字去指称任一满足特定限定摹状词之物,从而把一个名字便利地引入语言。但指称主义者都坚定地认为,摹状词可以确定指称但却不能给出词项的意义。[3]一旦该词项在语言中开始运作,确定指称的摹状词就停止扮演决定指称的角色。然后所有决定指称的工作都由因果–历史联系来完成。尤其,熟谙该词项无需涉及任何关于摹状词的知识。这种理解所需要的是词项指称何人或何物的知识。

现在,如果理解"亚里士多德"这个名字在于它指称何人的知识,那么有人可能会疑惑:一个有能力的说话者 S 在毫无知晓其指称,比如亚历山大大帝老师的情况下,如何知道该名字所指何人。欲知"亚里士多德"所指何人,即是知道"亚里士多德"所指称的亚里士多德。总之,知道对象具有某特定属性就是拥有了从物的(de re)知识,但据说没有任何孤零零的从物知识。每一点从物的知识都依赖于某点从言(de dicto)的知识——关于对象是 F 的知识。例如,如果 S 得知爱丁堡是美丽的,那么她就知道苏格兰的首府,或大卫·休谟的出身地,等等,是美丽的。因此,当 S 得知了"亚里士多德"所指称的亚里士多德,S 的知识总是可以进而通过援引 S 的从物知识所依赖的从言知识而被刻画,例如,她关于"亚里士多德"指称任何是亚历山大大帝老师的人的知识。[4]这样看起来,理解"亚里士多德"在于将某些限定摹状词确知地与该名字相联系。

作为回应,指称主义将坚持,即使这是真的,前面所述已显示出 S 必须知道"亚里士多德"指称任何满足某些描述条件之人。没能显示的是 S 所知之事(即使仅是部分地)构成了"亚里士多德"的命题内容,即没能显示出 S 的知识内容有何语义输入。此外,指称主义者也许会仅仅否认从物知识总是依赖于从言知识。知道"亚里士多德"所指称的亚里士多德也许更在于识别出亚里士多德(的形象)的能力,或在他(的形象)与其他相关人物之间进行辨析的能力。

直接指称(direct reference)这个概念应该和与之相关但又不同的概念严格指示(rigid designation)区别开来。如前所述,直接指称概念蕴涵了单称命题内容的概念:词项"a"是直接指称的当且仅当含有"a"的句子表达了非描述的单称命题。简言之,一个直接指称项的命题内容是单称的。而严格指示概念并不蕴涵单称命题内容的概念。容我略作解释,说一个单称或通称词项"a"是严格指示词(rigid designator),或就是严格的,即是说"a"在所有可能世界中都指称相同的对象。[5] 可能世界在这里可以被视为事物也许会是(might have been)的方式。法则学的可能世界——与自然律相一致的世界,通常有别于形而上学的可能世界——也许包括对以上规律有违背的世界。当一个严格指示词据说在所有可能世界都指称相同对象时,世界领域是指形而上学可能世界的领域。这样克里普克(1980:48ff.)令人信服地论证了,作为一项事实,日常专名和自然类词项都是在这样的方式下是严格的。例如,"亚里士多德"是严格的,因为那个名字在所有可能世界中都指称亚里士多德,而"水"是严格的,因为那个自然类词项在所有可能世界都指称 H_2O。[6]

相较之下,大多数限定摹状词是非严格的。在现实世界"亚历山大大帝的老师"指称亚里士多德,但是在某个可能世界中该摹状词指称柏拉图,因为在那个世界中是柏拉图教育了亚历山大大帝。但实际上像"最小的偶素数"这样的严格摹状词,和像"具有 α 的个体"这样的本质摹状词——其中 α 是一个特殊个体的基因构造或生物起源的缩写,也是严格的。前者碰巧在所有可能世界中挑出了 2 这个数字,而后者碰巧在所有可能世界中挑出了实际上具有 α 之人。因为如果亚里士多德具有 α,那他必然具有 α。[7] 再来考虑所谓的描述性名字(descriptive names)。达米特(1981:562ff.)和埃文斯(1979:179–182)建议描述性名字通过特定限定摹状词使其指称实质上被确定,以致这些名字虽具有描述内容却依然是严格的。考虑如下规定(stipulation):

(规定)让"尤里乌斯"指称拉链的唯一发明者。

在(规定)中,名字"尤里乌斯"不是"拉链的发明者"的简称,因为前者是个严格指示词而后者是非严格的。鉴于惠特科姆·L. 贾德森(Whitcomb L. Judson)是拉链的实际发明者,"尤里乌斯"将在所有可能世界指称他。但是虽然"拉链的发明者"在实际世界挑出了惠特科姆·L.贾德森,在亚历山大·G.贝尔(Alexander G. Bell)发明拉链的那个可能世界该摹状词挑出了贝尔。然而,关键是理解"尤里乌斯"的人知道,"尤里乌斯"作为一个名字被引入是为了命名那位拉链的发明者。

现在我们就可看出为什么严格性概念并不蕴涵单称命题内容概念的原因。句子"最小的偶素数是个自然数"表达了一个描述性命题,而不是一个包含数字 2 和成为自然数这一属性的单称命题。然而,主项是个严格指示词。严格性是个比直接指称更弱的概念。如果一个词项是直接指称的,那么它也是严格的,但一个词项可以是严格的而不是直接指称的。一方面,直接指称项是附在其所指上的:其命题内容在于其指称的对象。由于这些词项完全没有命题内容,因此对它们而言是没有余地在不同的可能世界中挑出不同的对象的。就语义规则确保了其严格性而言,它们是根据规则(de jure)而严格的。另一方面,某些严格词项有描述内容作为其命题内容的部分,因而将通过对象例示特定描述属性来挑出该对象。那些实际中的严格描述或描述性名字因此不是直接指称的。[1]

为了决定任一给定指称项是否严格,克里普克(1980:48–49,83–92)提出了一项严格性的直觉测试,我们可以称之为"哥德尔–施密特测试"("Gödel–Schmidt test"):

> 指称项"a"是严格的当且仅当这是假的:不是 a 的某人也许能成为 a。

以专名"哥德尔"为例,试问不是哥德尔的某人是否可能成为哥德尔。这看上去是假的,即使我们设想一个施密特在其中发现了算术不完全性的可能世界这看起来也是假的。在那个世界中,不存在任何说施密特是哥德尔的倾向。相反,这是一个哥德尔在其中未能发现他在现实世界所作出的发现的可能世界。"哥德尔"通过了测试,因而是严格的。现在以限定摹状词"不完全性定理的发现者"为例,试问一个人虽非不完全性定理的发现者,是否也可能发现不完全性定理。这看上去是真的。哥德尔的确发现了定理,但是存在一个可能世界,在其中施密特作出了那个发现,并且在该世界中,"不完全性定理的发现者"指称施密特。那个摹状词没能通过测试,因而是不严格的。

要记住形如"F 也许不能成为 F"的句子是模糊不清的。借用刘易斯的一个例子(1980),"获胜者也许不能成为获胜者"为真仅当将其理解为:

(1)获胜者,可能她/他并不是获胜者。

这里的"获胜者"对于模态算子"可能"取宽域(wide scope)。如果亚历克斯在现实世界中是获胜者,那么(1)说的是存在一个亚历克斯在其中输的可能世界,并且这毫无争议地为真。但是"获胜者也许不能成为获胜者"为假如果将其理解为:

(2)可能,获胜者不是获胜者。

这里的"获胜者"对于模态算子"获胜者"取窄域(narrow scope)。(2)所说的是存在一个获胜者在其中输了的可能世界,并且这毫无争议地为假。关键之点是,既然为使哥德尔 - 施密特测试运行,该词项必须被给予宽域解读——否则哥德尔 - 施密特测试将无法传达直觉上正确的归类。例如,"不完全性定理的发现者"将会被认为是严格的。即使如此,哥德尔－施密特测试也绝不是关于日常专名具有严格性的决定性论证。一个坚定的描述主义者可能会坚持认为不是哥德尔的某人也许可能成为哥德尔,其依据是"哥德尔"这个名字仅是"算术不完全性的发现者"的简称。但大多数日常说话者无疑会把这样一个描述主义者视为具有一种相当不正常的语言直觉。最终要注意的是,对于某些词项而言,应用哥德尔－施密特测试也许不能得出确定的答案。例如,有人也许会想,自从"开膛手杰克"被警察用来指称 1890 年代伦敦多起妓女谋杀案的作案者以来,该名字是否是严格的都不清楚。平心而论,应该注意到克里普克(1980:79)将那个名字视为严格的。或以挑出了特德·沙克尔福德(Ted Shackleford)的"戴黄帽子的人"为例,这是 H. A. 雷伊(H. A. Rey)的儿童图书《好奇的乔治》中的角色。其中限定摹状词"戴黄帽子的人"是非严格的,也是丝毫不明显的。

2.2　克里普克的模态论证

随着严格指示的出现,对日常专名和自然类项具有严格性的认识与日俱增,而对描述主义的拥戴也开始衰驰。在《命名与必然性》中克里普克提出了一系列攻击描述主义的论证,这引发了语言哲学中的革命。在这里我们仅考察其模态论证,该论证旨在显示由于日常专名是严格的,它们不能具有由限定摹状词集所给予的描述内容。

要记住,描述主义关于"亚里士多德"所说的是,用该名字去指称是通过相关的描述属性来进行的,后者被限定摹状词所刻画,致使"亚里士多德"指称任何独一无二地例示了那些属性的人。为简化起见,假设名字"亚里士多德"仅是限定摹状词"亚历山大大帝的老师"的缩写。这是描述主义的一个相当朴素的版本,但在这里也够用了。这可推出"亚里士多德"指称一个个体,当且仅当该个体教过亚历山大大帝。在1.3节中我们看到了这种观点是如何为意向语境下共同指称项的替换问题提供了一种看起来诱人的处理方式。模态论证所强调的是描述主义在模态语境(modal contexts)下将面临这类替换问题,即句子含有诸如"必然地"和"可能地"这样的模态词汇的情形。其展开如下:

(3)如果"亚里士多德"和"亚历山大大帝的老师"有相同的命题内容,那么"亚里士多德也许可以不是亚历山大大帝的老师"将为假,因为这语义上等同于"亚里士多德也许可以不是亚里士多德",这是假的。

(4)"亚里士多德也许可以不是亚历山大大帝的老师"为真。

(5)因此,"亚里士多德"和"亚历山大大帝的老师"的命题内容有不同。

首先要注意的是,这并不依赖于特定例子。我们也可以用自然类词项而非专名同样很好地构造模态论证。这样,关于"水"描述主义所说的是,其指称通过相关的描述属性集来进行,而后者被限定摹状词"水状的"所刻画,以致"水"所指称的是例示了那些属性之物。作为水状的,别忘了,意味着具有水的所有表面的、稳定可观察的特征:干净、适饮、无味、降自云端、充满海洋,等等。假设因而"水"仅仅是"水状之物"的简称。现在来看:

(6)如果"水"和"水状之物"有相同的命题内容,那么"水也许可以不是水状之物"将为假,因为这语义上等同于"水也许可以不是水",这是假的。

(7)"水也许可以不是水状之物"为真。

(8)因此,"亚里士多德"和"亚历山大大帝的老师"的命题内容是不同的。

这些论证有说服力吗？很好，它们都有否定后件式（modus tollens）的形式（如果 p 那么 q，并且非 q，因此非 p），而且也显然是有效的。那问题就出在前提是否为真上。让我们从前提（4）和（7）开始。前提（4）看上去无可争议。确实，存在这样的可能世界，其中有不是亚里士多德的某个人教过亚历山大大帝。同样地，（7）也给人以真的印象。"水"严格地指称 H_2O，并且确实存在有在其中 H_2O 欠缺所有那些水状特性（比如，充满海洋、流出龙头、止渴）的可能世界。也许某些这样的世界在从法则学上是不可能的。如果我们把压缩性、导电性等也算进水状属性，那就将会如此。但如前所述，"水"在所有形而上学可能的世界中指称 H_2O，并且如果这样的世界被异常的自然律所支配，那么 H_2O 甚至可能缺乏这些微观物理或化学的属性。[1]

然而，指称主义也许会反对道，如果"亚里士多德"是"亚历山大大帝的老师"的简称，那么出现于（3）和（4）中的句子"亚里士多德也许可以不是亚历山大大帝的老师"就在语义上等同于以下句子：

(9)"亚历山大大帝的老师也许可以不是亚历山大大帝的老师。"

同样地，如果"水"是"水状之物"的简称，那么出现于（6）和（7）中的句子"水也许可以不是水状之物"就在语义上等同于：

(10)"水状之物也许可以不是水状之物。"

我们在 2.1 节中已看到形如"该 F 也许可以不是该 F"为真，仅当"该 F"对于模态算子"也许可以不是"取宽域。有人可能会随后会宣称这两个前提不能同时为真。

让我们先来看亚里士多德版本中的(3)—(5)。(9)中的句子也有同样的形式,因而仅在这样的宽域解读下为真。鉴于出现于(4)中的句子"亚里士多德也许可以不是亚历山大大帝的老师"在语义上等同于(9)中的句子,(4)仅在此宽域解读下为真。但鉴于(3)中的句子也在语义上等同于(9)中的句子,它们就应该以相同的方式得到解释。否则,模态论证就会出现算子转移谬误(operator–shift fallacy)。这意味着(3)中的句子也为真。因此,(3)将为假:"亚里士多德"和"亚历山大大帝的老师"可以有相同的命题内容,而"亚里士多德也许可以不是亚历山大大帝的老师"为真。

现在,让我们转向"水"版本中的(6)—(8)。出现于(10)中的句子为真,仅当"水状之物"对于模态算子"也许可以不是"取宽域。鉴于出现于(7)中的句子"水状之物也许可以不是水状之物"在语义上等同于(10)中的句子,(7)仅在此宽域解读下为真。但出现于(6)中的句子也在语义上等同于(10)中的句子,因而应采取同样的解释。否则模态论证将会出现从一个前提到下一个前提模态算子的错误转移。这意味着(6)中的句子也为真。相应地,(6)将为假:这并不推出如果"水"和"水状之物"有相同的命题内容,那么"水也许可以不是水状之物"为假。

在此背景下,描述主义者也许会跟随达米特(1973:110–151),试图通过域的约定来解释严格性,其想法是专名和自然类词项是宽域限定摹状词的简称。但是否能以此方式来理解说话者关于严格性的语言直觉是可疑的。虽然形如"该 F 也许可以不是该 F"在宽域解读下为真,但形如"a 也许可以不是 a"即使在此种解读下也显得假,其中"a"是专名或自然类词项。除了要标示出其他情形,其中关于严格性的直觉不能轻易被用域的差异分析来安置,我们不应在这里深入细节。来看两个非模态句子:

（11）亚里士多德是亚历山大大帝的老师。

（12）亚历山大大帝的老师是亚历山大大帝的老师。

（11）和（12）在现实世界中都为真，但它们的真值在某些可能世界是不同的。在一个柏拉图教过亚历山大大帝的可能世界中，（11）为假，但（12）为真。句子（11）可能为假，但（12）却必然为真。问题在于既然由于（11）和（12）中不含有模态词汇，任何涉及域的策略就似乎被阻塞了。[2]

让我们转而考察第一个前提，这需要一番剖析。（3）中的条件句假设"亚里士多德"和"亚历山大大帝的老师"有相同的命题内容，仅当它们在模态语境中可互换而不改变真值。乍一看，这似乎是个可信的前提。来考虑如下模态替换原则（modal substitution principle）：

> （模态替换）如果句子"可能，a 不是 F"为真，且"a"和"b"有相同的命题内容，那么句子"可能，b 不是 F"也为真。

（模态替换）后面的理由是命题内容决定了指称，这不仅是在现实世界中，也在所有可能世界中。因此，如果两个指称项有相同的命题内容，那么它们在所有可能世界都指称相同的对象，并且如果它们在所有可能世界指称相同的对象，那么它们能在任何模态句中相互替换而不改变那个句子的真值。[3]

然而，有人也许会对每种命题内容在所有可能世界中决定指称的观点感到疑惧。如果"亚里士多德"和"亚历山大大帝的老师"、与"水"和"水状之物"尽管在所有世界中并非有共同指称但却表达同一命题的话，模态论证就被阻塞了。由此，模态论证可以被二分为：在现实世界中决定指称的部分，和在所有可能世界中决定指称的部分。让我们再看 2.1 节中的描述性名字"尤里乌斯"，然后仔细

想想下面两个句子:

　　(13) 尤里乌斯发明了拉链。
　　(14) 拉链的发明者发明了拉链。

　　一方面,在某种很强的意义上(13)和(14)表达了相同的命题。熟谙"尤里乌斯"在于知道该名字是被规定用来挑出任何在现实世界中发明了拉链的人。有能力的说话者 S 在断言(13)时所宣称的,因而正是当他断言(14)时所宣称的内容。说话者就现实世界是什么样的作出了相同的断言。由于 S 看待现实世界会怎样的方式是相同的,因此她就不能可理解地相信(13)而不信(14)。另一方面,由于"尤里乌斯"的严格性和"拉链发明者"的非严格性,(13)和(14)在某些可能世界中真值会有不同。惠特科姆·L.贾德森在现实世界中发明了拉链,但假设亚历山大·G.贝尔在某个可能世界中发明了拉链。(13)和(14)在现实世界中都为真,但在某个可世界中(13)为假而(14)为真。而且我们已看到真值的差异造成了命题内容的差异。在此背景下,埃文斯(1979)和达米特(1991:47–48)各自区分了内容与命题、断定内容和组分涵义(ingredient sense)。[5]对他们而言,一个句子的(断定)内容就是通过对该句子的言说而说出的东西,并且这也是信念的对象。然而,与句子联系的命题或其组分涵义,是句子对决定它作为其部分的更复杂,尤其是模态句子的(断定)内容所作的贡献。因此,尽管(13)和(14)的(断定)内容相互重合,但它们的组分涵义/命题却不相同。在达米特的情形中,例如,对(13)和(14)的断定表达了相同的内容,然而(13)和(14)嵌入模态算子域的方式却不同,由(13)是偶然的而(14)是必然的这样的事实就可看出其端倪。这种混合的内容理论是否可行是件令人苦恼的事,我们将在第 4 和第 7 章再回到这个问题。一个关键的问题将是,对于行为的解释来说,(断定)内容是否真是在语义上,还是仅仅在认知上是有意义的。在这里作出如下交待即可:即使这两类内容的区分在包含描述性名字"尤里乌斯"的句子情形中成立,但是当涉及含有日常专名和自然类词项的句子时该区分是否还适用,这是一点都不清楚的。

2.3 严格化

再来考察"亚里士多德"版本的模态论证前提(3)—(5)。这个论证针对的是头脑简单的描述主义者的观点,即"亚里士多德"是"亚历山大大帝的老师"的简称,但正如在"水"的例子中那样,任何描述主义者都会倾向于援引像"古代著名哲学家"这样额外的限定摹状词。确实,描述主义者也许会坚持,应该把这些摹状词视为一簇,使得"亚里士多德"刚好指称满足这些摹状词中的大多数的那个对象。那样的话,如果结果是他未能满足某些摹状词,"亚里士多德"仍旧会指称亚里士多德。至此,这些摹状词都完全是以普遍、质的词项来陈述的,但描述主义者也可以利用其他类型的摹状词。为什么应该把所谓的他者依赖摹状词(other-dependent decriptions)包含在内,这也有其理由。一方面,描述主义者说当一个有能力的说话者 S 理解"亚里士多德"时,她所知道的是一组限定摹状词。另一方面,决定"亚里士多德"指称的正是那组摹状词。将意义理论和指称理论合于一处,当 S 理解"亚里士多德"时她所知道的就是决定该名字指称的东西。这就是说,当 S 把握了"亚里士多德"的意义,S 即具有关于"亚里士多德"的所指的独一无二的识别知识。问题是,具有此类独特的识别知识似乎显得过于苛求。在很多语境下,即便 S 并不能凭其自身独一无二地将所指识别出来,也完全可以说她是熟谙"亚里士多德"的。在这些情形中,S 对"亚里士多德"的熟谙部分在于她的这种能力,即通过联系一个他者依赖摹状词来转移责任,例如,"S 用从专家那里借得的术语来使用"亚里士多德"所指称的个体"。S 通过听从其语言共同体中那些具有充分识别知识的语言专家,掌握了使用"亚里士多德"来挑出亚里士多德。

在自然语言中,这种语义遵从(semantic deference)现象是十分普遍的。也许在"水"这样的特定自然类词项中,这种情形还不那么多。为了解释清楚"水状之物",为日常有能力的说话者所知的相关摹状词被认为纯粹是关于表面和质的方面的:"降自云端、充满海洋的干净、适饮、无味的液体等等。"知道这些属性看起来确实构成了关于"水"的所指的独特识别知识——假设它们仅被 H_2O 所例示。即便这样,克鲁恩(2004:284)还是给出了一个例子:在严重干旱的厄立特里亚成长起来的儿童们,他们仅在一口井里见过少许水,但这井既深且暗,使得他们无从取水,也不能探知水通常的现象属性。然而,在教他们英语的义工告诉他们那种东西是水后,他们才会用"水"来指称水。也可以来看其他自然类词项。普特南(1996:xvi)给出了一个这样的例子:我们是通过知道榆树是常见于北美和欧洲的落叶树来获知"榆树"的意义的。然而普特南承认,他不能区分榆树和山毛榉,因而缺乏关于"榆树"所指的独特识别知识。描述主义者再次反对道,普特南必定遵从地知道山毛榉是如何异于榆树的,因为只有后者才被其语言共同体中的专家称为"榆树"。这里的教训是,当大多数日常说话者使用名字或自然类词项时,他们依赖专家将属性与词项联系起来以确定唯一指称。存在有这样一条借助之链,其始于那些被专家所联系的属性。这些都是专家属性异于程式化属性之处,日常说话者通常将后者与相关词项联系在一起。[6]

显然,对模态论证的回应是无法借助他者依赖摹状词的。欲知其原因,我们仅需考察这类可能世界的存在:其中亚里士多德不是专家用"亚里士多德"来指称的那个个体。"亚里士多德"的严格性确保了其即使在这类世界中还是指称亚里士多德。再考虑我们的本质摹状词"具有 α 的个体",其中 α 被视为对亚里士多德的基因组成和生物起源的缩写。假设亚里士多德必然具有这些组成和起源,不存在其中亚里士多德不是具有 α 的个体的可能世界。[7] 这个本质摹状词将因而是严格的。总之,如果两个词项都是严格的,那么含有它们的同一陈述如果为真的话将必然为真。如果"亚里士多德是具有 α 的个体"为真,那么这个陈述必然为真。因此,要是描述主义者用这个本质摹状词来替换"亚历山大大帝的老师",模态论证的前提(4)将会为假。这即是说,

(15)"亚里士多德也许不会是具有 α 的个体"

为假。如果在描述主义者的指称理论中加以援引,本质摹状词就有确保"亚里士多德"在所有可能世界中挑出亚里士多德的有利作用。而其不利的方面是,在意义理论中此类摹状词是不允许扮演任何角色的。原因在于熟谙"亚里士多德"的日常说话者对关于此类本质摹状词的知识往往一无所知。更糟的是,在亚里士多德的例子中,即便是语言专家也许也不具备此类知识。

类似地,在"水"的例子中,描述主义者会诉诸像"由两个氢原子和一个氧原子所构成之物"这样的本质摹状词。这将琐屑地保证了"水"在所有可能世界中挑出 H_2O,因而模态论证中前提(7)的一个相应的版本将为假:

(16)"水也许不是由两个氢原子和一个氧原子所构成之物。"

其缺点仍然是,不能指望有能力的日常说话者会知道这些本质摹状词。一个说话者可以对"水"十分熟谙,而对关于水的基础化学一无所知。的确,回溯至 1750 年拉瓦锡发现氧和氢之前,即便是专家也不知道相关的化学事实。在得知那些事实之前,说话者都不会熟悉或至少不会完全熟谙于"水",这样说听起来确实有点违背直

觉。总的要点是,关于意义的知识应该由那类出现于词典而非百科全书中的信息所构成。

对于描述主义者来说幸运的是,有各种使限定摹状词严格化的方式——将非严格摹状词变为严格摹状词——而不用援引本质摹状词。它们通常诉诸特定索引性表达作为严格化手段。以"实际上"(actually)为例。有时这个表达被用以强调或消除疑惑,比如,"被罚下场的,实际上是斯科尔斯而不是鲁尼"。先把这些例子放在一边。我们感兴趣的是自然语言中"实际上"的一种独特的逻辑用法。这种逻辑用法意在澄清涉及模态算子的关系辖域问题。回想下刘易斯的例子"获胜者也许不能成为获胜者",如果"获胜者"对于模态算子取宽域则句子为真,而如果"获胜者"对于算子取窄域则句子为假。在这里不用域的约定来消除两种解读间的歧义,而通过引入"实际上"来得出正确解读:

(17)实际上的获胜者也许不能成为获胜者。

(17)说的是,存在这样的可能世界,其中的获胜者在现实世界输了。假设迈克尔·舒马赫在现实世界中赢得了比赛。他也许不会成为那场比赛的获胜者,因为存在这样的可能世界,在其中刘易斯·汉密尔顿赢得了那场比赛。"实际的"是一个索引性表达,它严格地指称言说语境的那个世界。严格化限定摹状词"实际的F"指称某个可能世界中的对象,正如"该F"指称现实世界中的那个对象。无论"实际的"在模态算子的辖域内外出现与否,它总是指回现实世界。索引性表达是语境敏感的(context sensitive),因为它们在不同的言说语境下有不同的所指。当安娜使用人称代词"我"时,她指的是安娜;而当托马斯使用"我"时,他所指的是托马斯。有人也许会疑惑这些表达何以也能是严格的,因而在所有可能世界中有相同的所指。这里我们需要将言说语境和评价环境(circumstances of evaluation)作一区分。[8] 言说语境由说者、听者和该索引性表达被说出的时间与地点构成。它们将这些言说映射到由那些表达式所表达的命题内容中,因而需要它来决定被表达的命题内容是什么。评价环境则是由不需与任何可能语境并行的语境特性所构成的索引。它们将命题内容映射到所指或真值上,因而需要它去评价所表达命题的真值。考虑如下句子:

(18)"我感到鼓舞。"

索引性表达"我"指称的是言说语境中的说话者,但它也是严格的,因为它在所有评价环境或可能世界中都指称相同的个体。(18)的真值依赖于说话者是谁或他/她是否感到鼓舞。对(18)的言说,其真值由此双重地依赖于言说语境和评价环境的特性。如果安娜是说话者,那么(18)表达了安娜感到鼓舞这个命题。如果托马斯才是说话者,那么(18)表达的是命题托马斯感到鼓舞。"我"由此是直接指称的,因为在一个言说语境语境下,其命题内容就是它的指称。假设安娜是在现实世界而非某个可能世界 W 中感到鼓舞,那么命题在现实世界中为真,而在 W 中则为假。鉴于安娜是现实世界中的说话者,对(18)的言说由此在 W 中为假,因为安娜在 W 中并没感到鼓舞。一旦我们知道了谁是说话者,"我"就在所有评价语境或可能世界中挑出了相同的个体。[9]

这些对于"实际的"这个索引性表达也大体正确。考虑如下句子:

(19)"实际的获胜者输了。"

如果(19)是在现实世界中被说出的,那么(19)表达了现实世界中的获胜者输了这个命题。而如果(19)是在某个可能世界 W 中被说出,那么(19)表达的是命题 W 中的获胜者输了。假设舒马赫在现实世界中赢得了比赛,却在 W 中输了,而汉密尔顿在 W 中赢得了比赛,那么命题现实世界中的获胜者输了就在现实世界中为假,但在 W 中为真。鉴于(19)是在现实世界中被说出的,那么对(19)的言说在 W 中为真,因为现实世界中获胜者,即舒马赫,在 W 中并没有赢。获胜的是汉密尔顿。一旦我们知道句子是在哪个可能世界被说出的,我们用"实际的获胜者"来谈论在所有可能世界中的相同个体。

我们再回顾下模态论证,它攻击了专名和自然类词项的命题内容是由限定摹状词给出的论断。鉴于专名和自然类词项是严格的而限定摹状词是非严格的,它们在某些可能世界中的指称将有所不同。假定命题内容在所有可能世界中决定了指称,以致如果两个表达有相同的命题内容,那么它们在所有可能世界中也有相同的指称。这即可推出,专名和自然类词项的命题内容不能由限定摹状词给出。当前的建议是,既认可模态论证的结论也认可其前提。反而应该对描述主义作出调整,使其能容纳严格化的限定摹状词(rigidified definite descriptions)。在专名的情形中,"亚里士多德"是"亚历山大大帝实际上的老师"的简称,等等。在自然类词项的情形中,"水"是"实际上的水状之物"的简称。让我们把这种观点称为严格化的描述主义(rigidified descriptivism)。不难看出严格化是如何有助于模态论证的。以"水"为例,"水"和"实际上的水状之物"都是严格指示词,因而鉴于它们在现实世界中有相同的所指,即 H_2O,它们在所有可能世界中就有相同的指称。这不能被认为是表明了,两词项的命题内容是不同的,是由于它们在某个可能世界中的指称是不同的。简言之,这些词项模态属性的差异不能危及其共命题性(co-propositionality)。更确切地说,(7)的一个相应的版本就是假的:

（20）"水也许不会是实际上的水状之物。"

在我们的世界——现实世界中，水是水状之物。当然存在一个可能世界，其中水，即 H_2O，不是水状之物，但是不存在这样的可能世界：其中水不是现实世界中的水状之物。前提（20）是个模态句，因其含有"也许不会是"这样的短语。要评估这个句子的真值，我们因而要前往其中存在水即 H_2O 的可能世界，然后追问该物是否具有成为在现实世界中是水状的这一属性。水在所有世界中都有那种属性，因而（20）为假。

让我们最后来考察一种指称主义者对严格化描述主义的反对。[10]鉴于"水"和"实际上的水状之物"在我们口中都是关于 H_2O 的严格指示词，在模态语境下它们可以互换而不改变真值。例如，句子"水是水是必然的"为真，而"水是实际上的水状之物是必然的"也为真。此外，根据严格化描述主义，"水"和"实际上的水状之物"在意向语境下也可互换而不改变真值，因为"水"的描述内容是实际上的水状之物。句子"玛丽相信水是 H_2O"为真当且仅当"玛丽相信实际上的水状之物是 H_2O"为真。对玛丽而言，相信水是 H_2O 就是对她而言要相信现实世界中的水状之物是 H_2O。这可能听上去没有说服力：玛丽作为一个地球上的居民，除开具有关于现实世界——她居住的世界的信念，不可能具有关于水的信念。例如，玛丽可以很好地具有水的概念而没有现实世界的概念。[11]尽管如此，一旦我们转向混合模态和意向语境，一个更严重的担忧就会出现。设定完美地球（Perfect Earth）除了位于一个远离现实世界的可能世界之外，在所有方面都和地球一样。尤其是，完美地球上的水状之物具有 H_2O 的微观结构。同样假设玛丽在完美地球上有一个化身（doppelgänger），我们叫她"完美玛丽"。完美玛丽从内在复制了玛丽，即是说她们从分子到分子都是相同的。化身是这样的个体，她们享有其所有内在属性——凭借其自身内在的方式而具有的属性,也独立于其他对象所具有的属性。[12]直觉上,正如玛丽有关于水的信念,完美玛丽也有。现在当我们——地球人说完美玛丽相信水是 H_2O 时,问题就出现了,我们说她相信现实世界中的水状之物是 H_2O。由于如果"水"是"实际上的水状之物"的简称,而"实际上"是个索引词,那么我们说出"完美玛丽相信水是 H_2O"时就表达了命题**完美玛丽相信现实世界中的水状之物是** H_2O。但是完美玛丽确实可以相信水是 H_2O,却不必具有任何关于现实世界的信念,并且那是我们应该会报道的事情。问题与其说是完美玛丽不具备她称之为"实际的"世界——含有完美地球的世界的信念就不能相信水是 H_2O 的话,倒不如说是不赋予玛丽我们称之为"实际的"世界——包含地球的现实世界的信念,我们就不能赋予完美玛丽水是 H_2O 的信念。当然,关于词项"水"没有任何特异之处。相同的反对也适用于任何专名或自然类词项,而这些都是描述主义者旨在等同于严格化限定摹状词的。[13]

2.4 指称主义者的信念归属

在 1.3 节中指称主义遇到了信念论证。根据指称主义,指称项是直接指称的,这意味着其命题内容在于它们的指称。在意向语境中,对两个共指项的互换应该由此保持真值。这就是说,指称主义认可如下关于此种语境的替换原则:

（指称替换 ∗ ）如果句子"S 相信 a 是 F"为真且 a = b,那么句子"S 相信 b 是 F"也为真。

信念论证旨在证明(指称替换 ∗)为假。再来看:

（21）安娜相信水是有益健康的。
（22）安娜相信 H_2O 是有益健康的。

假设安娜熟悉某些化学表达式,但是她对化学的了解几近无知。安娜对"水"和"H_2O"都很熟悉,但是她没有任何证据来支持二者所指的同一。因此,虽然(21)显然为真,但(22)却看似为假。由于(21)和(22)仅有的差别就在于共指项"水"和"H_2O"的出现,这看起来似乎我们有了一个相对(指称替换 *)的反例。正如1.3节中所述,信念论证假定形如"S 相信 a 是 F"的信念归属句表达了一个 S 与嵌入句"a 是 F"所表达命题之间的二元关系。(21)和(22)的逻辑形式因而应该分别相当于:

（23）信念[安娜;水是有益健康的]。
（24）信念[安娜;H_2O 是有益健康的]。

指称主义的问题是,所有关于个体和自然类的命题内容都是单称的,并且两个单称命题水是有益健康的和 H_2O 是有益健康的是等同的。鉴于水等同于 H_2O,含有水和作为有益健康的属性的命题就等同于含有 H_2O 和作为有益健康的属性的命题。

然而,指称主义者们通常同意对(22)的言说传达了对(21)的言说所没有传达的信息。尽管在(21)和(22)中仅就安娜信念的命题内容来看是相同的单一命题,然而如果没有某种在其中她可以相信命题的呈现模式的话,她也不能相信该命题。以佩里(1993)对行动者所信之事与行动者何以信其所信之事所作的划分来看,单称命题是安娜所信之事,而呈现模式则刻画了她何以相信该命题。一种思考呈现模式的方式是将其视为赞同句子的倾向(dispositions to assent to sentences)。虽然安娜显然倾向于赞同句子"水是有益健康的",但她并不倾向于赞同"H_2O 是有益健康的"。她确实可能倾向于否认后句——原因是她未能认识到"H_2O 是有益健康的"表达了一个她实际上确实相信的单称命题。因此,(21)和(22)的逻辑形式最好被视在安娜、嵌入句所表达的单称命题和该命题呈现模式(MoP)之间的三元关系:

(25)信念[安娜;水是有益健康的(水 MoP,有益健康 MoP)]。

(26)信念[安娜;H_2O 是有益健康的(H_2OMoP,有益健康 MoP)]。

根据指称主义,关键之点在于呈现模式与真值条件是无关的。对(21)和(22)的言说,其信息内容的差别不应归结为语义学的差别,而在于语用隐涵(pragmatic implicature)的差别。安娜信念的真值条件内容是同一单称命题,因而(21)和(22)严格来讲都为真。但是命题是在不同的语言学外观下被相信的。即是说,(21)和(22)具体说明了看待该单称命题的两种不同方式。以佩里的区分来看,在安娜所信之事上二者别无二致,尽管只在她何以信其所信上有所差别。关于(22)为假的错误直觉应归结为如下事实:对(22)的言说产生出安娜倾向于赞同"H_2O 是有益健康的"这样的假语用隐涵。此处的争论是,即使有能力的说话者对(21)和(22)的言说传达出的信息内容高度敏感,他们在对语义编码之物和语用隐涵之物分门别类时却同样的不可靠。尤其,他们倾向于认为语用隐涵层面的信息内容决定着所报告信念的真值条件。

重要的是,当我们将信念归属给他人时,我们应该尽可能忠实于他们看待世界的方式。我们既不应该使用不为他们理解的词语,也不应该以他们从未用过的方式来使用词语。因此这有条支配信念归属的准则,即除非存在异常理由,否则我们都要对他们的语言行为一如既往地忠实。报告安娜的信念所使用的句子"安娜相信

H_2O 是有益健康的"就违背了这条准则。这类违背颇不适宜,但却对其言语的真值无所影响。更普遍之点在于,说者有义务断定真实之事而不是把听者导入歧途。如果我说"马克昨晚没有参与打斗"并且知道马克从未行为不端,那么我所说虽真但也有误导听者之嫌,他们也许会想马克不时会参与打斗。由于在语用上隐涵了不实之词,我就未能满足交流的要求。

在这里我们还不应评价是否这种所谓的隐涵理论(implicature theory)给出了关于(21)和(22)中说话者直觉的一个有说服力的解释。[14]让我们转向 1.3 节中的克里普克之谜。这个报复性问题据说指出了在信念论证中(指称替换∗)不应该受到指责,因为正是我们报告信念的这种实践是不融贯的。正如我们所看到,描述主义者将会认为此一致性原则:

> (一致性)如果说话者 S 当下反思地相信 a 是 F 且 a 是非 F,那么 S 不是充分理性的。

未能应用于此,因为两个描述主义者的命题并不矛盾。然而,指称主义者也许可以分辩(一致性)本身就是错的。由于单称命题水是有益健康的含有水作为一个组分,那么相信该命题就是相信有益健康的水。说安娜相信水是有益健康的就是将一个从言信念归属给她,而说安娜相信有益健康的水则是将一个从物信念归属给她。根据指称主义者的观点,安娜具有水是有益健康的这个从言信念,当且仅当她具有相应的从物信念。但毫无疑问的是,安娜可以同时相信有益健康和并非有益健康的水,而不会被斥之为不一致。当她以不同的呈现模式思考水时,这类情形在所难免。但是如果相信有益健康的水就是相信单称命题水是有益健康的,那么同样有可能同时相信水有益健康和水并非有益健康,而丝毫没有非理性之嫌。

　　这应该是毫无疑问的。单称命题不是像我们在 1.2 节中所说的由它们的"认知意义"个体化的，而是由独立于它们如何被概念化的对象组成而个体化的。并且当命题是以此粗化的方式被个体化时，理性的说话者也可以不了解其所理解的命题的各种像同一性或差异性这样的逻辑属性。因此不能指望熟谙地持有这些命题的安娜仅通过对这些命题内容的反思就知道它们的逻辑属性。指称主义者所挑战的是达米特的如下论断（1978：131）：

　　　　这是意义概念的一个不容否认的特征——和该概念一样模糊——意义在此理解下是透明的（transparent），即如果有人将一个意义附于两个词中的每一个，那么他必须知道这些意义是否依然不变。

　　该观点认为，命题内容在如下意义是认识上透明的（epistemi-cally transparent）：如果一个有能力的说话者 S 完全把握了两个带有特定逻辑属性的命题内容，那么仅通过反思她就会知道它们具有那些属性。考虑：

　　　　（认识的透明性）如果有能力的说话者 S 把握了两个指称项的命题内容，且这两个词项具有相同或相异的命题内容，那么 S 仅通过反思就知道它们有相同或相异的命题内容。

　　如果像指称主义所认为的那样，认识的透明性是假的，那么 S 就能同时一致且因此完全理性地相信一个命题及其否定命题，因为它们的矛盾本性是不能通过反思而认识到的。所以，（一致性）也是假的。

　　我们将在 5.1 和 5.4 节回到（认识的透明性）上来，在结束本章前我们要注意到，指称主义是怎样别致地处理了完美地球上完美玛丽的信念的。以此观点来看,地球上玛丽的信念和完美地球上完美玛丽的信念的命题内容都是水是 H_2O 这个单称命题。此外,玛丽和完美玛丽都是以相同的方式将该命题的对象组成概念化的。即是说,就它们被呈现的模式或被思考的方式来看,那些要素是等同的。她们都将水视作水状之物。重要的是,词项"水"不再是形如"实际上的水状之物"的严格化限定摹状词的简称,并且我们——地球人——可以安全地赋予完美玛丽水是 H_2O 的信念,而不用同时赋予她关于我们的世界——现实世界的信念。

小　结

在这一章里,我们检查了支持指称主义的理由。指称主义即这样的观点:单称和通称指称项是直接指称的,因为它们不经满足任何限定摹状词的中介而挑出其所指。它们的指称就穷尽了其意义。我们详细说明了严格指示词和直接指称项之间的重要区分。严格指示词是这样的词项,它在所有可能世界中指称相同的对象。专名和自然类谓词是严格指示词,从言严格限定摹状词也是,比如"最小的偶素数",但这类摹状词不是直接指称的。克里普克反对描述主义的模态论证显示了指称项"a"的意义不能由形如"该 F"的限定摹状词给出,因为"a"是严格的但"该 F"是非严格的。这些表达在某个可能世界中的指称是不同的,因而意义也必须是不同的,因为意义是在所有可能世界中决定指称的东西。作为回应,有些描述主义者就这最后一项假设提出异议。他们将内容二分为两种不同的组成。句子的断定内容是指对该句子的言说说了些什么,而这也是信念的对象。而它的组分涵义,则是指句子对决定它作为其中一部分的更复杂句子的断定内容所做的贡献。根据此种混合观点,两个含有"a"和"该 F"的等同句子可能在断定内容上重合但却相异于组分涵义。其他描述主义者则诉诸形如"实际的 F"这样的严格限定摹状词,这在所有可能世界中都指称现实世界中的是 F 之物。根据这种严格描述主义观点,"a"的意义就由一簇这类摹状词所给出:"实际的 F"、"实际的 G"等等。由于这些摹状词和"a"在所有可能世界中有共同的指称,指称上的无差别却确立了它们之间意义的差别。指称主义者的反击直指混合模态和意向语境。想象完美地球除了位于另一个可能世界之外,其他方面都与地球极其相似。此外,地球上的玛丽在完美地球上有一个化身——一个叫"完美玛丽"的内在副本。直觉上,玛丽会想说完美玛丽相信水是湿的。严格化描述主义的问题在于,如果"水"是"实际上的水状之物"的简称,那么当玛丽说出"完美玛丽相信水是湿的"时,她是将实际上的水状之物在现实世界中是湿的这个信念归属给了完美玛丽。但是完美玛丽要想拥有关于水的信念的话,她确实无需具备任何关于现实世界的信念。本章的最后部分简要地处理了指称主义者信念归属的语义学问题。这种理论认为"S 相信 p"应被视为相信者 S、单称命题和该命题在语义上不甚重要的呈现模式之间的一种三元关系。根据这种隐涵理论,我们可以提出对 1.3 节中克里普克之谜的一种指称主义应对。(认识的透明性)原则说的是有能力的说话者对他们掌握或相信的命题是反思可达的。但是单称命题并不是认识上透明的,因为这些说话者极有可能相信一个命题及其否定而不处于知道他持有矛盾信念的境地,因此不是非理性的。

拓展阅读

William Lycan 的 *Philosophy of Language*(2008)是本出色的语言哲学导论,其第 4 章就是专门针对严格性、直接指称和指称主义的。另一本值得大力推荐的关于意义和指称讨论的著作是 François Recanati(1993)的 *Direct Reference:From Language to Thought*。其 1、2 和 9 章处理的是直接指称、单称命题和 Kripke 的模态论证的。不用说,当涉及这些主题时,Kripke 自己的 *Naming and Necessity*(1980) 是不可或缺的。尽管难,但非常重要的对指称主义总体上及其对模态论证专门的讨论参见 Nathan Salmon 的 *Reference and Essence* (1981)第1—6节,和 Scott Soames 最近的 *Beyond Rigidity:The Unfinished Semantic Agenda of "Naming and Necessity"*(2002)由 Michael Dewitt 和 Richard Hanley 主编的 *The Blackwell Guide to the Philosophy of Language*(2006)在其 10、14 和 15 章含有在专名、通称词项和命题态度归属语境下对指称主义的讨论。同样,由 Brian McLaughlin、Ansgar Beckermann 和 Sven Walter 主编的 *Oxford Handbook of Philosophy of Language* 在其 18、20 和 21 章对专名与自然类词项的严格性与直接指称性有透彻的考察。但专门涉及严格化和域的区分时,Jason Stanley 的"Names and Rigid Designation"(1997)是有价值的。更具深度的分析可参见 Michael Dummett 的 *Frege:Philosophy of Language*(1973)第 5 章附注和 Scott Soames 的 *Beyond Rigidity:The Unfinished Semantic Agenda of "Naming and Necessity"*(2002)的第 2 章。

3

从语言到思想

3.1　普特南的孪生地球论证

　　在前面两章里我们已经检查了关于单称和通称词项的意义在于何物的两种相竞争的观点,其中词项的意义被理解为词项的命题内容,即对决定由包含它的句子所表达的命题而做出的贡献。描述主义说词项的命题内容是由有能力的说话者系于该此项的一组限定摹状词给出的,而指称主义则说词项的命题内容等同于其所指。在这一章里我们将检查各种不同的论证,这些论证不仅反对描述主义,而且更是反对任何认为命题内容只不过是有能力的说话者的心理联想的观点。这些论证旨在确定这样的观点:命题内容是依靠这些说话者环境的外在特征而个体化的。他们的策略是指出当物理、社会语言或历史环境的特征发生变化而其余一切因素保持不变时,该内容的特征也将随之发生变化。

　　普特南在其影响深远的文章《意义的意义》("The Meaning of 'Meaning'")中提出了孪生地球(Twin Earth)的思想实验。我们被要求设想以下场景。我们回溯至 1750 年,当时还没有关于化学的实质性知识。在我们银河系的某处有这样一颗行星,它在一切方面极其类似地球,只是除了其中充满海洋、如雨般降自云端的干净适饮液体——简言之,水状之物——不是由 H_2O 构成的。该物是由一种不同的化学物质所构成,它有一个长且复杂的化学式,略称其为"XYZ"。尽管 XYZ 在表面上与水无异,也被孪生地球人以"水"称之,然而却不是水。自然类据说都有本质(essences),即具有该特征对于某物成为这些类的例示而言是必要且充分的。[1] 尤其是,诸如水这样的外显自然类是被其基础微观结构而个体化的。水凭借其独特的化学构造 H_2O 而是其所是。XYZ 不是水,正如 FeS_2 不是金子。我们都把 FeS2(或黄铁矿)叫做"愚人金"。同样地,对于 XYZ 我们地球人需要引入"孪生水"这个新词。

此外,想象每个地球人在孪生地球上都有一个化身或内在副本,他和我们在生理上由内而外别无二致。[2] 请忽略那些烦人的细节,比如人体的构成中有大约 60% 是水。化身这个概念是融贯的,正如我们将看到,我们也能选择不同的例子。具体而言,玛丽居住在地球上,她的化身——我们地球人称之为孪生玛丽,居住于孪生地球,后者和玛丽从分子到分子都是相同的。玛丽和孪生玛丽不仅在其内在物理属性上是相同的,就历史和功能看她们也都一样。当玛丽和孪生玛丽还在蹒跚学步时,她们到海边都会说"看哪,水!"成年后,当她们口渴时都会打开龙头解渴。诸如此类。此外,普特南也假定玛丽和孪生玛丽都处于完全相同的经验和心理状态中。例如,当玛丽和孪生玛丽喝她们称之为"水"的液体时,她们经历了相同的味觉体验,并且她们都相信水状之物是有益健康的。普特南认可有能力的说话者将一组表面摹状词与"水"相联系,他还把它们由此表达的这类内容称之为"程式化观念"(stereotype)。与"水"相联系的程式化观念是水状之物:它刻画了"水"意义的认知意义层面,但在决定"水"的指称时它不发挥任何作用。程式化观念不是语义内容。这些化身凭借具有这些共同的程式化信念——水状之物是如此这般的信念而享有相同的心理状态。

现在普特南构建了如下孪生地球论证。当玛丽和她的地球人同胞只与 H_2O 发生因果互动时,孪生玛丽及其孪生地球人同胞也只与 XYZ 发生因果互动。这意味着当玛丽使用词项"水"时她指称的是 H_2O,但当孪生玛丽使用词项"水"时她指称的则是 XYZ。[3] 从 1.1 和 1.2 节我们已经得知在弗雷格那里意义决定指称,以致如果两个词项有相同的意义,那么它们也有相同的指称。反过来说,如果两个词项的指称不同,则其意义也不相同。玛丽所使用的"水"其意义决定的指称,就不同于孪生玛丽使用"水"时所决定的指称。因此,当玛丽和孪生玛丽分别使用"水"时,她们必定是意指不同的东西:玛丽意指的是水,而孪生玛丽意指的是孪生水。实际上,说玛丽和孪生玛丽意指相同之物会有违背直觉的后果。例如,如果她们都用"水"来意指水,那么孪生玛丽的许多信念就将被视为假的,比如她用"壶中之水"来表达的信念。但是玛丽和孪生玛丽被设定为是内在同一的。因此,她们头脑中的物理过程和她们的经验和心理状态,皆不足以决定她们分别用"水"来意指的东西。该词项是一个同形(同音)异义词(homonym)。正如普特南的著名论述(1975:144):"你怎么说都行,但意义就是不在头脑中"。决定意义的更可能是物理环境中的未知因素。正如普特南所表述的,(1996:xvii),即使回溯至 1750 年,这"意义就是不同的,只因为东西(the stuff)是不同的"。[4]

谈论属性或状态对其他属性或状态的决定易生误解。因为这是关于个体化,而不是关于因果关系的论断的。[5] 根据普特南,玛丽所用的"水"的意义是由环境因素而外在地个体化的。个体化是关于同一性的:是什么使得某物是其所是。在孪生地球论证的语境中,个体化是个关系到因果关系类型的问题,例如,玛丽和她的同胞说话者与水的样本有因果互动关系。然而,因果关系是种特定事件或状态之间的关系,例如,壶中有水使得玛丽要水喝。重要的是,从玛丽关于水的某些信念是由壶中有水导致的这一事实,并不能推出:如果玛丽是用"水"来意指水的话,那她或其同胞说话者一定和水发生过因果关系。那就把因果关系与个体化混为一谈了。同样地,从玛丽关于水的某些信念并非由壶中有水得来的这一事实,并不能推出:如果玛丽用"水"来意指水,她和其同胞说话者都不需和水发生任何因果关系。那将把因果关系的缺失混淆为个体化的缺失。

或者,我们可以来谈论随附(supervenience)。[6] 孪生地球论证由此有两个关于随附的论断。第一个论断是指称随附于意义:两个指称项指称的差别蕴涵了其意义的差别。这与两个指称项有相同的指称却有不同的意义是相容的。可以考虑下 1.2 节中"暮星"和"晨星"的例子。第二个论断是意义不随附于有能力说话者的内在特征:意义的差异相容于相同的物理、经验和心理属性。两个说话者可以就这些属性而言是不可分辨的,然而当她们说出同类词项的不同个例时其意谓可以有所不同。要注意意义不随附于说话者的物理、经验和心理属性,仅当这些属性自身是内在的,或至少是内在地个体化的。正如我们将在 3.3 节中看到,有理由认为承载内容的心理属性不是内在地个体化的。以下是用随附和命题来表述的孪生地球论证的一个更加简明的版本:

(1)玛丽在地球上说出"水是湿的"的句子为真当且仅当 H_2O,即水,是湿的。

(2)孪生玛丽在孪生地球上说出"水是湿的"的句子为真当且仅当 XYZ,即孪生水,是湿的。

(3)句子真值条件的差异蕴涵了由该句子表达的命题的差异。

(4)因此,当玛丽和孪生玛丽说出相同句子类型的不同个例时,她们是表达了不同的命题:玛丽表达的是命题水是湿的,而孪生玛丽则表达的是命题孪生水是湿的。

（5）但玛丽和孪生玛丽是内在同一的。

（6）因此，玛丽和孪生玛丽所表达的命题不随附于她们的内在特征。

首先要看到的是，相对于"金子"、"热"、"柠檬"、"山毛榉"或"老虎"，"水"这个自然类词项并没有任何特异之处。想象一个完全类似于地球的孪生地球，除了其中一种带黄黑横纹的猫科状动物在基因组成上迥异于豹属虎种动物。孪生玛丽把这些动物叫做"老虎"，但由于只有豹属虎种的动物才算作老虎，我们就需造出"孪生老虎"一词来挑出这些长得像老虎的动物。玛丽和她的化身孪生玛丽对于老虎的基础生物学或遗传学均一无所知。现在我们就能再次展开孪生地球论证。玛丽说"老虎产自东亚"为真当且仅当老虎产自东亚，但是孪生玛丽说相同句子类型为真当且仅当孪生老虎产自东亚。真值条件的差异蕴涵了命题内容的差异。由于玛丽和孪生玛丽互为化身，她们所表达的命题就不随附于她们的内在特征。这样，孪生地球论证就可被延伸至包括所有这样的自然类词项。

确实，我们也能用孪生地球论证得出日常专名的命题内容不随附于内在特征的结论。想象一个完全类似于地球的孪生地球，除了其中名为"亚里士多德"的个体与地球人称之为"亚里士多德"的个体有着不同的生物起源。尽管这两个个体都共享所有质的或表面的属性，比如作为古代著名哲学家，但他们还是在数值上（numerically）有差异。现在我们像克里普克（1980）一样假设个体都有生物本质。由此可推出，玛丽的话"亚里士多德是位哲学家"的真值条件与孪生玛丽对相同类型的句子的断言的真值条件将会不同，因而她们所表达的命题不会随附于她们的内在特征。

命题内容不随附于内在特征的观点被称之为语义外在论。[7]从更正面的方面说，该观点说的是此类内容部分地决定于外在特征，而这些特征是外在于用该内容来陈述的个体的,即此类内容随附于内在特征(内在物理的、经验的、心理的属性)和外在特征的合取。可以将这些外在特征视为关于环境的事实,例如,环境中含有水的事实;或视为环境的内在属性,例如,含有水的属性;或视为个体的外在属性,例如,处于一个含有水的环境中的属性。如果像我们建议的那样,属性内容的外在个体化是个关于因果关系类型的问题的话,我们就能讨论这样的个体,他例示了和水具有因果关系的外在属性。[8]当命题内容将其个体化依赖于此类外在特征时,它是被宽地(widely)个体化的,或者就是宽。语义外在论者通常乐于将其观点或者从正面表述为依赖于外在环境,或者从反面表述为不随附于内在特征。

然而,严格地说,这两种表述并不相等。假设改变命题内容个体化所依赖的外在特征,必然涉及改变这些这些内容所随附的内在特征。在关于物理环境的相关事实和关于脑状态的相关事实间也许存在某种必然联系。那样的话,命题内容的个体化将依赖于外在特征,因为这些特征的改变蕴涵了该内容的相应变化。但随附仍然会成立,因为外在特征的变化也蕴涵了内在特征的变化。要指出随附的失效需要什么几乎是不可能的,也就是当外在特征发生改变而内在特征保持不变时,命题内容也要发生改变。[9]

语义内在论通常被视为对语义外在论的否定。因此,它是这样的观点:命题内容随附于内在特征(内在物理的、经验的、心理的属性),或该内容完全由这样的内在特征所决定。[10]命题内容是被窄地(narrowly)个体化的,或就是窄。在孪生地球论证的例子中,相关外在因素与个体物理环境的微观构成有关。我们可以把这两种相对的观点叫做自然类外在论和自然类内在论。后一种观点说的是,自然类词项的指称完全决定于内在于个体的特征,比如构成其命题内容的相关描述属性。前一种观点说的是,这类指称部分决定于外在特征,比如,个体和该自然类例示之间的因果历史联系。由于适用于指称的也适用于意义,因此自然类词项的命题内容也部分地被那些环境特征个体化,或像自然类外在论所认为的那样。[11]

让我们最后来看普特南那朗朗上口的口号"意义就是不在头脑中",并预先阻止易由其引发的对这些观点的误解。首先,语义内在论不用承诺意义是心理实体这样的论断,说得好像是你短暂地盯着发光的灯泡看后眼前浮现的光晕似的。弗雷格就是其中之一,他明确地说涵义不像这类后像,而是位于时空之外的抽象实体。当然,语义内在论者应该承认意义并不是在那种涵义下而不在头脑中的。根据普特南(1975:138),使弗雷格成为一位语义内在论者的是他这样的观点:"对这些抽象实体的'把握'仍然是一种个体的心理行为。"这样,就将意义同把握或表达意义的属性区分开来。语义内在论者证所主张的仅仅是,这后一类属性随附于例示该属性的个体的内在特征。[12]

第二,采纳普特南的口号并不是说,意义是外在的就和桌子椅子在时空中被放置是一样的。说意义能被知觉所察知,在字面上是毫无任何意义的。幸运的是,语义外在论者不会招致对如此疯狂的观点的承诺。用戴维森的例子(1987:451 – 454)来看,有晒斑取决于与太阳处于合适的因果关系中,但该属性是被我或我的胳膊(如果你喜欢这样说)所例示的。尽管是通过太阳而个体化的,但晒斑是位于我胳膊的所在之处。晒斑既不是太阳的属性,也不是我的胳膊 – 和 – 太阳这个复合对象的属性。[13]同样地,对命题水是湿的的把握或表达是把握了或表达了该命题的个体的属性,而不是外在环境的属性,也不是个体 – 和 – 环境这个复合对象的属性,即使对它的例示要取决于和该环境处于特定的因果关系中。

3.2 内在论者对孪生地球论证的反驳

关于孪生地球论证的文献已是卷帙浩繁,在这里我们难以全面涵盖。在 3.3 节我们将探讨对孪生地球论证的结论加以扩展的各种方式,而在本节中我们将来看语义内在论者对该论证的一些回应方式。以下为五种反驳。

(i)心里涌现出的第一种考虑是该思想实验有不融贯之嫌,因为没有什么东西能在微观结构上与 H_2O 显著不同,却又能在宏观上与水极其类似。对于 XYZ 具有某些仅是表面的水状属性毫无疑问于自然律是一致的。设想 XYZ 从龙头流出,这并不涉及对这类法则的任何违背。但是对于如此不同于水的某物要具有更多 H_2O 所具有的科学上的水状属性,还是需要一些异常的自然律的。想想内聚性(cohesion)。由于水的极向本性,它会吸附于它自身。如果孪生水要展现出与水种类相同的内聚吸引,而 XYZ 又不是极性分子,那么在 XYZ 分子间运行的一定是不同的力。但孪生地球已被假设为我们世界中的一颗行星,且受我们的自然律支配。或以生物属性为例。水对于生物的生命来说是极其重要的。因此,孪生地球上就该是没有生命的,尤其是玛丽就不能在孪生地球上有其活着的.化身。

如果该反对显示了孪生地球是形而上学不可能的,那么这将危及这个思想实验的融贯性。反对者然后必须确立:或者我们的自然律是必然为真的,或者指出比如水对于生物的生命来说是形而上学必要的。但是如果该论断仅仅认为孪生地球是法则学不可能的,那么即使这个反对为真也不清楚它要说明的是什么。关键之点也许在于,孪生地球不能告诉我们关于支配命题内容的现实法则的任何东西,但我们需要这样的解释:为什么那些法则会相关地类似于支配水的属性的自然律。[14]此外,孪生地球论证并不取决于这样的假设,即 H_2O 和 XYZ 必须共享它们所有或多或少是科学的水状属性。假设 XYZ 缺乏 H_2O 所具有的内聚属性。如果玛丽和孪生玛丽都不知道这个差别,那么这对该论证就不会有实质影响。

(ii)也许有人会建议说当玛丽和孪生玛丽都说出"水"的不同

个例时,她们表达的都是纯描述性概念水状之物。那样的话,玛丽和孪生玛丽都用"水"来指称 H_2O 和相似的 XYZ。这两个种类都符合要求。"水"所挑出的是一个析取自然类(disjunctive natural kind),而不是一个单一自然类。毕竟,她们既没有关于化学的任何知识,要向她们出示这两个种的例示她们也无从分辨。[15] 从她们的主观视角看,地球和孪生地球向她们显现的方式没有可察知的不同。此外,"水"的命题内容依旧决定其指称,尽管其方式不像普特南所认为的那么精细。对比通称词项"维生素",它挑出了诸如维生素 A、维生素 B2 和维生素 C 这些不同的有机化合物。它们唯一的共同特征是对营养极其重要,并且由于不能被有机体合成而需要在膳食中微量摄入。就像"维生素"挑出了任何对有机体有特定营养功能作用之物,"水"也挑出了任何水状之物——任何扮演了水的角色的东西。可能这个类比会有误导之嫌,因为维生素不是一个自然类词项。但可以来看"猫",这既适用于所有的猫科动物成员,也适用于某些像灵猫(civet cats)这样的不属于猫科的动物。如果普特南的自然类词项模型是正确的,那么说话者应该更正他们对"猫"的归类使用。[16]

这种共同概念策略(common concept strategy)的问题倒不尽是玛丽使用"水"何以可能指称 XYZ。我们可能会在心里想到天体物理学家成功地指称那些遥远的、因果隔绝的天体。这也不是担心水将由此变成一个析取但却极其异质的自然类。想想玉,它实际上是硬玉和软玉两种物质。其问题反而是我们将不得不说 XYZ 也算作水,而这与科学实践是公然相悖的。我们确实把 D_2O 叫做"重水",但只是因为它的物理和化学属性大致类似于水。重水除了含有比正常比重更高的同位素氘外,和水是一样的。此外,水和重水在其表面的、程式化属性上有差别:重水被用作核反应堆里中子的减速剂,而水则被用来灭火或填满泳池。然而,孪生地球上的分子结构 XYZ 在化学上应和 H_2O 非常不同,但却有着水的表面和程式化属性。最终的考虑涉及普遍性的欠缺。记住我们应该可以在所有自然类词项和专名上展开孪生地球论证。因此,即使 XYZ 能被有说服力地归为水,但是占据不同位置的两个个体都是亚里士多德的想法却是不可理喻的。

(iii)一种起初有前途的对(ii)的改进方式是说"水"是限定摹状词的简称,而该限定摹状词含有因果元素:"我们亲知的水状之物"。这样,当玛丽使用"水"时,她表达的是因果限定的描述性概念我们亲知的水状之物。由于玛丽居住在地球,索引性表达"我们"指称的就是地球人。总之,"我们"将挑出语境显著的个体群体。这就是说,当"水"由玛丽说出时,它挑出的是为地球人所亲知的水状之物。亲知某物涉及处于某种与该物的因果关系之中。结果,玛丽口中的"水"挑出了水且挑出的只是水,因为她和其他地球人与孪生地球上的 XYZ 没有因果联系。例如,玛丽喝的是 H_2O 而不是 XYZ。同样地,当孪生玛丽使用"水"时,她表达了一个类似的因果限定的描述性概念,但由于她居住在孪生地球上,她口中的"水"将指称她和其他孪生地球人有着因果联系的水状之物。孪生地球人现在是语境显著的群体,将被"我们亲知的水状之物"中的"我们"所挑出。而且孪生地球人所亲知的水状之物是 XYZ。例如,孪生地球人是在 XYZ 中而不是 H_2O 中游泳。所以,如果事实上有单一自然类作为所指对于词项算作自然类词项来说是充分的话,那么玛丽和孪生玛丽所使用的"水"就是一个自然类词项。[17]

关于此补救措施,首先在心头涌起的担忧是,它未能确立起窄内容的存在。如果玛丽用"水"的个例表达的是概念我们亲知的水状之物,而孪生玛丽的对应个例则表达了她们亲知的水状之物这个概念,那么这些内在副本表达的是不同的概念。我们将在 4.2 节再次回到这个问题。另一担忧是,这种方案将面临来自 2.3 节的一种反对完美地球论证的版本。我们当时假设的是完美地球是处于某个非现实的可能世界中的一颗行星。而我们在这里假设完美地球是我们的世界——现实世界中的一颗遥远的行星,正如普特南的孪生地球所指的那样。在这个完美地球上,水状之物是 H_2O,且玛丽有个我们称之为"完美玛丽"的化身。问题在于,当完美玛丽说"水是湿的"时,我们地球人直觉上就想赋予她水是湿的这个信念。但是如果"水"仅是"我们亲知的水状之物"的简称,我们将由此不得不赋予她我们所亲知的水状之物是湿的这个信念。诚然,当完美玛丽说"水是湿的"时,她指称的是她和她的完美地球人同胞所亲知的水状之物。而当我们说出信念归属句"完美玛丽相信水是湿的"时,我们指称的是我们所亲知的水状之物。这听起来有些奇怪。确实,我们应该可以报道完美玛丽具有关于水的信念,而无需具有关于其他任何遥远星球的信念。

(iv)玛丽缺乏化学知识,对水的微观结构她尤其一无所知。这也许暗示了她缺乏水这个自然类概念,而这是那些有知识的人所拥有的。水状属性的知识和与水仅有因果接触,是不足以使玛丽用"水"来表达该概念的——她也需要获得相关的化学知识。当玛丽使用"水"时,我们归属于她的概念应该反映出她看待世界的方式。说她表达了一个微观结构个体化的概念,就是将一个关于世界的过于科学的概念归属给她。同样,孪生玛丽对孪生水的微观结构一无所知,因而她缺乏孪生水这个自然类概念。当我们将概念归属给玛丽和孪生玛丽时,如果我们要忠实于她们看待水的类似的不科学方式,我们就应该转而说她们都拥有描述性概念水状之物,并且这一概念同样地适用于 H_2O 和 XYZ。关键之点是,在十八世纪中叶现代化学出现之前,"水"是个前科学概念,它挑出了任意水状之物。直到水的微观结构被经验地发现之时,"水"才成为一个表达自然类概念的自然类词项。错误就出在把关于概念个体化的科学直觉强加给那些以前科学的方式拥有概念的人。[18]

根据新的科学发现,指称项偶尔会改变其意义,这是毫无问题的。根据最近对外太阳系许多类似冥王星的星体的发现,国际天文学联合会在 2006 年对"行星"的界定中,将冥王星重新分类为一颗矮行星。然而,有的科学发现仅仅是揭示了指称,或是造成了指称的微调。当水在 1800 年左右通过电解被首次分解为氢和氧,水的微观结构才被揭开。在那之前,科学家们曾假想有某些一致的基础属性在因果和构成上解释了诸如溶解性和内聚性这样的各种可观察现象。他们要么认为这些特征的特性是不可知的,要么对之抱有错误信念。关键之点在于,1750 年的说话者可以使用"水"来表达一个自然类概念,即使水的微观结构在当时还不为人所知。他们所需的只是以该方式指称地使用"水"的意向,和一个水的概念以用某些深层本性来解释其显现的水状特征。为了找出说话者是否有这样的概念和指称意向,需要就他们在不同的环境下对"水"的使用进行调查。例如,如果地球上的水原来是由 H_2O 构成的,那么即使回溯到当时,说话者也会同意"水"不指称孪生地球上的 XYZ。如果这些反事实条件句(counterfactuals)对于 1750 年的说话者为真,那么看起来"水"甚至早在化学革命前就表达了一个自然类概念。[19]

(v)最后一个回应是接受空指称(empty reference)的可能性。在(iii)中我们考察过因果限定的描述性概念我们亲知的水状之物。这个概念在地球上恰好挑出了一个独特的自然类,即水,因而可认为这是个自然类概念。但是自然类概念不应只在实际的事实中挑出一个独特的自然类。它们也应该有这样的目标:挑出已成为它们组成部分的那个种类。假设因此"水"表达了部分是描述性的概念其所有例示都具有水状属性的独特自然类,或更好地表述为其大多数例示都具有水状属性的独特自然类。这样的话,该种类的某些例示可能会缺少某些水状属性而不致不会被"水"所挑出。在该情形下,玛丽口中的"水"简直不能指称任何东西,因为没有哪个独特的类,其大多数例示都具有水状属性。有两个自然类都满足这个描述:H_2O 和 XYZ。所以,我们关于水是如此这般的信念都为假,因为这些信念是关于某种其大多数例示都具有水状属性的、非存在的独特自然类。类似评论也可以应用于孪生玛丽的例子中。[20]

关于这个回应的首要问题是其可信度。十七、十八世纪的科学家所用的"燃素",旨在挑出可燃物中的一种火状物质,它在燃烧中被释放出来,但结果这个词项是空的。燃素说是关于氧化作用的一种错误理论。同样的情形还有"热素"和"以太"。然而,将"水"视为空的,于常识和科学证据皆扞格不入。关于水的科学理论当然没有像在这些其他例子中那样被淘汰。注意,结合(iii)和(v)将得出这样的结果,即"水"表达了这样一个部分是描述性的概念:其大多数为我们所亲知的例示都具有水状属性的独特自然类。这样构造的"水"将被地球人用来挑出一个独特的自然类,并且成功做到:挑出地球上的 H_2O,而不是孪生地球上的 XYZ。

3.3 伯奇的关节炎论证

普特南的孪生地球论证旨在确立自然类外在论:当玛丽说出一个含有"水"的句子时,她表达的命题部分取决于关于她外在物理环境的事实,而不管玛丽是否具有任何知识,甚至不管她是否具有关于这些事实的信念。这就是说,这个句子的语义或命题内容在此意义上是宽的:即被可能是未知的、外在的物理事实部分地个体化。孪生地球论证的范围由此被限于以下三个方面:(i)它只是关于自然类词项"水"的;(ii)它只认为命题内容是宽的;(iii)它只考虑对外在物理环境的依赖性。

在这一节中,我们将来看扩展普特南原先推理思路的各种方式。让我们由(i)开始。我们在 3.1 节中已看到,关于自然类词项"水"或自然类水,孪生地球论证并没有设置任何特别的前提。我们可以构造类似的论证,使得其他诸如"柠檬"或"老虎"这样的自然类词项的命题内容也是宽的。确实,如前所述,看上去似乎专名也适用于孪生地球论证。特别要注意的是:正如在 3.1 节中所提到,普特南也假定玛丽和孪生玛丽共享她们所有的体验和心理状态,例如,她们都相信水状之物是有益健康的。在这我们必须认真对待对"水状之物"的解读。因为如果这个表述涉及任何自然类词项,那么它们的命题内容将服从于孪生地球论证。这样我们就能想象一个孪生地球,其中孪生玛丽称之为"水"的是 H_2O,但是她所说的"液体"实际上完全是一种光滑的颗粒状固体。[21]结果,她们各自说出的"水是一种液体"的真值条件就不同。玛丽的论断为真当且仅当水是一种液体,而孪生玛丽的论断为真当且仅当水是一种孪生液体。鉴于玛丽和孪生玛丽表达了不同的命题,"水"的命题内容就不是随附于其内在特征之上的。

关于非自然类词项(non – natural kind terms)又如何呢?它们构成了一个殊异词项的混合类,包括社会的、人造的、功能的和现象的词项。例如,"政府"指称通过法制来管理国家的机构,"订书机"指称任何能用订书钉将纸张订在一起的东西,而"疼"则指称带有特定现象特性的体验。这类词项中一些挑出人造类,例如,"沙发"指称带靠背和扶手、覆以皮革或织物的、适合两人或多人的装有软垫的舒适座椅。另一些词项则挑出了异质自然类的析取,例如,"玉"指称硬玉和软玉。还有一些词项挑出了其他混杂的人工类,例如,"沥青"指称的是从原油中提馏出的、混以沙石的深色含沥青柏油的加工混合物。对这里的很多(即使不是全部)词项都事关紧要的是:其所指是否扮演了一个特有的功能角色,而不管其基础化学构造或物理微观结构是什么。例如,"计算机"挑出了能根据一系列指令、在所接收的数据上执行操作从而导致其他数据产生的一切电子设备。这里要紧的是适合软件的信息处理,而不是由特定硬件构成对该软件的实现。

一会儿我们将看到,存在一种有说服力的方式显示了即使是非自然类词项也有宽内容。但我们首先来仔细看下(ⅱ)。如前所述,普特南孪生地球论证的结论是,语义内容——指称项或句子的命题内容是宽的,而这点可以推广至心灵内容——诸如信念这样的意向或表征心灵状态的内容。[22]说一个心灵内容是表征性的,就是说其内容将世界表征为处于一种特定方式中。麦金(1977,1989)、戴维森(1987)和伯奇(1979,1982)首先指出了对此类心灵内容的明显意蕴。假设表征状态的内容决定真值条件。尤其,假设玛丽的信念内容水是湿的是有真值条件的:玛丽所信之事为真当且仅当水是湿的。同样,孪生玛丽所信之事为真当且仅当孪生水是湿的。鉴于命题是信念的内容,且命题有着固定的真值条件,因此该假设是有说服力的。这可推出玛丽的信念内容并未随附于其内在特征。有一种略微不同的方式同样可以说明这一点。首先要注意的是,玛丽可以用句子"水是湿的"来表达她信念的内容,即水是湿的。[23]同样,我们可以用从言信念归属句"玛丽相信水是湿的"来表达其信念内容。正如伯奇(1982)所指出,只有出现在"that"从句中的表达才扮演详细说明命题内容的角色。正如句子"水是湿的"说出了她的信念内容,该内容是由这个句子所表达的命题确定的。这就是说,她的信念内容是由她用以表达该信念的句子的内容确定的。这意味着如果由句子"水是湿的"表达的命题是由外在事实个体化的,那么她通过该句子所表达的信念内容也将如此。简言之,如果语言学内容是宽的,那么心灵内容也将如此。

　　跟从麦金(1977,1989)和伯奇(1979,1982),我们可以得出另一个结论。关于信念的谈论总是在以下二者之间夹杂不清:关于信念状态内容的谈论,和关于拥有带内容的信念的状态的谈论。至此我们已经看到,信念内容是宽的仅当语言学内容是宽的,而我们现在还可以显示信念内容自身是宽的。句子"玛丽相信水是湿的"报告了一个命题态度。说玛丽相信水是湿的,即是说玛丽怀有朝向命题水是湿的的信念态度,其中该命题是由内容从句"水是湿的"的真值条件决定的。玛丽所处的状态共同取决于所论及的命题和态度。相信水是湿的这个状态与相信面包是干的的状态不同,与渴望水是湿的的状态也不同。信念与其他命题态度因此部分是被它们态度的类型个体化,部分是被它们内容从句的真值条件个体化的。尤其,信念本质地具有其内容。这可得出,如果玛丽信念的内容是宽的,那么她的信念状态自身也是如此。玛丽处于相信水是湿的的状态中,而孪生玛丽则处于相信孪生水是湿的的状态中。这些状态在本质上都是宽的。[24]总之,用伯奇(1988:650)的话来说,孪生地球思想实验的

> 共同策略是使个人的身体活动、表面刺激和内在化学的历史保持恒定。然后,通过改变人与之互动的环境,而同时保持作用于人体的分子效果的恒定,可以显示出人的一些思想发生了变化。结论是人所具有的思想取决于人与其环境间的关系。

说信念状态是宽的,意味着外在环境在决定信念状态的本性上发挥了作用。正如伯奇(2010:64 - 65)所评论,该论断不是信念状态不在头脑中,或它们是与环境的关系,或环境对象构成了那些状态或其内容。一些语义外在论的支持者承诺了这些更强的论断,但是论题本身并不有赖于它们中的任何一个。它完美地相容于信念状态位于相信者所在之处这一常识性论断。

伯奇也就(ⅰ)和(ⅲ)对普特南的结论做了扩展。首先,他论述道,我们可以在非自然类词项上展开语义外在论思想实验。第二,他论述道,心灵内容也取决于关于某人所在共同体内的社会和语言实践的事实。[25]伯奇(1979)让我们想象一个英语说话者阿尔夫,他对"关节炎"有一些了解,尽管还说不上完全掌握了这个词项。在早先的情形中,阿尔夫用诸如这样的句子"我的手肘、踝关节和腕关节有关节炎"和"关节炎很疼且使人活动不便"来表达他的信念。当他因最近大腿不适去看医生时,他用"关节炎"来指称他大腿的疼痛,但是实际上英语的"关节炎"所挑出的仅是关节处的疾病。现在

转而设想阿尔夫说的是一种反事实英语,其中"关节炎"的使用要自由得多,它挑出了软组织和关节处的疾病。说阿尔夫说一种反事实英语,就是说他实际上说的英语可以在各方面有细微的不同。阿尔夫保持了内在的同一,而他实际和反事实的"关节炎"个例却有着不同的指称。由于意义决定了指称,所以阿尔夫用"关节炎"来意指的东西既不是它内在特征的功能,也不是由这些特征完全确定的他信念的内容。伯奇的关节炎论证可以分解为如下步骤:

> (7)假设在一种实际情形中,阿尔夫有很多关于关节炎的真信念,但是他也同意说"我大腿上有关节炎"。然而,由于关节炎必然只是关节处的疾病,因此他错误地相信了他在大腿上有关节炎。
>
> (8)现在假设一种几乎完全类似于现实的反事实情形,除了其中"关节炎"不仅应用于关节炎,也应用于关节外的类风湿性疾病,包括阿尔夫大腿上的症状。在这种情形中,阿尔夫也倾向于同意说"我大腿上有关节炎"。
>
> (9)在(8)中,阿尔夫不能相信在他大腿上有关节炎,确定没有含有"关节炎"的从言的信念归属对于他是真的。相反,他真诚地相信在他大腿上有孪生关节炎,因为这正是"我大腿上有关节炎"这个句子的意思。

关节炎论证依靠了一些至少在直觉上有说服力的假设。首先,鉴于阿尔夫对"关节炎"有最起码的了解,并且他有向那些知情者请教的趋势,这包括了在使用方式上承认错误的趋势,因此把(7)解释为其中他错误地相信他大腿上有关节炎的情形是正确的。第二,(7)中"关节炎"的命题内容等同于(8)中"关节炎"的命题内容,因为这两个词项的指称有差别。第三,信念状态至少是部分地被其内容从句的真值条件而个体化的。

根据伯奇(1979,1982,1986),关节炎论证确立了一种社会外在论(social externalism):意向状态是由关于一个人的语言共同体中正确的语言用法的事实而个体化的。这些状态的同一性条件涉及社会语言环境的特征。[26] 在两种情形下,阿尔夫都有着相同的内在特征,比如内在物理属性,但是根据(ii),他的信念内容在这些情形中是不同的。因此,鉴于(iii),他是处在不同的信念状态中。这可推出,拥有一个带内容信念的状态并不随附于他的内在特征。孪生地球论证表明,当化身被置于不同的物理环境下时,他们所表达的语言学内容就会不同;而关节炎论证则表明,当现实的和反事实的个体都被置于不同的语言环境下,那么内在相同的个体间的信念状态也会不同。重要的是,由于对"关节炎"并没有做出任何特异的假设,那么关节炎论证将能很好地跨语言使用。任何被某人拥有但却未完全理解的概念,及由此导致的错误使用,都将招致某种版本的关节炎论证,例如,伯奇(1979:82—84,2007a:23)所提到过的这些词项:"胸脯肉"、"按揭贷款"、"红色"、"合同"和"沙发"。[27]

在我们转向语义内在论者的反驳前,来回顾一下孪生地球论证的这个假设,即玛丽和孪生玛丽不仅是内在的物理同一,而且还共享相同的体验和心理状态。相关的心理状态是那些具有程式化内容的状态,例如,水状之物是有益健康的这个信念。就这些信念状态随附于玛丽和孪生玛丽的共同内在属性这个意义来看,可被视为窄的。然而,如果社会外在论是成立的话,那么即使是那些信念也是宽的。将"水状之物"进行分析,将涉及对诸如"无色"、"解渴"、"充满海洋"这些词项的列举,而这些都将面对相应版本的关节炎论证。例如,相信某种液体是解渴的这一状态,其个体化依赖于相信者作为一个语言共同体的成员,在这个共同体中语言惯例确保了词项"液体"和"解渴"都具有特定的公共意义。[28]

3.4 内在论者对关节炎论证的反驳

就像孪生地球论证的情形一样,也有大量文献在讨论关节炎论证是否具有说服力,在这里我们无法全面涵盖。我们将集中于五种重要的反对意见,然后再站在语义外在论者的立场上对其做出答复。

(i)第一种回应是指出,如果阿尔夫被赋予正确的信念——他的大腿上有类风湿性病症,也许他的行为在现实和反事实情形中才能被最好地理解。毕竟,就这种疼痛症状是否会蔓延到他身体除关节以外的部位这点来看他根本上就错了,因而当他说出含有"关节炎"的句子时他所相信的东西必定不同于一位风湿病学专家说出此类句子时所相信的东西。重要的是,这种归属并没有涉及任何语言中的不必要变化,例如,就没有必要引入新词"孪生关节炎"。伯奇并没有论证为什么这种可能性能被忽略。

该建议的问题在于,不仅阿尔夫显得熟悉"关节炎",而且他还真诚地赞同"我大腿上有关节炎"。正如2.4节中提及,说话者应忠实于相信者的语言行为,尽管我们在心里要知道这条箴言是可错的。此外,尽管对构成内容的概念不具备完备的知识,但是拥有带有此特定内容的信念应是可能的。由于相信不是完全懂得的东西是有可能的,因此可以拥有一个概念而不知道它在所有情形下的应用。这反映了这样的事实,我们通常会将信念归属给那些使用着词项却对之缺乏完备知识的人。假设在现实情形中,阿尔夫将"关节炎"与如下他者依赖摹状词相联系:"我的语言共同体中的专家用'关节炎'来指称的那种病症。"这突出了我们在2.3节中称之为"语义遵从"的那种现象。阿尔夫倾向于听从那些专家,这将使他即便未能完全理解,但也能够用"关节炎"来指称关节炎。[29]这即是说,阿尔夫是带着这样的假设来使用"关节炎"的:那些知情者能完全正确地确定其指称。公共语言展现了普特南(1996:13)贴切地称之为语言的劳动分工(division of linguistic labour)的特征:外行人总是不能准确说出技术性术语应该如何应用,但是他们会听从那些专家的建议,后者在那些术语的准确应用条件上具有权威。这样的听从涉及坚定地遵循专家使用这些词项的方式。[30]

(ii)第二种回应要归功于唐纳兰(1993)和查尔默斯(2002),这确切地说就是认为:如果在两种情形下阿尔夫都被赋予相同的信念,即他大腿上有共同体中的语言专家称作"关节炎"的疾病,那么他的行为才能得到最好的理解。这意味着,即使阿尔夫的信念内容实际上为假,它也可能会是真的。由于正是相同的信念在现实情形中为假却在反事实情形中为真,所以阿尔夫所处社会语言环境的特征决定了其信念的真值而非其内容。关节炎只是关节处的疾病这点是必然的,但"关节炎"指称此类疾病却仅仅是偶然的。这个建议的另一个优点是,它能在两种情形下正确地确定"关节炎"的指称。阿尔夫对"关节炎"的掌握是不完备的,但是他的遵从性倾向和语言的劳动分工确保了他能在现实情形中成功地指称关节炎。阿尔夫用"关节炎"来指称任何独特地具有说话者将语词与之联系的属性之物,而他是从这些说话者那里习得这个词的。这样就存在一条达至医学专家专业属性的借取之链。因此,这个建议似乎捕捉到了"关节炎"的所指对语言共同体的依赖关系,这还牵涉语义遵从现象。

对此的主要担忧在于,信念归属就此变得太过智能。对"阿尔夫相信他大腿上有关节炎"的一个真论断归属给阿尔夫这样的元语言信念:他通过其语言共同体中的专家使其病症得以用"关节炎"来指称。这对于阿尔夫当然可以为真,但以下对于其他某人来说也应是可能的:即具有一个涉及遵从性概念的信念,但并不由此就要具有这样的信念——以语义遵从的方式为该概念来使用词项。一个人可以倾向于根据专家的意见来更正自己对词项的使用,但并非由此就要具有关于这类更正的信念,只要他有涉及该词项概念的信念。尤其是,孩子们经常被赋予涉及像红色或沙发这类遵从性概念的信念,而在这些情形中关于其语言在其共同体中是如何使用的信念是否也要归属给他们,我们又不免犹豫。[31]此外,泰(2009:65 - 66)指出如果这种元语言的观点是正确的,当阿尔夫说"我大腿上有关节炎"时,一个只讲法语的说话者就不能相信阿尔夫之所信。因为对于"关节炎"在阿尔夫说英语的同胞中是如何使用的,这个说话者还缺乏信念。而这是有违直觉的。

(iii)克莱因(1991:111)强调了如下区分的重要性,即公共语言中一个词的约定指派意义和使用者意欲用该词来表达的概念的区分。让我们关注(7)中的现实情形。阿尔夫为了用句子"我大腿上有关节炎"来表达他的信念,他只能既相信他大腿上有关节炎,又相信这个句子正确地表达了他的信念。克莱因(1991:18)认为第二个信念是假的,并且这足以解释阿尔夫的论断"我大腿上有关节炎"的虚假性。但是鉴于阿尔夫的倾向在这两种情形下保持不变,我们应该把孪生关节炎这个概念归属给他。因此阿尔夫具有他大腿上有孪生关节炎这个真信念,而非他大腿上有关节炎这个假信念。孪生关节炎这个概念,要记住,应用在关节炎上和应用在阿尔夫大腿的病症上是一样的。总之,阿尔夫表达出了概念关节炎,但他想表达的概念却是孪生关节炎,因此,当他试图表达自己的信念时他说了一些错误的话,虽然如此他还是具有一个正确的信念。在(8)中的反事实情形下,阿尔夫同样具有他大腿上有孪生关节炎这个信念。两类情形的唯一差别是,当他说出"我大腿上有关节炎"时,他的言语仅在反事实情形下正确地表达了他的信念。而这两类情形下的信念内容都是完全相同的。[32]

问题是,为什么现实情形中的阿尔夫应被视为具有一个涉及特别概念孪生关节炎的真信念,而不是一个涉及公共概念关节炎的假信念。这样无论何时当说话者说假话时,我们总能将其重新解释为具有一个涉及异常概念的真信念。如果人们要执意采纳这种再解释策略的话,那么任何说话者都将由此不会具有关于世界的假信念,而只关注如何将那些信念正确地用语言加以表达。阿尔夫对"关节炎"的掌握是不完全的这一事实,不应蕴涵他意欲表达一个与其约定指派意义不同的概念。克莱因(1991:21–22)也意识到了这种担忧,他建议当我们对信念进行归属时,需要考虑的不只是阿尔夫的实际语言行为,也要考虑要是阿尔夫在其另一条腿或其中一根胫骨上有同样感受时,他是否会说出"我大腿/胫骨上有关节炎"。这类反事实条件句的真值也是出了名的难以评估。但伯奇也能同意,当把信念归属给说话者时我们不应总是把说话者的言语作字面理解,正如当某人说他们把猩猩作为早餐时,应相信它们是某种果汁。[33] 想必这就是为什么伯奇在(7)中设定阿尔夫有许多关于关节炎的其他真信念的原因。尽管阿尔夫的实际论断不足以确定他是否犯了一个真正的错误,或仅是持有着一个非标准的概念,作为信念赋予者的我们有额外证据表明阿尔夫确实持有关节炎这个概念。因此,似乎克莱因将或者只能说当阿尔夫使用"关节炎"时他在其意欲表达的概念上经历了一个变化,并且由此在他用"关节炎"来表达的信念的内容上也经历了变化,或者阿尔夫一直打算在那些其他场合表达孪生关节炎这个概念,并且由此将始终持有涉及孪生关节炎的信念。如果真是后者那样的话,那么伯奇在(7)中的设定就显得是想当然的。相反,伯奇应该更谨慎地宣称阿尔夫对"关节炎"的使用类似于其他那些说话者,除了他也把它用在他的大腿上。

(iv)西格尔(2000:65)认为,我们不能真正理解(7)中阿尔夫在现实情形下的心灵状态。因为鉴于"关节炎"仅意指一种关节处的炎症,当阿尔夫说出句子"我大腿上有关节炎"时,他真正相信的是在他大腿的关节处有炎症。阿尔夫完全知道大腿不是关节。也许阿尔夫并没完全理解"关节炎",但是难以看出为何一个人会相信一个他并未完全掌握的命题。西格尔(2000:73—76,2009:374)跟随洛尔(Loar,1988),发展了另一种类似于 1.3 节中克里普克悖论的论证,旨在显示伯奇的社会外在论何以使阿尔夫身负不一致的信念。在阿尔夫去看医生前他在法国游历,在那他学到了一种名为"arthrite"的状况,并且这仅指一种关节处的炎症。根据伯奇,"关节炎"和"arthrite"表达的都是由社会个体化的相同概念关节炎。然而阿尔夫并未意识到这些词项的同义性。例如,他倾向于赞同说"我大腿上有关节炎"和"我大腿上没有 arthrite"。至少当阿尔夫是真诚且在反思时,这种赞同指示了信念,那么他似乎就持有不一致的信念。

伯奇无疑会坚持认为,正如有能力的说话者经常拥有不完备的概念,他们总是未能完全掌握他们所相信的命题。这里不存在任何不一致或非理性。确实,伯奇(1979:83)补充道:"……如果该思想实验要行得通的话,就必须要在某一阶段发现主体相信……一个内容,即便是不完全的理解或错误的应用。"例如,当普特南说出"山毛榉是落叶树"这个句子时,他表达的是命题山毛榉是落叶树,尽管他对"山毛榉"并不完全了解。他相信山毛榉是落叶树。仅凭普特南不能区分山毛榉和榆树这一事实,是没有理由认为他更愿意表达或者山毛榉或者榆树是落叶树这个析取概念抑或其他非标准概念的。它所意味的仅是,普特南是遵从性地使用了"山毛榉"。类似地,当阿尔夫说"我大腿上有关节炎"时,他表达了他大腿上有关节炎这个信念。当他说出"Je n'ai pas d'arthrite à la cuisse"时,他表达的是他大腿上没有关节炎这个信念。由于阿尔夫对"山毛榉"的掌握不完备,他不能纯粹通过反思就得知他是在表达相矛盾的命题。所以,不应该因阿尔夫持有不一致的命题就指责他非理性。

(ⅴ)西格尔(2000:66－76,124－125)论述道,(7)中阿尔夫在现实情形中用"关节炎"表达的概念不同于专家在现实情形中用"关节炎"所表达的概念。专家可以用两个词项"关节炎"和"关节处的炎症"来表达同一个概念,因为他们知道这两个词项是同义的。

因此,他们既相信阿尔夫大腿上没有关节处的炎症,也相信阿尔夫大腿上没有关节炎。但阿尔夫用这两个词项就会表达出不同的概念。因为阿尔夫相信他大腿上没有关节处的炎症,但他不相信他大腿上没有关节炎。因此,阿尔夫对"关节炎"的部分掌握和他有遵从专家的倾向还不足以使他像专家那样表达出同一个概念。阿尔夫在现实情形下用"关节炎"更像是表达了大腿关节炎(tarthritics)这个概念,这大概是意指风湿病。由于这个概念可用于任何能导致阿尔夫关节和大腿处的症状的遗传自体免疫性疾病,该概念就在这方面与阿尔夫主观设想事物的方式相对应。

伯奇毫无疑问会反对以上这种细化的方式,其中西格尔似乎是用我们在 1.2 节中称之为"认知意义"的东西来使概念个体化的。一个日常的、有能力的说话者会相信暮星是暮星而无需相信暮星是晨星。知晓天文学的说话者会都相信这两个命题。但这并不应暗示着外行人和专家说话者用"暮星"和"晨星"表达了不同的概念。例如,如果他们就"暮星是晨星"的真值争论起来,我们不能通过让他们表达着各异的概念自说自话来解决他们的争议。认为对一个词项持不完全理解的人表达的概念相异于那些完全理解了该词项的人的看法是难以令人信服的。当错误像在猩猩的例子中那样极端时,这类再解释也许是适宜的,但在其他情形中却并非如此。因为如果阿尔夫要表达一个不同于其医生所表达的概念时,那么就阿尔夫的论断"我大腿上有关节炎"是否为真,他们将各执一词。但是他们又确实是意见一致的。当医生告诉阿尔夫他不可能在大腿上有关节炎时,阿尔夫通常不会再坚持他大腿上确有关节炎且医生是错的。当然,正如伊根(Egan,2000:354)的观察,也许在医生的更正后阿尔夫的概念会发生改变。而在更正之前,他用"关节炎"来表达概念大腿关节炎,一旦他知道得更多他将表达关节炎这个概念,由此他对该词的使用与专家的用法将趋于一致。

3.5 戴维森的沼泽人论证

戴维森的沼泽人(swampman)是一个后继的思想实验。想象戴维森正徜徉在一块沼泽边,突然间一道闪电击中了他,并将他的身体分解为其基本粒子。与此同时,异常事件发生了,一棵附近的死树变成了戴维森的一个内在物理的副本。就其都是由数值次序上不同的同一类分子所构成而言,戴维森和他的副本——沼泽人是物理同一的。以下是戴维森自己的话(1987:443 – 444):

> 假设闪电击中了沼泽中的一棵死树,而我正站在一旁。我的身体被分解为其粒子,同时纯属巧合的是(并且出于不同的分子)那棵树变成了我物理上的副本。我的副本,沼泽人,行动与我别无二致;据其本性,它离开了沼泽,遇到了我们的朋友们,看起来还认识对方并且用英语回应了他们的问候。它走进了我的房子,然后似乎开始写关于彻底解释(radical interpretation)的文章。没有人能看出其中有什么不同。

在这篇文章中,戴维森似乎假设了如果戴维森和沼泽人是内在的物理副本的话,他们也是行为的副本。例如,当戴维森想喝啤酒,并相信他走进酒吧就能满足这个欲望时,在其他条件不变情况下,他会走进酒吧。同样地,当沼泽人说出“我想喝啤酒”时他似乎是表达了一种欲望,而说出“这酒吧是我能喝啤酒的地方”时则表达了一个信念,在其他条件不变的情况下,他也会进入酒吧。也许戴维森是在作这样的假设:行为属性随附于内在物理属性,以致对内在物理属性的复制就蕴涵了对行为属性的复制。要不,也可以把这些加入例子中:戴维森和沼泽人除了是内在物理副本之外,还是行为的副本。更确切地说,他们是共时的,物理的和行为的副本——在这些层面都是不可分辨的,只有沼泽人由于惊人的巧合猝然生出的时刻 t 除外。可以称之为"t_1"。准确地说,戴维森和沼泽人并不是历史的副本。不像戴维森,沼泽人既不是我们进化史的一部分,他也确实没有自己的发展史。他既非被自然选择的某些历史进程所选择,也非基于神意或科学蓝图被创造出来。他缺乏戴维森和其他人类都具有的那种生物起源,确实如果不算上雷击的话,他与戴维森之间没有任何因果联系。要记住,这两个个体是由完全分离的分子所构成的。

一个迫切的问题是:在被造的时刻 t_1 和其后的某一时刻,沼泽人是否能够具有有内容的思想。[34] 显然,在经过足够的时间之后,沼泽人将获得一段因果历史,这对于他说出有意义的表达和思考所想之事都是必要的。可将其称为"t_2"。戴维森(1987:fn. 4)明确认为,沼泽人的例子不是用来确立意外或人工的被造物永远不能思考的。例如,他(2006:1060)对这样的可能性持开放态度:由芯片和适合的科幻硬件制造的、设计完美的机器人迟早能够思考。因而问题之所在是,在 t_1—t_2 这段时间中沼泽人是否具有此项能力。确实,沼泽人似乎在各个方面都显得可以感知其环境,并在那些知觉的基础上形成信念,然后依据那些信念以满足其欲望的方式来行动。如果对沼泽中曾经发生的事情一无所知的话,没人可以察觉沼泽人与戴维森之间的差别。那似乎暗示着沼泽人是一种在知觉上和意向上与戴维森大致相同的生物。当然,如果沼泽人有信念的话,其中很多会是假的。例如,如果戴维森与沼泽人都说"我生于1917年",那么只有戴维森会是对的。然而问题是戴维森完全不相信沼泽人应该能够处于任何意向状态之中。下面继续引用前所提及的戴维森(1987:444)的著作:

> 但是,存在一个差别。我的副本不可能认识我的朋友们;它不能认识任何东西,因为它从一开始就对任何东西都没有认

知。它不可能知道我朋友们的名字(当然尽管看上去知道),它不可能记住我的房子。它也不能意指我用"房子"这个词来意指的东西,例如,沼泽人所发出的"房子"这个声音不是在能给词以正确意义——或任何意义的语境中习得的。的确,我看不出我的副本发出这些声音何以就能被说成意指什么,也看不出它何以就能被说成是有思想的。

这一段落需要加以剖析。戴维森持一种表征内容的历史理论,根据这种理论,与环境对象过去的因果交互作用是语言的有意义使用和思考有内容的想法的构成要素。更确切地说,当戴维森说出"房子"这个词时他现在所意指的是房子,因为他过去是在这样的语境中习得这个词的意义的:在其中老师指向一幢他们正看着的房子,同时说出这样的句子"那是一幢房子"。在大多数情形中,老师在说出该句子的同时还要向学习者展示不同类型的房子,以便强调像半独立的或石砌的等不同房子之间的共通性。在每个场合中,学习者都将"房子"的个例与老师的指示对应起来,这样就联系老师所讲将那些个例的指称是什么都弄清楚了。这要行得通的话,老师和学习者的先天相似性反应必须非常相似,即,他们必须以一种大致相似的方式对他们视为相似的知觉刺激作出自然的反应。如果学习者对老师视为相似刺激的自然反应与老师有极大的不同,那么老师就不能训练学习者去接受新的反应。这个三角定位(triangulation)的过程在戴维森(1982,1987,1991)关于语言学和表征内容的观点中居于中心地位。学习者通过将对象识别为处于发自学习者和老师直达外间世界对象的各条因果路径的交汇处,与老师合作将老师的"房子"个例的指称进行三角定位。三角定位由此允许老师在此类学习情境(learning situations)中把"房子"的意义教给学习者。[35]一旦学习者掌握了"房子"的意义,她就能在思想中利用房子这个概念,并且涉及该概念的命题态度也能被归属给这个学习者。

但是,根据戴维森(1987:450,1991:201,1994:128),三角定位不仅为概念的获取所需,也是使概念个体化之物。当学习者现在说出"房子"时,她是通过先前将房子三角定位于她老师对该词的言说来意指房子的。"房子"意指什么,部分是由过去该词被习得的环境所确定的。更确切地说,确定"房子"意义之物就是通常导致对"房子"的言说之物。由于反应的相似性确定了相关的原因,而确定意义的原因是外间世界由老师和学习者所共享的特征。不过,并非所有的语词都需要在一个学习情境中由三角定位法习得。一个学习者可以从来没有见过独立式房子,而能习得"独立式房子"的意义。她可以在不同的学习情境中习得"房子"和"独立式"的意义,并把这二者结合起来以形成"独立式房子"。因此,从戴维森(1987:450)的观点看,最终"一切思想和语言都必须在此种直接的历史联系中有一根基"。表征内容是由与外间世界的因果历史联系而个体化的。

戴维森的表征内容的历史理论由此断定沼泽人应该是缺乏具有意向性思想的能力的。尽管作为 t1 时刻戴维森的内在物理副本,沼泽人并没有在一个学习情境中习得"房子"的意义,因为他从来就没有处于一个学习情境,在其中他可以将该词的指称三角定位出来。这对沼泽人说出的所有其他语词也一样,他的语言在 t_1 到 t_2 之间是缺乏意义的。历史理论的支持者只能硬着头皮来对付这些后果。但戴维森(2006:1061)坚持认为,关于沼泽人和其他科幻情境的哲学直觉是不可靠的。我们的意向概念在正常环境中运作得很好,但是当这类情境被构想出来后,对于它们的应用标准就急转直下了。[36]

在转向对沼泽人论证的回应前,让我们来考察下一系列不同但相关的观点,根据这类观点,该论证也提出了一个挑战。这就是表征内容的目的论理论(teleological theories of representational content),或简称目的论语义学(teleosemantics)。(Millikan 1989, Papineau 1993,Dretske 1988,1995)。近年来,沼泽人的例子尤其是被置于这类理论的背景下来加以讨论。它们的共同特征是试图通过诉诸目的论功能(teleological functions)解释表征性状态的内容。例如,雪是白的这个想法表征了雪是白的,因为大脑先天表征机制的功能消耗或生产了该表征。确定一个系统的目的论功能,就是要弄清楚被自然选择选择出来是要做什么的。例如,我的心脏具有泵血的目的论功能,因为它是被自然选择选择出来用作泵血的。我的心脏之所以算作心脏凭借的是其适当功能——它应当做什么,而不是它倾向于做什么。同样地,我大脑的一个先天表征部分,比如知觉处理,就是被自然选择选择出来用作信息处理的。重要的是,由于选择的自然过程是历史的,目的论语义学也是用历史术语来考察表征内容的。正如在戴维森自己的历史考察实例里,目的论语义学断言,沼泽人在时刻 t1—t2 之间不能处于具有表征内容的状态之中。尽管他的脑状态与戴维森所处的那些脑状态在物理上不可分辨,但它们并没有这些内容。原因是,不论是沼泽人的大脑还是其任何其他构成部分都不具有目的论功能。它们完全是无所事事的。最终,尽管在时刻 t1 他们具有物理和行为上的相似性,但是沼泽人说出的"房子"就是没有指称,并且也没有意义。沼泽人没有任何思想。根据这些理论,使得戴维森具有思想的一部分原因是,这些思想都是经由交流的因果历史链条根源于其外在环境中的,但由于沼泽人没有因果起源,他在时刻 t1—t2 之间就全然不能表达或具有思想。

最后要注意的是,目的论语义学和戴维森对表征内容的历史考量都承诺了一种形式的语义外在论。如果窄内容状态是随附于个体内在物理属性之上的状态,那么戴维森和沼泽人在时刻 t1 还会共享此类状态(如果有的话)。但是戴维森和目的论语义学的支持者都声称,内容部分地随附于个体进化的,或至少是其因果的历史之上。我们已在 3.1 和 3.3 节中看到普特南和伯奇各自倡导自然类的外在论和社会外在论,然而我们可以说戴维森和目的论语义学家赞同不同形式的历史(或历时)外在论(historical or diachronic externalism)。沼泽人论证就可以被视为对任何形式的历史外在论的一个挑战。[37]

3.6　外在论者对沼泽人论证的反驳

我们已在 3.5 节中重述了沼泽人论证,现在让我们深入考察三种外在论者的回应,其中的一种是站在戴维森立场上的回应,而另外两种更简单的则是站在目的论语义学家的立场上的回应。

(i)勒玻尔和路德维希(2007)注意到,在戴维森的哲学中,在支持沼泽人例子的直觉和他关于彻底翻译(radical interpretation)(1967,1973,1994)的观点之间存在一个有趣的张力。让我们简单回顾下后者。戴维森通过给出对象语言 L_0 中每个句子 s 真值的充要条件,意在建构一个关于 L_0 的意义理论。该理论的规则由含有如下形式的 T 语句构成:s 在 L 中为真当且仅当 p,而 p 是元语言 L_M 中的句子。通过这些 T 语句,该理论就将阐清 L_0 中的每个句子意味着什么,例如,"græs er grønt"在丹麦语中为真当且仅当草是绿的。这样的真值理论就能被视为一个关于 L_0 的意义理论。彻底解释者是这样的一个人,她为 L_0 建构了这样的意义理论,而无需具有关于 LO 的意义或其说话者的任何预先知识。该彻底解释者的处理方式是:通过将外来说话者 S 认为真的句子系统地关联于该彻底解释者和 S 所共有的外在环境的特征,从而将真值条件指派给 LO 中的语句。这里预设了彻底解释者能识别出 S 坚持句子为真的基本态度。相关的可观察特征是那些句子在其中为真的条件,例如,草是绿的。重要的是,该解释者通过找出此类系统相关而建构的真值理论必须是宽容的。这即是说,该彻底解释者旨在将她自己和 S 之间的一致意见最大化。这条宽容原则(principle of charity),正如戴维森这样称呼它的(1967,1973),允许解释者一开始就假设 S 的信念与她自己的信念大致相同。由于解释者通常将她自己的信念视为大致不假,那她也可以没问题地假定 S 的信念也是如此。戴维森(1982,1994)后来认为,宽容原则允许解释者将 S 对 s 的言说的真值条件视为解释者在其中识别出 S 通常对 s 表示赞同的那些条件。s 的意义由此即是通常致使 S 对 s 表示赞同或坚持 s 为真之物,至少就 s 是关于知觉的事情时是这样的。由于这些必须是彻底解释者可以识别出的境况,所以 s 的意义就在于她们外在环境的共同特征。就是说,外在原因决定了意义,但这仅是处在社会的背景下如此。根据戴维森的观点(1973,1994),S 不能用 s 来意指任何不能被彻底解释者所达知之物。所有的意义原则上都服从于彻底解释。[38]

现在的问题是,正如勒玻尔和路德维希(2007)以及 N. 哥德堡(2008)所观察,嵌入一个彻底理解理论中的意义理论,是将意义作为一种非历史的(ahistorical)现象来对待的。为决定 S 对 s 言说的意义,一个彻底解释者所需的一切就是将该言说与促成该言说的外在环境的那些即时特征关联起来。为决定 s 的意义,彻底解释者所需的证据只由关于 S 的外在环境及其应对环境变化倾向的事实所构成,这些在解释时都应是现成可用的。彻底解释者无需知道 S 是如何学会那些构成 s 的表达的意义的,也无需知道关于 S 因果历史的其他事实。彻底解释由此承诺了某种形式的非历史的(或共时的)外在论:只有外在环境的即时特征和 S 应对环境变化的倾向决定了 s 的意义。对戴维森而言问题就在此处,因为根据他的历史外在论,意义是一种历史的现象。正如勒玻尔和路德维希(2007)所说,彻底解释者将能决定戴维森言说的意义,但由于戴维森和沼泽人互为物理和行为上的副本,彻底解释者应该也能决定沼泽人言说的意义。但是彻底解释者却不能这样做,因为沼泽人的言说根本就没有意义,至少在 t1—t2 的时间段是如此。要记住,沼泽人也不能表达任何有意义的东西,恰是因为它对其与外在环境的因果互动没有任何记录。与戴维森不同,沼泽人从来没有在学习情境中习得任何语词的意义。

当置于戴维森著作里沼泽人和彻底解释之间这种张力的背景下,勒玻尔和路德维希认为意在支持沼泽人论证的直觉是难以令人信服的。他们相信大多数未曾受制于历史外在论的人会认为沼泽人的语词大致就是戴维森的词语的意义,或至少沼泽人可以拥有有内容的思想。但即使认可沼泽人的直觉,该论证的结论也不能由其前提而推出。这即是说,沼泽人论证是个不合逻辑的推论(non sequitur)。勒玻尔和路德维希指出,戴维森给出的那些考量未能成功地支持结论。首先,沼泽人没有任何先于他被造出的记忆,例如,他不能记起他的二十岁生日,因为他根本就没有。一个人能记得 p 仅当 p 为真。第二,当沼泽人被造出后他第一次遇到戴维森的朋友们时,他也不会认识他们。一个人能认识某些人仅当他曾经和他们打过交道时,但是沼泽人以前从未看到或遇到过这些朋友中的任何一个。第三,沼泽人不能说一种公共语言,例如,他不能掌握英语,如果这需要置身于说英语的共同体的话。重要的是,全部这三点与沼泽人的言说通常是有意义的是一致的,与 S 拥有有内容的想法也是一致的。[39]因此,勒玻尔和路德维希(2007:288,388)宣称,沼泽人不能通过其发出的声音意指任何东西或根本没有任何思想的结论,不能由沼泽人不认识他没打过交道的人、记不得过去的世界或不能说英语所推出。总之,通过放弃沼泽人及其随之而来的历史外在论,勒玻尔和路德维希希望由此能恢复戴维森哲学的一致性。

作为回应,N. 哥德堡(2008:374)建议,不要在戴维森的立场上把沼泽人看作一个小问题。沼泽人不应被贬抑为一个空想和可抛弃的思想实验的原因是,正如我们在 3.5 节中所看到,沼泽人是对戴维森关于在学习情境下概念获取和个体化这些其他观点的解释说明。根据这些观点,如果一个学习者从未在过去的情境中配合老师将一个词的所指三角定位出来,他现在就不能用该词来意指任何东西。这适用于包括戴维森和沼泽人在内的任何学习者。戴维森哲学中关于历史外在论者和非历史外在论者元素之间的张力,因此要比沼泽人的影响更加深远。

(ii)第二个外在论者的回应要归功于德雷茨基(1996),他让我们想象以下的情境。在闪电击中了一辆废车场的汽车孪生雄鹰——几乎就是德雷茨基1981年版丰田雄鹰的内在物理副本之后——这看上去是随机发生的,孪生雄鹰具有了所有且仅是雄鹰的识别特征,比如,一根凹陷的保险杆和在其少见的挡泥板上有一小块锈蚀的刮痕。它们之间唯一的差别是:雄鹰的油量计工作完好,而孪生雄鹰油量计的指针却不能反映油箱中的汽油量。一致之处就有这些。问题是孪生雄鹰的油量计是不是坏的。如果其油量计不能工作的话,那么它必然是要做某些事情的。一个坏的油量计不能完成其被设计用来做的事情。但是孪生雄鹰的油量计并不是被设计来做任何事,实际上它甚至不是某种设计物的摹本或复制品。它缺少一种目的论的功能。例如,"F"并不指称加满的油箱。因为这个符号并不表征任何事情,如果当油箱是空的而油量计却指示"F"时,该油量计并非表征错误。如果孪生雄鹰的油量计根本就无此项功能,那么它既不能正常地工作,因而也不可能损坏或异常地工作。有人可能说任何油量计根据定义就是被设计用来记录油量的,而不管它记录了与否。但这里的问题是,孪生雄鹰到底有没有油量计(或保险杆或挡泥板)。相较而言,雄鹰的油量计是被设计用来做孪生雄鹰的相应部件所不能做的事情的。我们知道它的符号指称的是什么,并且我们也知道如果当油箱是空的而它却指示"F"时油量计就可能是坏的。在该情形下,雄鹰的油量计就是错误地表征了油箱中的油量。

现在接下来要讲的是德雷茨基的教训。鉴于孪生雄鹰和雄鹰在物理上和功能上是不可分辨的(油量计除外),我们在直觉上倾向于说孪生雄鹰的油量计将油量表征为如此这般,因为我们毫无犹豫地就将此类表征状态归属给雄鹰的油量计。[40]然而,这种倾向却具有误导性。通过类比,鉴于戴维森和沼泽人在物理上和功能上是不可分辨的,我们易被直觉诱导说沼泽人的表征是如此这般因为我们知道戴维森是这样做的。这种诱惑应该受到抵制。在德雷茨基看来,表征需要一种植根于历史的能力来指示。符号"X"意指 X 仅当"X"在特定的环境下作为系统的一部分已获取指示 X 属性的功能,在这里"X"仅是通过在过去实际上指示过 X 属性而获得此种指示者功能的。由于孪生雄鹰和沼泽人奇迹般地(在一个废车场或一片沼泽中)具有了形体,它们在过去并不具备此种能力或功能。用德雷茨基的话来说就是(1996:79),在孪生雄鹰和沼泽人的表征心灵中,一切都是黯淡的。

　　(iii)第三个也是最后一个外在论者的反驳要归功于米利肯(1996)。她指出,物种是历史的实体:个体所属的物种取决于它与其他个体间的历史关系。戴维森和米利肯都属于智人种的成员,是因为他们都是该种成员的后裔。智人种及其他物种都是能列入科学归纳的实在的物种,但是这些种类与水及其他普特南式的自然类不同。使某物成为水的是其下的微观结构 H_2O,它使得水的显现即水状属性的出现成为物理必然。水的例示所共有的内在构成是它们都很相像的原因。然而,戴维森和米利肯却有着不同的基因,尽管它们都取自相同的基因库。并且他们所共有的基因并不是使得他们同为人类的因素。先辈和后代之间的关系解释了智人种的统一性。这类种系遗传学事实在解释人类如何进化以及如何定义种群的同一性上发挥了一定作用。现在以沼泽人为例。在创造的时刻 t1,沼泽人和戴维森互为物理的副本。这意味着他们都属于同一实在类,但这仅是从内在的物理构成的相同性上来理解。该构成使相同表象的呈现成为物理必然。我们可以就此说沼泽人和戴维森属于相同的普特南式的自然类:戴维森的物理副本。米利肯和戴维森也属于相同的实在类,即智人种。他们个体遗传学上的发展阶段是相似的,因为他们同为人类子嗣,都要经历童年和成年等阶段。但这并不能推出沼泽人和米利肯属于相同的实在类,因为属于相同实在类这一关系并不是传递性的。[41]沼泽人和米利肯既不同属智人这一实在类,也不同为戴维森的物理副本。米利肯不是戴维森的物理副本,而沼泽人根本就不是人类。使沼泽人不能成为实在的智人种的一员的,是他缺少正确的发展历史:他只是在一片沼泽中被随机创造出来的,而非在产科病房为父母所生。智人种和其他种群本质上是历史类,其成员都由世系而统一。[42]结果,沼泽人缺少大多数属于人类特质的属性。正如米利肯(1996:10)所言,他没有任何履历,比如,他没有父母也没有母语,他既不是幼儿也不是少年,他既非聪明也非愚笨,他既不会向任何人打招呼也不会要任何东西。他的身体或大脑的任何一部分都不能被认为是运转良好或异常。只有当指称作为一个沼泽人归属其中的历史种群或社会群体时,以上这些才能得以理解。结果,沼泽人的任何器官都不是为了某种诸如知觉或思考的特定目的而存在的。

根据前面对实在类的考察,米利肯(1996)宣称沼泽人在某种特定意义上是不可能的。当然,戴维森的物理副本由于某怪异事件被创造出来这点是可能的。尽管看上去极其不可能,但那确是一种形而上学可能性,的确没有任何实际的自然律会阻止这样的情形发生。而一个怪异的东西应造出一个属于人类的戴维森的物理副本这才是形而上学不可能的。人类和其他的种群都是实在类,其本质事关它们的进化起源而非其微观物理构造。重要的是,这些历史本质是可由进化生物学后天分离出来的。同样地,目的论语义学旨在经验地揭示诸如信念状态这样的表征实在类的本质,而这些本质将是历史的而非微观物理的。目的论语义学主要不是在做概念分析的工作。结果,尽管戴维森物理的副本在一片沼泽中由于被某道闪电击中而意外降生这在形而上学上是可能的,但戴维森意向的副本也同时出现却是形而上学不可能的。而由沼泽人不具有意向性这个思想实验引出的直觉在这里是毫不相干的。[43]这个实验仅仅指出了,就我们先天地甚或先于表征实在类的本质的发现所能知道的一切而言,沼泽人可能会是一种大致类似于戴维森的意向性生物。在这个意义上,沼泽人例示了意向性属性是一种认识论的可能性。而只有当意向性的历史本质被揭示出来,我们才有根据在沼泽人的意向性这件事上表明态度。如上述表明,沼泽人例示此类属性是形而上学不可能的。

不妨与水来作比较。假设我们知道水的表面显性属性却不知道其微观物理构成。我们现在再来回顾下孪生地球论证,其中有一种液体拥有所有且仅是水的那些水状属性,却有着极端不同的物理构成 XYZ。也许有人倾向于认为 XYZ 应该被归类为水。然而,任何此类轻率的判断都是不成熟的。自然类是由其微观物理构成而个体化的。在我们能决定水和孪生水是否共有此类构成之前,我们不能分辨这两种液体是否属于相同的自然类。正如微观物理构造只能有待经验的探索来揭示,任何此类知识都将是后天的。因此,任何由 XYZ 不能被归类为水的孪生地球思想实验所引出的假定性直觉在这里都是无关的。在这里所说明的仅是此种归类不能被先天地排除,这确实与在水的微观物理构成被发现前我们所知的一切是一致的。在这个意义上,水和孪生水属于相同的自然类是一种认识论的可能性。这相容于孪生水和水属于相同自然类是形而上学的不可能。自然类本质地具有其微观物理构成。当我们知道了水是 H_2O 时,我们获得了关于一种形而上学必然性的后天知识。由于 XYZ 与 H_2O 区别很大是该思想实验的组成部分,这由此表明孪生水要属于与水相同的自然类在形而上学上是不可能的。[44]

小　结

在这一章里,我们检查了支持语义外在论的三个著名论证:其论认为,当说话者使用特定指称项时,其所意指和相信的东西取决于可能是未知的关于其环境的外在特征。普特南的孪生地球论证让我们想象现实世界中一颗几乎在各个方面都类似于地球的遥远行星。其唯一的差别是充满海洋、降自云端的干净、适饮的液体,即水状之物,却有着化学结构 XYZ,这与 H_2O 是极其不同的。玛丽居住在地球上,但是她在这颗孪生地球上有个与她里里外外都相同的孪生姐妹。她们对化学都知之甚少。当玛丽使用"水"时她指称的是 H_2O,但是当孪生玛丽使用"水"时她指称的却是 XYZ。玛丽和孪生玛丽指称不同种类东西的事实,暗示了她们意指不同的事情:玛丽表达的是概念水,而玛丽表达的则是概念孪生水。但玛丽和孪生玛丽是内在相同的,因此她们所意指之物是由不为其所知的她们物理环境中的潜在因素所决定的。简言之,语言学内容是宽的。然后,我们又考察了一些回应。一些人说玛丽表达的是纯描述性概念水状之物。为了避免玛丽"水"的个例指称 XYZ 这样的结果,另一些人改进了此策略,以致玛丽表达的是因果限定描述性概念我们亲知的水状之物。仍有其他人坚持认为,玛丽对"水"使用是空的,因为没有任何单一自然类具备所有水状属性。在批判地讨论过这些策略之后,我们转向伯奇的关节炎论证,该论证意在确立心灵内容是宽的,因其取决于说话者的社会语言环境。我们被邀设想两种情形:一为现实情形,其中"关节炎"意指仅在关节处的炎症;一为反事实情形,其中"关节炎"可用于关节,也可用于关节外的类风湿性疾病。阿尔夫在两种情形中各有关于关节炎的一些真信念,但他也说"我大腿上有关节炎"这样的句子。伯奇的论点是,在现实情形中阿尔夫表达的是他大腿上有关节炎这个假信念,而在反事实情形中他表达了他大腿上有孪生关节炎这个为真却不同的信念。鉴于在两种情形下阿尔夫是内在相同的,那么他的信念内容就是由其社会语言环境的因素所决定的。由于并未对"关节炎"作任何特别的假设,因而类似论证可以用于自然类词项之外的词项。然后,我们又批判地评估了一些回应。一些人说，只有当阿尔夫被赋予他大腿上有类风湿性疾病这样的真信念，在现实情形和反事实情形中阿尔夫的行为才能得到最好的解释。另一些人建议阿尔夫应被赋予这样的信念：他有共同体内语言专家称之为"关节炎"的疾病，只是不在大腿上。这反映了阿尔夫语义地遵从于那些语言专家这一事实，他从后者那里借用了"关节炎"，因为他自己对该词项的掌握是不完备的。然而其他一些人则宣称，阿尔夫在两种情形下都真诚地相信他大腿上有孪生关节炎。阿尔夫在现实情形中的错误仅在于他有这样的虚假信念：即句子"我大腿上有关节炎"正确地表达了该信念。我们最后考察了戴维森的沼泽人论证，其意在说明意向状态的个体化不能取决于具有该状态的个体的选择史。这由此对所有关于内容的历史理论——包括戴维森自己的观点和目的论语义学提出了一个挑战，根据后者我们可以诉诸目的论的功能来对意向状态的内容作出解释。此类内容在如下意义上是宽的：它是由被自然选择选择来做何事所决定的。我们被要求去设想这样一种情形：其中闪电击中了一片沼泽，奇迹般地创造出戴维森的一个内在的物理副本。鉴于沼泽人和戴维森同样也是行为上的副本，我们倾向于赋予沼泽人与戴维森大致相同的意向性，并将其视为一种意向性生物。最后，我们详细讨论了三种站在历史外在论立场上的回应。第一，戴维森认为如果要赋予意向性的话，我们必须获得说者、听者和他们共同的外在环境中的对象三者之间的特定因果联结。然而，在戴维森关于彻底解释的观点和应如何理解此类三角定位的学习语境之间存在着张力。第二，德雷茨基的孪生雄鹰的例子似乎显示了，关于适当功能的直觉是有多么靠不住。德雷茨基的丰田雄鹰的内在的物理副本不具有任何目的论的功能，因为它被造出来纯属造化弄人，而非出于某家汽车制造商的设计。第三，即使我们认可关于沼泽人的直觉，它们也不能证明目的论语义学是错的。米利肯论证了意向状态是由其潜在历史本质个体化的实在类。对于这些本质的经验发现之前我们所知的一切而言,沼泽人有可能是一种意向生物,但这不是真正的或形而上学的可能性。

拓展阅读

Putnam 的孪生地球论证和伯奇的关节炎论证都在关于表征状态的本性及其内容的哲学文献中激起了巨大的争论。由 Andrew Pessin 和 Sanford Goldberg(1996)编著的 *The Twin Earth Chronicles*,是本关于孪生地球论证各个方面的文集。在 Nathan Salmon(1981)的 *Reference and Essence* 中,10 – 15 章专门处理普特南的自然类词项理论。由 Martin Hahn 和 Bjørn Ramberg(2003)编著的 *Reflections and Replies:Essays on the Philosophy of Tyler Burge*,含有若干篇讨论伯奇版本的语义外在论各主要方面的文章,其后还附有 Burge 的答复。Burge(2007b)是一本 Burge 有影响的文章的合集,其主要是关于语义外在论及其同类主题的。另外一本重要的论文选集是由 Richard Schantz(2004)编著的 *The Externalist Challenge*。虽然这本书第三部分捍卫了这样或那样的语义外在论,但第四部分就对此观点多有批判了。集中看单卷本,近来对语义外在论的重要辩护包括 Robert Wilson(1995)的 *Cartesian Psychology and Physical Minds:Individualism and the Science of the Mind*,Mark Rowlands(2003)的 *Externalism:Putting Minds and World Back Together Again*,和 Jessica Brown(2004)的 *Anti – individualism and Knowledge*。以上三本都含有非常有帮助的介绍性章节。对语义内在论的重要的近期辩护包括 Gabriel Segal(2000)的 *A Slim Book about Narrow Content*,Katalin Farkas(2008)的 *The Subject's Point of View*,和 Joseph Mendola 的 *Anti – externalism*(2008)。这些单卷本也提供有建设性的介绍性材料。关于宽窄内容的出色的概述文章,参见由 Brian Mclaughlin,Ansgar Beckermann 和 Sven Walter 编著的 *The Oxford Handbook of Philosophy of*

Mind 的第 20 和 21 章。Burge 近期的单卷本 *Origins of Objectivity* (2010)的第三章即致力于澄清他所称之为"反个体主义"的论题。Ernest Lepore 和 Kirk Ludwig(2007)在他们的 *Donald Davidson*:*Meaning*,*Truth*,*Language and Reality* 中对 Davidson 关于意义和表征的著作给出了全面而具有批判性的处理。Burge(2003)的 "Social Anti – individualism,Objective Reference"是对 Davidson 关于三角定位观点中社会角色的批判性讨论。Papineau(2005)的 "Naturalist Theories of Meaning"是一篇关于目的论语义学以及在自然主义框架内处理表征的其他方案的易理解的概述性文章。由目的论语义学的支持者和反对者所著的近期文章的出色合集,参见由 Graham Mcdonald 和 David Papineau(2006)编著的 *Teleosemantics*。关于更多的一些反对历史外在论的论证,参见 Jerry Fodor(1994)的 *The Elm and the Expert*:*Mentalese and Its Semantics*。关于 Michael Huemer(2007)的"Epistemic Possibility",那些希望能更深究该概念的人应该会对此感兴趣。

4

宽窄内容种种

4.1　对象依赖思想

在 3.1 节中我们介绍了孪生地球论证,它指出如果一个自然类概念有指称,那么就该指称而言它是被外在地个体化的。它教导我们,拥有一个自然类概念,就是一种不随附于思想者内在特征的属性。但就那些概念是如何在相关物理事实缺失的环境下被个体化的,孪生地球论证却缄口不言。如果没有水,是否有可能去思考关于水的想法?"想法"意指思想的内容——我们已将其称为"命题"——而非思考带有那些内容的思想之行为。在处理这个问题前,让我们略作回溯,考察下两类不同的对象依赖思想(object - dependent thoughts)。

在 2.1 节中单称命题被确认为那些由含有直接指称项的句子所表达的命题。鉴于直接指称项的命题内容在于其指称,单称命题就是由对象和由那些词项所挑出的属性构成的有结构的复合体。单称命题不只是被其所关涉的特定对象而个体化的。此类命题被指称主义者构想为也是对象依赖的。如果专名"瑞恩·吉格斯"是直接指称的,那么句子"瑞恩·吉格斯效力于威尔士"就表达了一个单称命题,其构成物是瑞恩·吉格斯和为威尔士踢球的属性。显然,思考该命题取决于瑞恩·吉格斯自身的存在。要是他不存在,人们都没法去思考这个命题。因此,单称命题是对象依赖的。指称主义者通常认为,当说话者说出含有空专名的句子时,他们将苦于其内容的虚妄不经,但这一观点却是有违直觉的结论,即不同的空专名都应在语义学上获得同样的对待。假设"圣诞老人"和"奥丁"都为空专名,那么它们都不表达任何命题内容。相应地,句子"圣诞老人不存在"和"奥丁不存在"所表达的命题内容没有差别。如果指称主义者认为含有空专名的句子不能表达即使是不完整的命题,那么这两个句子就不能表达任何命题。但是命题内容的差别不能算作对如下现象的解释:即有能力的说话者能一致赞同其中一个句子而否认另一个句子。这还另需考察。例如,在 2.4 节中,指称主义对信念论证的回应是诉诸说相同的单称命题可在不同的陈述模式下被相信。但这一策略何以能有助于当下问题的解决还尚不明显。因为如果根本就没有以那些模式被陈述的命题,何以有这些命题被陈述的模式? 这一点我们稍后再来看。一种更有前途的回应是采纳一种混合观点。由此,根据拉德罗(Ludlow 2003:404 – 405),"比尔·克林顿"是直接指称的致使含有该非空专名的句子表达单称命题,而"圣诞老人"是描述性表达以致含有该空的专名的句子(部分地)表达了描述性命题。以他的观点看,一个专名是直接指称的还是描述性的,完全取决于外间世界,而独立于关于语言意向的事实。对于反对意见——指称主义不能给不同的空专名以不同的语义考察,拉德罗的混合观点也有其回应。如果"圣诞老人"和"奥丁"都为空,却表达了不同的(部分)描述性内容,那么"圣诞老人不存在"和"奥丁不存在"也是如此。因此,我们可以解释一个有能力的说话者何以能够理性地赞同那些句子中的一个却否认另一个。

或者以知觉指示性思想(perceptual demonstrative thoughts) 为

例。一个诸如"那个"这样的指示词是一个需要指示的索引性表达，通常是一个对象在可由指示挑出的范围中的视觉呈现。知觉指示性思想据说也是这样的思想：人们可以思考它，仅当存在可以对其具有思想的正确对象。因为此类思想是由它们所关涉的特定对象而个体化的。假设我指着就在我眼前的食品储藏室说出"那个女人是德国人"这个句子。现在尽管知道似乎如此，但储藏室里没有女人。我正处于知觉的幻相中。那么请问：我的思想内容是什么？如果命题内容是真值条件式的，那么看起来我似乎没有表达一个完整的思想。因为没有任何由指示识别的女人在储藏室中，以下单称真值条件(TC)的右手边就有一个缺失的部分：

(TC_1) "那个女人是德国人"为真当且仅当……是德国人。

由我的言语表达的这个命题由此至多是不完全的，因为在那本应容纳一个女人的位置存在着一道鸿沟。如果没有所指，那就没有任何东西可供我假定的思想附着于其上，而且我的言语也不能表达任何完整的思想。我正处于表达了单称内容的幻相之中。但要记住，不论指称失败与否，这个句子都有它的语言学意义。指示词具有卡普兰(1989)称之为特质(character)的东西：一种从言说语境到在该语境下被表达的命题内容的函项。在指称失败的例子中，我们可以转而求助于句子"那个女人是德国人"，后者与被指示地识别的女人是德国人这个语境中立特质相联。即使没有女人在储藏室中，此种语言学意义也被领会。相应地，也许会有关于单称内容表达的幻相，却没有其所联系的特质的幻相。

现在再来考察一种不同类的对象依赖思想。埃文斯(1982)和麦克道威尔(1977,1984,1986)相信有思想是这样与对象相关联的：如果那些对象缺失了，那么也根本不会有思想。但他们倡导一种弗雷格式的对象依赖版本，根据其观点，此类思想是由对象和属性的陈述模式而非对象和属性自身构成的。麦克道威尔(1984)谈到这些陈述模式作为从物涵义,是专属于其对象的。刻画这些从物涵义的有两种特征。一方面,如果没有任何假定的从物涵义可以决定之物,那么正如麦克道威尔所言(1984:288),有"一道鸿沟——一个缺失——处于,即是说,相关的心灵位置上"。另一方面,从物涵义被其认知意义所个体化:如果一个有能力的说话者可以相信一个思想而不相信另一个,那么它们是由不同涵义所构成的不同思想。以此细化的方式来对涵义进行个体化,总令我们想起在1.2节讨论过的弗雷格式的认知意义原则。与词项相联的及物涵义不同于被该词项指称的对象,但及物涵义的存在却取决于该对象。埃文斯(1982:12,18–22,33)也接受弗雷格关于涵义与指称的区分,但是他将弗雷格的涵义视为一种思考对象的方式,这无需等同于任何描述性内容。在1.2和1.3节中,弗雷格的涵义概念被吸收进由限定摹状词表达的内容中,但埃文斯和麦克道威尔关于弗雷格式的涵义意见不一。尤其是,此类描述性内容是对象依赖的。尽管埃文斯思考对象的方式是由其认知意义而个体化的,用他的话来说(1982:22),"除非有某物可以通过该方式被思考,否则不可能有思考某物的那种方式"。思想是由弗雷格式的涵义所构成的,但它们也挑出那些与思考者处于一种特殊亲知关系中的特定对象。正如3.2节所言,亲知是种因果关系。说我亲知爱丁堡,即是说我与那个地方打过某些因果交道,比如,作为一名普通游客。思想是对象依赖的仅当思考者亲知了对象,而他是以这种方式来思考这些对象的:其思想的存在视这些对象的存在而定。在指称失败的情形中,说话者经历了一种内容表达的幻相。空的单称词项所唯一具有的意义,就是诸如在"天马是匹马"中的一种诗意的或虚构的用法。用弗雷格的术语来说,此类句子表达了虚假的思想(mock thoughts)。

要记住1.1节中的如下区分:关于一个词项的语义学是什么的描述性语义学中的一阶问题,和是什么使得一个词项具有了其所具有的语义学的基础语义学中的二阶问题。孪生地球论证和关节炎论证都主要意在处理这个二阶问题。普特南应说的是,有些使意义个体化的特征"不在头脑中"。决定命题内容与"水"和"关节炎"的指称的应是关于说话者外在、物理和社会语言的环境。虽然孪生地球论证通过否认命题内容在于相关限定摹状词也间接回应了一阶问题,关节炎论证却是与这个观点相一致的。例如,伯奇(1979)对命题内容的一种弗雷格式的处理表示同情,然而他坚持某些此类内容是宽的。然而,关于对象依赖思想的论题主要提供了一种对一阶问题的回答:特定项的命题内容是对象依赖的。加以引申,这个论题也回应了二阶问题,因为这些词项是通过说话者亲知它们的所指而拥有那类内容的。[1]

让我们来回顾这个问题,自然类思想是否是对象依赖,或更好一些的表述是:种类依赖的(kind – dependent)。[2] 波戈斯扬(1998b:279 – 283)设想干涸地球是现实世界中的一颗遥远的行星,尽管与地球完全相像,但湖泊、河流、水龙头等却尽皆干涸。整个干涸地球的共同体错误地相信存在一种他们称之为"水"的东西且其还有所有水状属性。简言之,普遍存在着关于该物质的全局幻相。[3] 看上去在干涸地球上,不存在含有"水"的句子可以为真的条件。以下真值条件有一个缺失的部分:

(TC$_2$)"水是湿的"为真当且仅当……是湿的。

这意味着,当干涸玛丽——干涸地球上的一个居民说出该句子时,她至多表达了一个不完整的命题。干涸玛丽由此处于内容表达的幻相之中。这与指示词的情形不同,那里的内容幻相是局部的,因为对相关指示性思想的表达需要在知觉上相关于储藏室中的女人,而干涸玛丽则是处于全局幻相中的。有人可能用带"水"的句子表达了一个思想,尽管在他当地的环境中缺水,但只要水在别处是充裕的就行。但干涸玛丽并没有那么幸运：她从未成功地用"水"来表达过一个概念。那可能会是什么样的概念呢？波戈斯扬（1998b：279－283）提供了两个建议：（i）她的"水"的个例表达的是一个诸如水状之物这样的复合概念。（ii）她的"水"的个例表达的是一个原子概念。原子概念是缺乏概念组成部分的概念，而复合概念则是可被分解为这些组成部分的概念。假设（i）为真。不要忘了地球和孪生地球的"水"的个例已被语义外在论者假定不能表达这样的复合概念，因为那样会暗示了那些个体有共同指称。在那两个非空情形中已预设了"水"表达的是原子概念，即地球上的水和孪生地球上的孪生水。但是那样就难以看出相同的世界类型何以能在成功指称的条件下表达一个原则概念，而在不成功指称的条件下表达一个不同的复合概念。要记住"水"在地球、孪生地球和干涸地球上扮演着同样的功能角色。根据波戈斯扬（1998b：281），概念的组合性是其内在句法的功能，这大概是由有能力的说话者的语义意向确定的。以他的观点来看，一个概念是原子的还是复合的由此都能先天地被决定。

科曼（Korman 2007）回应道，组合性并不依赖于此种外在特征，而是要实际具有一个指称。在干涸地球上，含"水"的句子可以被指派某种类似描述性的真值条件：

（TC_3）"水是湿的"为真当且仅当水状之物是湿的。

如果限定摹状词有存在性的要求，那么干涸地球上"水是湿的"的个例就表达了一个假命题，即正有一种水状液体是湿的这个命题在干涸地球上为假。现在鉴于有能力的说话者不能先天地知道他们是在地球上还是在干涸地球上，他们也不能先天地知道自己对该句子的个例具有的是哪一类真值条件，结果，完全理解了"水"的说话者就不能先天地知道他表达的是一个原子概念还是组合概念。[4]

也要注意,当相关词项为空时那些将自然类词项视为具有描述主义语义学的人,对那指称主义者必然将不同的空自然类词项在语义上同样对待的反对意见有其答复。以空词项"燃素"和"以太"为例。如果它们表达了不同的描述性内容,那么"燃素不存在"和"以太不存在"亦然。因此,为什么一个有能力的说话者何以能一致赞同这些句子中的一个却否定另一个就没有任何疑虑了。

再转而假设(ⅱ)为真。有人不禁要问:当在干涸地球上说出"水"时,它的那些空个例表达了什么样的命题内容?首先可以排除由"水"的非空个例表达的原子概念这样的选项,而应由"水"的空个例表达,因为那会与这类原子概念是被外在地个体化的论题相矛盾。但是,波戈斯扬承认(1998b:282),如果原子概念既不是由水表达也不是由孪生水表达的,那么将没有任何其他可能的原子概念。[5]

结论就是,即使孪生地球论证只许可概念的外在个体化,孪生地球论证加上波戈斯扬的干涸地球论证也暗示了自然类概念是种类依赖的。让我们把仅由孪生地球论证或关节炎论证支持的语义外在论版本称之为弱语义外在论(strong semantic externalism),而把由干涸地球论证支持的语义外在论版本称之为强语义外在论(weak semantic externalism)。前一种观点关心的是在不同外在环境中获得的是哪些概念,而后一种观点则关心在上述环境中是否有概念被获得。波戈斯扬有力地陈述了弱语义外在论蕴涵了强语义外在论。然而,要注意,对于语义内在论者而言,干涸地球并无任何特异之处。根据其观点,地球的、孪生地球的和干涸地球的"水"的个例全都表达了某种(因果限制的)描述性概念。该概念为所有不论其外在环境如何的化身所共享,因而被算作窄内容。[6]

要请波戈斯扬原谅,伯奇(1982)构想了一个地球的情境,其中在没有水的实存的情况下具有水的思想是可能的。在他心目中是这样的情形,其中干涸玛丽即使在根本没有水的干涸地球上也有涉及概念水的信念。有一点是必需的,即在她共同体中更多有见识的成员要有足够的化学知识去把水从各种诸如孪生水这样的孪生概念中区分出来。假定有相关的从事科学的说话者已从理论上加以说明氢和氧可以结合形成 H_2O。这假定了他们维系着与氢和氧的不同因果作用关系，以便拥有氢和氧的概念，而这对于组合概念 H_2O 的获得是必需的。假定这些说话者还拥有对一种被信以为水状的虚假物质的错误化学分析，并指出它是由 H_2O 所构成。之后，这些专家说话者就对拥有概念水加以授权。此外，如果当干涸玛丽使用"水"时，她遵从了这些专家的用法，那么尽管对化学一无所知她也能被算作拥有水的概念，而没有 H_2O 的概念。[7] 同样地，我们还能想象这样的情形，其中只有一位说话者存在于一个含水的环境下：孤独玛丽是孤独地球的唯一居民。毫无疑问，孤独玛丽可以形成水的概念，即便在其环境中没有其他说话者。这需要她与自然类水的例示有因果互动，而且此外还持有起码的化学相关信念，以将水和其他孪生物质选项区分开来。社会关系由此将不再为具有思想所必需。根据伯奇(1982)，我们所不能具有的，是这样的一种混合情形——混合地球(Mixed Earth)，其中某人缺乏对某种据信叫"水"的物质的化学构成知识，然而该个体却有水这个概念，即便她的环境中既没有水也没有其他说话者。正如麦克劳林和泰(1998b：302)所评论，某人有水这个概念与其环境下既没有水也没有其他人是相容的。如果某人试图凭一己之力发展出一套化学理论以表明虚幻的水状之物是由 H_2O 所构成，那么她可被算作拥有了水的概念。与分布广泛的氢和氧这样的自然类的因果互动，向她提供了氢和氧的概念，而基于后者她就能形成 H_2O 的概念。确实，尽管干涸地球上缺乏 H_2O，但凭借地球上 H_2O 的存在，水也能被算作一种自然类概念。[8]

　　尽管伯奇(1982)没有提出水在干涸地球上是否是个原子概念这样的问题，但那很有可能在水是种组合自然类(H_2O)之外就已被假定了的。其他的语义外在论者，像麦克劳林和泰(1998b)、S. 哥德

堡(2006b)、科曼(2007)和鲍尔(Ball 2007)都相当明确"水"的干涸
地球个例可以表达一个原子概念。伯奇似乎仍然预设了概念水的
获得条件类似于像概念 H_2O 这样的组合自然类概念的获得条件。
即是说,应该要求干涸地球上的专家与水所由之构成的组分自然类
有因果关系,这就利用这些组分类的概念构成了一个关于水的化学
理论。这就提出了这样的问题:鉴于语义外在论对概念个体化的看
法,是否人们可以拥有一个非存在原子自然类的原子概念。以原子
概念 X(氧、电子或你所具有的)为例,想象一个相应的干涸地球情
境。假设 X 构成了一个原子自然类,没有自然类成分可供专家与之
因果互动以构建一个关于 X 的科学理论。简言之,鉴于语义外在论
对概念个体化的看法,伯奇(1982)和其他人为人们何以能够具有一
个非存在组合自然类的原子概念所提供的考量,不能轻易解释人们
何以能够具有一个非存在原子自然类的原子概念。

4.2　索引性与个人中心思想

2.2 节中的模态论证和3.1 节中的孪生地球论证在它们对描述
主义的批评中互补短长。该观点的一个较简化的版本认为,说话者
将分别看是必要的、合起来看实是充分的描述条件与词项相联,使
对象成为其所指。为使 H_2O 和 XYZ 被"水"挑出,它们必须具有每
一个相关的水状属性,并且具有全部足以使它们被"水"挑出的那些
水状属性。模态论证显示了这些条件并非是必要的:甚至在 H_2O
缺乏水状属性的那些可能世界中,"水"也指称"水"。孪生地球论
证则显示了这些条件也并非是充分的:尽管 XYZ 具备所有水状属
性,"水"在孪生地球上也不指称 XYZ。正如我们所看到,描述主义
者通常诉诸严格化摹状词来应对模态论证:"水"是"实际上的水状
之物"的简称;而为了应对孪生地球论证,他们又援引因果摹状词:
"水"是"我们亲知的水状之物"的简称。总之,当面对反例时,描述

主义者的策略总是将相关属性纳入限定摹状词集中,后者产生了该词项的命题内容。因而刘易斯(1997)和杰克逊(1998a:212)建议道:我们从反描述主义的论证中学到的,不是词项指称不能经由描述属性的例示而得,而是此类属性促成了该词项的指称,并因而说明了其命题内容。[9]

让我们首先来仔细思考下描述主义者对孪生地球论证的回应。如果,根据 3.2 节中的(iii),"水"是"我们亲知的水状之物"的简称,那么"水"实际上是一个索引性表达。[10]原因是"水"将继承"我们亲知"的索引性。后者是一个索引性表达,它挑出了说话者所属的语境显著的共同体,并且其中一些成员都有一种特定的因果属性。这即是说,"水"将指称语境显著的共同体与之有过因果互动的水状之物。因此,玛丽对"水"的言说指称 H_2O,而孪生玛丽在孪生地球上对"水"的言说则指称 XYZ。尽管该描述主义策略这样尊重关于"水"的直觉,比如地球上"水"的例示不指称 XYZ,但它何以担保某种形式的语义内在论却仍未清楚。因为当玛丽和孪生玛丽说出含有"水"的同类句子的诸个例时,她们的言说有不同的真值条件:

　　(TC_4)玛丽对"水是湿的"的言说为真当且仅当我们亲知的水状之物是湿的,

然而,

　　(TC_5)孪生玛丽对"水是湿的"的言说为真当且仅当她们亲知的水状之物是湿的。

这类真值条件的差异源起于"我们亲知"的索引性。诚然,如果描述主义者要援引因果限制摹状词,他无须接受如下之点:作为这些摹状词缩写的词项表达了对于其所指而言是单称的内容。相反,我们得到真值条件的差异,进而其表达命题的差异,不是由于所指的物理本性的差异,而是由于诸如说话者位置这样的语境范围的差异。[11]在该情形下,玛丽和孪生玛丽即便被置于相同的物理环境中,她们也会表达不同的命题。但随后我们就有了不是由内在不同造成的命题差异,并且这与语义内在论也龃龉难合。

当描述主义者利用严格化摹状词时,相同之点又施之于模态论证。在普特南的例子中,孪生地球是现实世界中的一颗遥远的行星,但现在假设孪生地球仅是可能世界 W 中的一颗行星。然后以玛丽和她的副本——这颗反事实孪生地球上的孪生玛丽为例。如果"水"仅是"实际上的水状之物"的缩写,那么她们各自的"水是湿的"个例将再一次相异于真值条件:

(TC_6)玛丽对"水是湿的"的言说为真当且仅当现实世界中的水状之物是湿的。

(TC_7)孪生玛丽对"水是湿的"的言说为真当且仅当 W 中的水状之物是湿的。

因此,真值条件是随玛丽和孪生玛丽所处的可能世界的变化而变化,而非随"水"的指称的变化而变化。要记住 2.3 节中的完美地球的例子。当玛丽和完美地球上的完美玛丽使用"水"时,她们指称的都是 H_2O,因为她们被置于相同的物理环境中。但是如果"水"是"实际上的水状之物"的简称,那么她们各自的"水是湿的"个例将仍然相异于它们的真值条件。这样我们再一次得到了一个不是归结为内在特征差异的命题差异。

更为糟糕的是,如果信念的内容是命题,而且如果信念状态是由其内容而个体化的,那么不仅玛丽的信念内容将异于孪生玛丽的信念内容,而且她们也将处于不同的信念状态之中,这仅仅是由于她们实际位置的差别或她们处于不同的可能世界中。尽管这未能确立起语义外在论的论断——此类信念状态及其内容的差异都归结为它们外在物理和社会语言环境的差异,但其结果似乎也并非与语义内在论相宜。因为如果语义内在论者为应对模态论证和孪生地球论证,而援引索引的因果或严格化的摹状词,那将会导致内在副本处于不同的信念状态之中的情形。

为了应对这种考虑,刘易斯(1979)和杰克逊(2003)论述了真值条件的差异无需蕴涵信念内容的差异,尤其当前者仅仅是归结为语境范围的变化时。实际上,他们挑战的是此类内容是有真值条件的这个语义外在论的假设。为了说明这一点,可以考察下佩里的这个例子(Perry 1993:21 - 23):哲学家休谟和疯子海姆森都各自相信《人性论》是自己写的。他们都用"《人性论》是我写的"来表达其信念,但是休谟的言说为真当且仅当休谟写了《人性论》,而海姆森的言说为真当且仅当海姆森写了《人性论》。[12]如果命题是由其真值条件决定的,那么休谟和海姆森由此相信的是不同的命题。因为他们的信念是关于不同的个体的,他们持有同一涵义却是不同的及身信念(de se beliefs)。[13]然而,直觉上看,他们的信念有着共同的内容。海姆森疯得很厉害,以致真诚地尽信所有且仅为休谟相信的那些句子。不像休谟,海姆森深为自己的成就而疑惑,但他也能完全掌握其语言的语言学规则。正如刘易斯(1979:525)所述,"海姆森可以使其头脑在与其信念相关的每一方面都与休谟完全吻合"。但是如果他们的信念涵义相同,却还不能致其所信为同一命题,这又作何解释?刘易斯(1979)建议道,他们信念的共享内容在于都自我归属了如下属性:在某时间 t 写了《人性论》。在此意义上,他们都持有相同的及身信念。或者,我们可以将其共享内容视为在语义上是不完全的、相对化命题(relativized proposition)x 在时间 t 写了《人性论》。相对化命题是由中心可能世界(由世界和被指示的时空点构成的对)到真值的函项。因此,"《人性论》是我写的"的言说在以 < x,t > 为中心的世界 W 中为真当且仅当 W 是一个其中《人性论》是在时间 t 由 x 写就的世界。该句子的言说在以 < 休谟,t > 为中心的现实世界中为真,而在以 < 海姆森,t > 为中心的现实世界中则为假。虽然海姆森和休谟的信念在真值上有不同,但他们通过说出该句子而表达的命题内容却各是从以 < x,t > 为中心的 W 到真值的相同函项。[14]

在普特南孪生地球的例子中,当玛丽和在这颗遥远行星上的孪生玛丽都说出"水是湿的"时,在某种意义上可以说她们的信念是相同的。根据刘易斯,该相同信念就在于对以下同一属性的自我归属,即亲知一种独特的水状之物在时刻 t 是湿的。这实际上是说玛丽和孪生玛丽都相信同一个相对化命题 x 所亲知的水状之物在时刻 t 是湿的。因此"水是湿的"的言说在以 < 地球,t > 和 <孪生地球,t > 为中心的现实世界中为真。不仅她们各自对该句子的言说为真,而且她们通过说出该句子而表达的命题内容也各是从以 < x,t > 为中心的 W 到真值的相同的函项。由于玛丽和孪生玛丽实际上处在不同的位置,因此她们各自言说的真值各异,但其函项却保持不变。[15]也要注意,当干涸玛丽在干涸地球上说出"水是湿的"时,可以令人信服地将她解释为是在相信同一个相对化命题。干涸玛丽区别于玛丽和孪生玛丽的唯一之处在于,她的信念缺少一个真值,而后者归结为"水"在干涸地球上是空词项这一事实。

相似地,当孪生地球被认为是另一可能世界 W 中的一颗行星时。如果刘易斯是正确的,那么玛丽和在此反事实行星上的孪生玛丽信念相同,因为她们都自我归属了处于一个其中水状之物在时刻 t 是湿的世界中的同一属性。她们都相信同一个相对化命题世界 x 中的水状之物在时刻 t 是湿的。因此"水是湿的"的言说在以 < 地球,t > 为中心的现实世界中为真,且对该句子的言说在以 < 孪生地球,t > 为中心的世界 W 中也为真。她们通过说出该句子而表达的信念内容各自都是从以 < x,t > 为中心的 W 到真值的相同的函项。由于玛丽和孪生玛丽在反事实上处在不同的位置,因此她们各自言说的真值各异,但其函项却保持不变。也要注意,当完美玛丽在完美地球上说"水是湿的"时,可以令人信服地将她解释为是在相信同一个相对化命题,确实,只有当玛丽和孪生玛丽的信念为真,完美玛丽的信念才会为真。[16]

这里的教训是,位置差异导致一切差异,这不是玛丽和孪生玛丽所信之物的差异,而是我们能真实地报告她们所信之物的方式的差异。当玛丽说出"水是湿的"她所相信的,正是孪生玛丽说出同一句子时所相信的,但由于"水"所隐含的索引性,我们只能用该句子来真实地报告玛丽的信念。正如洛尔(1988)、刘易斯(1979)和杰克逊(2003:68,2004:326–327)所强调,当在信念内容和含有索引性元素的信念报告句的语义学之间梭巡往来时,我们不得不高度谨慎。因为信念内容并不是总能被用作信念归属的"that"从句所刻画。

4.3 内容的双要素理论

普特南先前关于孪生地球论证的陈述假定了玛丽和孪生玛丽互为心理上的副本:她们共享所有程式化(窄内容)信念。然而,她们各自对含有"水"的句子言说的语义内容各异。全部内容是程式化加上指称个体化内容。因此,普特南将语义外在论和某种形式的内容内在论结合起来。[17]其后的一些哲学家捍卫这样的观点:信念状态是包含了宽窄成分的复合状态。在这一节中,我们将考察两类这样的混合内容理论,分别出自麦金(1982,1989)和最近的查尔默斯(2002,2003,2011)。[18]

在1.2和1.3节中,曾与弗雷格有过这样的争论:如果同一性陈述是带有信息的,那么指称项在其指称之外就必须要有涵义。为了正确勾勒此类陈述的认识论外观,这些词项应该具有某些认知意义,而后者是其内容的一部分。随后在2.2节中,与克里普克也有如下争辩:如果含有指称项的特定模态陈述要为真,那么指称项必须是直接指称的。为了正确勾勒此类陈述的模态外观,这些词项的意义就应该在于其指称。麦金评论道,这些看似矛盾的论证可以通过构建一个双要素内容理论来加以解决,对于弗雷格或克里普克式的观点,该理论能扬长避短。一方面,克里普克的追随者们将单称内容采纳为决定指称之物是正确的,但却错误地将涵义一并抛弃。另一方面,弗雷格的追随者们将涵义采纳为构成具有认知意义的内容是正确的,但却错误地将涵义视为也能决定指称。任何指称项的单一属性都不能既扮演认知性角色又扮演指称性角色:这些词项的指称方式与它们的所指呈现在思想中的方式不同。我们反而应该识别出指称项内容的两种成分:为其认识论外观负责的认知性角色成分,和为其模态外观负责的独立的指称性角色成分。

　　麦金的混合观点不只是关于纯外延语句的内容的,它也是关于命题态度的内容的。尤其,总的信念内容必须被认为是两类各自均为内容必要成分的混合物。这些成分是有差异的,因为它们服从于不同的个体化类型。信念内容的认知性角色成分向内指向实在的内在表征。这些表征对于行为的产生负有因果责任。这类成分由此通过对行为的因果解释而个体化。然而,信念内容的指称性角色成分,却向外指向外间世界。由于信念涉及对命题的关系,而后者被指派了真值条件,因此这类成分关涉内在表征和它们所表征之物的语义关系。它由此通过成为真值可评价的而被个体化。简言之,命题状态的总内容可以被析分为由世界授予的成分——说的是何物被表征,和由我们授予的成分——说的是何以被表征。

　　让我们仔细思考一下这些不同的成分。认知性角色成分是信念的因果解释性角色的构成要素。在民间心理学中,行为总是通过信念和其他有内容的状态才得到因果的解释和预测。例如,琼斯进入酒吧,是因为他想喝啤酒,并且相信去酒吧可以满足这个欲望。琼斯的信念和欲望在对其行为的因果解释中占有重要地位,因为正是它们导致了他的行为。由于琼斯的信念状态在其行为的因果解释中发挥了不可缺少的作用,因而它必定有助于该行为的产生。且该状态对琼斯的行为具有因果效力的层面和其内在表征——信念的认知角色有关。正是该层面以此方式对环境加以内在地表征,使其根据刚接收的关于其环境的信息而施行进入酒吧的行为。[19]琼斯状态的指称性属性既不随附于其信念的认知角色,也不扮演任何因果-解释性角色。这即是说,认知角色不是决定词项指称之物,而琼斯正是用这些词项来表达其信念的。意义决定指称,但认知角色并不是一个包罗万象的意义概念的构成要素。而毋宁说认知角色牢固地存在于他的头脑中。就其可被居住于同一世界的众内在副本所共享的意义上来说,它是窄的内容构成要素。窄内容因此并不是一个语义的或真值条件的内容概念。[20]麦金(1989:8-9)拒绝接受孪生地球论证攻击的方法论的唯我论(methodological solipsistic)观点:某些信念内容既独立于相信者的环境特征,又独立于世界的特征。这种纯粹的唯我论信念是不存在的。但是随着麦金(1989:31-60)采纳了普特南关于概念水的语义外在论,他也认为人工概念、知觉表象概念、感觉概念、观察概念和某些总的心理概念是世界依赖(world-dependent)而非环境依赖的(environment-dependent)。[21]基本上,涉及与事物如何显现相对的事物本身怎么样(how things are)的概念是环境依赖的,而仅涉及事物表象的概念则只是世界依赖的。尽管置身于不同的环境之中,玛丽和孪生玛丽都可以说:对于其所称之为"水"的东西如何显现,她们怀有相同的信念。没有纯粹内在的内容,但有些内容是通过其对外在特征的指称而个体化的,后者也未受孪生地球思想实验的攻击。在后一种情形中,有一种处于带有此类内容的状态与由该内容表征的外在世界特征之间的存在性依赖关系,即便那些状态是在一个遥远的环境中获得的。

指称性角色成分传达了涉及指称的真值条件,它对对象和由词项挑出的属性进行了具体说明,这些词项是出现于信念归属句的嵌入式从句中的。这些都是相信者与之有因果联系的对象和属性(或属性例示）。由于信念状态致力于对外在环境层面的表征，它们具有不随附于相信者内在特征的语义属性。麦金支持此论的论证是建立在表征的可错性（fallibility of representation）上的。当对象 o 被表征为具有 F，而 o 实际上缺乏该属性是可能的。在该情形中表征为假，但 o 仍为被表征之物。因此，有可能错误地将 o 表征为具有 F，仅当被表征之物独立于其具有 F 而被确定。即是说，一个表征能将 o 错误地表征为具有 F，仅当作为 o 的表征独立于对 o 具有 F 的刻画。因为要是不那样的话，这个表征将会关涉确实具有 F 的其他对象 o＊，或者该表征也许根本就不会关涉任何确定对象。以专名为例，假设玛丽说出了"亚里士多德发现了不完全性定理"。直觉上看，玛丽是错误地表征了亚里士多德，而不是正确地表征了"亚里士多德"的某个异常的所指。但是假设她在心灵上将"亚里士多德"的所指表征为不完全性定理的发现者。这反映出这个名字在其思想和行动中扮演的认知性角色。然后玛丽才最终得到了这是一个对于哥德尔为真的信念。这里的教训是，名字的指称不是由这类表征性摹状词来确定的。毋宁说命名关系是由名字和其所指之间的某种因果－历史链条来确定的。否则就像麦金所宣称的那样，通过名字来表征将必然是不可错的。

再来考察孪生地球。当"水"晦暗地（opaquely）出现于"玛丽相信水是湿的"这个信念语境中时，它给了我们两类信息：信念的真值条件，和因果地解释了玛丽行为的内在表征。这即是说，当出现在信念归属句中时，该词项为具体说明其信念内容的构成成分做出了双重贡献——它归属了一个内在的、因果－解释性表征且又将该表征与她环境中的水联系起来。对玛丽和孪生玛丽而言，词项"水"有着相同的认知性角色，因为她们内在地将其环境以同一方式来表征。口渴时，她们都会去取一杯她们内在地将其表征为的水状之物。然而她们"水"的个例却在指称、进而在意义上有差别。因此，某些信念有相同的认知或解释性角色，但却有不同的真值条件。其他信念有相同的真值条件,但却有不同的认知或解释性角色。考虑下由玛丽所说的"我口渴了要喝水",和由其地球上的一个朋友所说的"你口渴了要喝水"。玛丽喝了水且她的朋友确保玛丽喝了水。然而出现在这些言说语境下的"我"和"你"有着相同的指称,因此她们各自言说的真值条件也是相同的。

在我们前去考察另外一种心灵内容的混合观前,应该提一下一些有影响力的哲学家一直坚持反对诉诸窄内容来对行为进行因果解释。此论认为,窄内容不足以(如果不是太模糊的话)在心理解释中扮演任何角色,或至少任何不可还原的角色。只有宽内容才可胜任解释任务,或至少它能做得同样好。这样,通过对行为总是被个体地或窄地类型化这一假设的质疑,比如,对于心理解释的目的而言化身正是处于相同的状态中,皮考克(Peacocke)、欧文斯(Owens)和伯奇等人否认窄内容对心理解释的必要性。举例如下,皮考克(1981)就化身不同的指示性信念导致其在各自环境中作用于不同的对象而言,他们在心理上是有差异的。欧文斯(1987)反对如下观点:认知心理学受这样的原则约束,即个体可以相异于心理的解释性状态仅当他们之间有某些内在物理差异。在他看来,根本就没有这类既由其内容个体化,又随附于内在物理特征的状态。同样地,伯奇(1989)认为,认知心理学将心灵状态外在地个体化,就像当此类状态在日常语篇中被详述时有一个外在特性一样。最近,伯奇(2010:77-78)批评了如下观点:语义外在论就如何确立所指而言应是正确的,而就所指的思考方式而言则否。在各个情形中扮演认知和解释性角色的内容是同样宽的。[22]

我们现在再来看一个更近的出自查尔默斯(2002,2003,2011)的心灵内容的混合观点。首先,我们需要介绍一下思考可能世界的两种不同方式。谈到可能世界,通常是关于反事实世界的。当我们把一个可能世界设想为反事实的,我们是在作一个反事实假定:鉴于现实世界所是的方式,要是它是如此这般的一种方式又会怎样?

但是可能世界也可以被设想为现实世界的候选者。当我们将一个可能世界设想为现实的,我们是在做一个关于现实世界是什么样的假定:要是现实世界是如此这般的一种方式又会怎样？借用斯托内克的例子(2001:146)我们可以问"要是奥斯瓦尔德没有杀死(had not kill)肯尼迪又会怎样？"或者我们可以问"要是奥斯瓦尔德没有去杀(did not kill)肯尼迪又会怎样？"在第一种情形中,鉴于奥斯瓦尔德实际上确实杀死了肯尼迪,我们想要知道的是要是他没有这样做会发生些什么。想必是,肯尼迪也许没有被杀死。在第二种情形中,我们想要知道的是,如果奥斯瓦尔德不是凶手那接下来会发生什么。肯定地,其他某个人会是凶手。[23]

相应地,我们可以将孪生地球设想为一个反事实世界中的一颗行星。然后我们问道:鉴于水是 H_2O,要是水状之物是 XYZ 又会怎样？可以回答说:鉴于"水"的严格性,我们"水"的个例不能在一个反事实的孪生地球上挑出 XYZ。或者我们可以将孪生地球设想为现实世界也许会是的一种方式。在该情形下,孪生地球或者可以被看作是我们银河系中的一颗遥远的行星,或者可以被看作我们所立足之处——我们称之为"地球"的行星。如果我们地球人没与 XYZ 打过任何因果交道,那么我们"水"的个例就不会挑出 XYZ。或者就像孪生地球论证所意在说明的。但如果这附近的水状之物令人吃惊地变成了 XYZ,那么我们"水"的个例也许会挑出 XYZ。想象一下前沿科学家宣布了这样一个惊人的发现:在我们环境中被我们称之为"水"的东西实际上是 XYZ。该情境下,我们应该承认在关于我们称之为"水"的东西的本性上犯了一个巨大的错误。[24]

查尔默斯(2002,2006)根据可能世界被设想的方式将两类不同的函项指派给了一个陈述。认识内涵(epistemic intension)是从被设想为现实的可能世界到真值的函项,而虚拟内涵(subjunctive intension)则是从被设想为反事实的可能世界到真值的函项。类似地,词项的认识内涵是把被设想为现实的世界映射到那些世界的所指中去,而词项的虚拟内涵则是把被设想为反事实的可能世界映射到那些世界的所指中去。更确切地,认识内涵是从笼统说来是中心可能世界的情境——以处于其言说中时间地点的说话者为中心的世界——到所指或真值的函项。因此,某些中心世界是以地球上特定时刻的个体为中心的,而另一些则是以孪生地球上特定时刻的个体为中心的。当孪生地球被看作我们银河系中一颗遥远的行星时,这个限定对说明孪生地球而言就是必需的。[25]

让我们过一下我们常说的那些例子。约略而言,"水"的认识内涵挑出了所有可能世界中的水状之物,而其虚拟内涵则挑出了所有可能世界中的 H_2O。[26] 水是 H_2O 这个陈述的认识内涵因此在地球上为真,但在孪生地球上则为假,且因此是偶然的。但这个陈述的虚拟内涵在地球和孪生地球上都为真。因此,水是 H_2O 这个陈述的虚拟内涵是必然的。但要理解该陈述就在于拥有其认识内涵的知识,而水状之物是 H_2O 并非先天可知。所以,水是 H_2O 这个陈述是后天必然的。[27]

查尔默斯(2002,2003)认为信念的内容可以被分解为认识和虚拟的内涵或内容,它们都通过日常信念归属而被赋予。虚拟内容,就其传递涉及指称的真值条件而言,通常是宽的。与玛丽"水是湿的"的个例相联的虚拟内容为真当且仅当 H_2O 是湿的。与之相对,孪生玛丽"水是湿的"的个例的虚拟内容为真当且仅当 XYZ 是湿的。此类内容是被出现于表达它的句子中词项的所指而个体化的。它统摄着跨越所有被设想为反事实的世界的真值。虚拟内容仅是后天可知的,因为它需要关于哪个可能世界是现实的经验知识。然而,认识内容通过被相信者的内在特征决定因而是窄的。此类内容服从于事物对玛丽呈现的方式——它概括了她看待世界的视角。毕竟,尽管玛丽和孪生玛丽指的是不同的液体,但看上去她们的概念向其呈现那些液体的方式却是相同的。认识内容刻画了词项指称依赖于环境本性的方式,因而是独立于环境本身的:如果 H_2O 是地球上的水状之物,那么"水"就挑出了 H_2O;如果 XYZ 是地球上的水状之物,那么"水"就挑出了 XYZ,诸如此类。[28]这些指示性条件句对玛丽和孪生玛丽而言都是先天可知的。认识内容是什么由此是先天可知的,因为它能独立于人所处的位置或哪个可能世界是现实的而为人所知。[29]但要注意,认识内容尽管独立于环境,仍是可以被指派的不涉指称的真值条件(non‑reference‑involving truth‑conditions)。例如,与玛丽和孪生玛丽"水是湿的"个例都相联的认知内容为真,当且仅当水状之物是湿的。这个充要条件式的右边部分毫不论及"水"那些个例的所指是什么。当认识内容统辖跨越所有被设想为现实的可能世界的真值时,认识内容是语义的。[30]

要注意查尔默斯的意义二维概念与在 2.3 和 4.1 节中介绍的卡普兰的索引性表达理论(1989)有相似之处。根据卡普兰的观点,索引性表达的特性(character)——其语言学语义——决定了在变化的言说语境中的命题内容。因为特性是由语言约定而设置的,它们是一个有能力的说话者仅凭借对该表达的理解而知道的东西。相较之下,因为命题内容——所说之物——是取决于言说语境的,所以关于所表达的是哪一个命题内容的知识需要有相关语境的经验知识。特性可被表征为从可能的言说语境到命题内容的函项,这进而可被表征为从可能的评价环境到所指的函项。正是命题内容在评价环境中才能得以评价。虽然在卡普兰和查尔默斯的理论之间有显著的不同,但他们都采纳了意义的二维向度:第一维度决定了第二维度与一个语境/情境的合取,而第二维度则决定了一个所指、外延或真值与一个环境/可能世界的合取。[31]

最后要注意的是,尽管查尔默斯在窄内容是否有语义输入这点上会与麦金意见不合,他也会赞同只有窄内容才能扮演心理状态的因果‑解释角色。假设你和我都说"我头疼"。我们所表达的信念具有相同的认识内容,但却有着各自不同的虚拟内容。我们都服下一片阿司匹林。再来假设你说"我头疼",而我说"你头疼"。我们所表达的信念有不同的认识内容,但却有相同的虚拟内容。你服下了一片阿司匹林而我没有。简言之,认识内容就是因果地解释了行为的东西。[32]

4.4　再论自然类概念

在4.2和4.3节中我们介绍了两类语义内在论者的观点,他们都假定自然类概念在某种意义上是索引性的。根据刘易斯(1979)和杰克逊(2003),诸内在副本所共有的内容在于对相同属性的自我归属。例如,当玛丽和孪生玛丽都说"水是湿的"时,她们各自言说的真值条件会有不同,但她们都自我归属了亲知独特的水状之物是湿的和自己居住在水状之物是湿的世界中这样的相同属性。真值条件的差异要归结为"水"的索引性:鉴于"水"大概与"我们亲知的实际上的水状之物"是同义的,玛丽和孪生玛丽对含有"水"的句子言说为真的条件将随她们的位置和因果历史的不同而改变。同样地,根据查尔默斯(2002,2003,2006),词项的认识内涵将被设想为现实的(中心)世界映射到那些世界中的所指中去。因为认识内涵刻画了词项的指称依赖于环境本性的方式,所以这些内涵是独立于环境本身的。因此,词项的认识内涵构成了其窄内容。以"水"为例。其论宣称,就不同的可能世界被设想为现实的,或就不同的中心在同一个世界中被设想而言,尽管"水"的指称有转移但其意义的一个层面依然保持不变。如果H_2O是我们亲知的实际上的水状之物,那么"水"就指称H_2O;如果XYZ是我们亲知的实际的水状之物,那么"水"就指称XYZ,诸如此类。查尔默斯(2002:620)宣称,认识内涵因此是某种索引性内容。

普特南似乎也同情自然类词项是索引性表达,或至少有隐含的索引性成分这样的论断。在(1975:152)中,他写道:

> ……像"水"这样的词有一个未被注意的索引性成分："水"是一种与这附近(around here)的水有某种特定相似性关系的物质。在其他时刻或其他地方甚或其他可能世界中的水要成为水,都要与我们的"水"有(相同液体的)关系。

但伯奇(1982)和其他人曾严厉批评过这样的企图:把"水"在地球上的出现同化于"这里"或"这个"之类的索引性表达的出现。首先要注意的是,当考虑一个表达是否是索引性时,必须要坚持语言的固定——否则每一个表达都琐屑地是索引性的。为了说明这点,假设在某个遥远的语言共同体中,"腿"这个词被用来指称腿和尾巴。"腿"应受这种极其不同的用法约定的辖制,这当然是可能的。但这并未表明,当"腿"被说英语的人使用时它就是索引性表达。更一般地说,未能注意到如下区分可能会导致混淆:在给定我们实际说话的方式下一个词指称什么,和要是我们说一种不同语言时一个词将会指称什么的区分。以这样一个儿童谜语为例"如果马尾也叫'腿',那马应有几条腿?"答案是四:仅通过改变一些语言的使用方式,我们不能改变一匹马腿的数目。但是当然如果"腿"指称腿也指称尾,那么句子"一匹马有五条腿"将表达一个真理。同样地,当处理"水"是不是个索引性表达这个问题时,我们必须要考虑自然类词项在英语中是如何使用的。至于词项在不同的、遥远的或反事实的语言中是如何使用的,与这毫不相干。

带着以上告诫,伯奇(1982)提出了两个论证旨在显示"水"不能是一个索引性表达。第一个论证认为,普特南的评论——水是一种与这附近的水或与我们的水有特定关系的物质——有循环之嫌,因为"这附近"和"我们的"这样的索引性表达实属多余。正如伯奇(1982:114)的表述,"这附近的水,或我们的水,就是水。任何其他人的水,任何其他地方的水,没有什么不同。水仅仅是 H_2O(至多在一些同位素和杂质上有出入)"。由于水必然是 H_2O,当不同的语境突显时,没有必要为指称转移作出规定。此类转移会涉及说一种不同的语言的假定。地球人将"水"应用于 H_2O 和孪生地球人将"水"应用于 XYZ 的事实,不能表明"水"是个有着固定意义的索引性表达,且它在不同语境中指称不同种类的物质。它表明的是,"水"在地球上和孪生地球上有着不同的意义。地球人和孪生地球人因此说着略微不同的语言。如我们所述,仅通过采纳非标准的语言约定"水"才能经历指称的转换,这是一个普遍观点。它毫不言及"水"的语义学在英语中实际上是怎么用的。

伯奇的第二个论证(1982)如下所述。假设玛丽到孪生地球旅行。由于玛丽说的是地球上的英语,她在孪生地球上至少有一段时间将继续说英语。[33]玛丽还未得知她已不在地球上,因此把 XYZ 叫做"水"。如果普特南在"水"意指的是与这附近被称为"水"的东西具有相同液体关系(same liquid relation)的物质这点上是正确的话,那么玛丽的言说"水在那条溪中流"就为真。"那条溪"在这里挑出了通过指示被识别出的溪流。因为"水在那条溪中流"将在语义上等同于"与这附近被称为'水'的、在那条溪中流动的东西具有相同液体关系的物质"这个真句子。后一个句子在孪生地球上言说为真的原因是"这"的指称会发生转移。在那条溪中流动之物的确与在孪生地球上被称为"水"的东西具有是同一种液体的关系。具有 XYZ 分子结构的物质就是在那条溪中流动的东西,且 XYZ 与在孪生地球上被称为"水"的东西就是同一种液体。但是当玛丽访问孪生地球时她说的是英语,因而她的言说"水在那条溪中流"应为假。毕竟,在孪生地球上是没有水的。总之,当语境的位置发生转移时,"这"的指称会发生转移,但是"水"却不会,因此"水"缺乏"这"的索引性。类似的反对意见同样可以施之于"水"意指任何与此物有特定相似关系的东西。当说话者的语境发生转移时,用英语来解释的"水"并没有发生指称的转移。

与 2.1 节中克里普克确定指称的概念相似,普特南(1975)也建议道,当指着一类东西同时说"这种液体是水"时,索引性表达可以在把"水"介绍进我们语言中时发挥一定作用。在这里我们必须谨慎。将"水"较之于"我",后者被普特南(1975:165)称为"绝对索引词"。就像指示词一样,"我"有一个语言学意义,后者决定了在给定语境下对"我"的言说所指就是该语境的说话者,但在不同语境下对"我"的言说挑出不同个体取决于谁是相关说话者。另一方面,"水"没有独立于语境、可决定指称的意义。在玛丽和孪生玛丽之间,"水"的个例所共同具有的唯一一种意义将是与之相联的程式化描述,但在普特南看来,后者并不承担决定指称的任务。

伯奇(1982)承认,索引性表达可以扮演确定自然类词项指称的角色,但这样做时可以不同时扮演给予该词项意义的角色。可以设想,通过规定词项"水"指称任何与这被称为"水"的东西具有相同液体关系的物质,从而确定了"水"的指称。如果一个人是在地球上,那么"水"是通过作为 H_2O 的一个严格指示词而被引入英语的。但"水"并不因而就和"与这附近被称为'水'的东西具有相同液体关系的物质"或任何这类别的部分索引性限定摹状词是同义的。因此,"水"的意义甚至不是部分地由索引性表达"这"来给出的。此外,"水"的严格性并不取决于"这"的严格性。[34]例如,可以设想通过规定"水"指称水状之物来确定"水"的指称。[35]这时"水"是一个严格指示词,但展开这个非严格限定摹状词"水状之物"也得不出任何索引性表达。这里的教训是,不要把索引性和严格性混为一谈:很多类型的表达是严格而非索引性的。

上述这些对孪生地球论证会有什么样的影响呢? 严格说来,该论证显示了下面两个论断是不一致的:(i)思考者的内在特征决定意义,和(ii)意义决定指称。要么否定(i)要么否定(ii),要么两者都否定,才能恢复其一致性。就像我们所看到,普特南建议(i)应被否定。如果"水"是像"我"那样是个索引性表达的话,那么在普特南看来(ii)也应该被去掉。正如玛丽和孪生玛丽把相同的、独立于语境的语言学意义与"我"相联,致使玛丽的"我"的个例指称玛丽、而孪生玛丽的"我"的个例指称孪生玛丽;她们都把相同的、独立于语境的语言学意义与"水"相联,这进而决定了玛丽指的是 H_2O 而孪生玛丽指的是 XYZ。鉴于普特南(1975)细化地解释(ⅱ)的方式,指称的差异就应蕴涵意义的差异。普特南接受"水"的意义随其指称变化而转移的观点。只有程式是恒常的,但要重申一下,在普特南看来,意义层面没有任何语义输入。[36] 然而,描述主义者也许会坚持"水"的独立于语境的意义是由"我们亲知的水状之物"来刻画的。其论进而就会认为,"水"的意义决定其指称——虽是以较普特南的要求更粗化的方式,且该意义是受内在因素决定的,因为有能力的说话者将这个因果限制摹状词与"水"相联作为其约定意义。确实,描述主义者会执于指出,对于孪生地球而言,这正确的得到了"水"的指称。

如果鉴于以上所述,刘易斯、杰克逊和查尔默斯都误随普特南认为自然类词项具有索引性成分,那么就值得探究下其他语义策略。更进一步,如果自然类词项的描述主义是可行的仅当索引性成分可被纳入此类词项的语义学中,那么这观点看上去就缺乏吸引力。指称主义会好一些吗?在 2.1 节中对该观点进行勾勒时,我们是以专名为例的。然而,如何将专名的指称主义扩展至关于自然类词项的观点,还不是那么显而易见。例如,密尔(1963/1843)宣称,虽然所有名字都指示(denote)对象,仅有通名、包括自然类词项还意谓(connote)对象的属性。他的意思是,对象必须具有特定属性以便其能被这类词项所指示,而这些属性就构成了它们的意义。日常专名指示对象但却没有内涵(connotation)。它们的意义就是其所指。但是自然类词项意谓属性,且指示所有具有那些属性的对象。谓词指示对象的属性但却没有内涵。显然,指称主义者在自然类词项上不会与密尔意见相合。在他看来,密尔错误地宣称自然类词项意谓意义构成属性(meaning‒constituting properties)。正如专名的命题内容是其指称的个体,指称主义者也将自然类词项的命题内容视为其所指。问题在于自然类词项指称的是什么。密尔的论断是,它们指称(或指示)例示了意义构成属性的所有对象,这似乎也是不正确的。因为这相当于说自然类词项指称构成了那些词项外延的对象,即该自然类的所有现实例示(或成员)。问题是,自然类词项是严格指示词,但它们的外延随可能世界的变化而变化。例如,如我们在4.1节中所见,"水"的外延在干涸地球上是空的,且我们能设想该外延在里面为空的整个可能世界。也有这样的可能世界,其中自然类水的成员与现实世界中的在数目上有差异。一种调和自然类词项的严格性和其具有空的或不同外延可能性的方式是:让它们指称属性而非具有那些属性的对象,或者指称自然类本身而非其具体例示。因此,不要说"水"指称自然类水的所有例示,而要说这个自然类词项指称作为水的属性或者自然类本身。在这种观点看来,自然类词项是单指词项而不是复指词项。重要的是,让"水"作为一个单称(而非复称)自然类词项的话,严格性就保住了。因为既非作为水的属性的存在也非自然类水的存在随可能世界的变化而变化。该属性或自然类可被视为"水"所严格指称的抽象实体。在可能世界间会发生变化的是:(如果有的话)哪些对象例示了该属性,或(如果有的话)哪些对象是该种类的例示。这些对象都是非严格地被自然类谓词所挑出,例如,"是水"应用于所有且仅为自然类水的例示。在"水"、"柠檬"、"老虎"等例子中,这些属性或种类完全是自然的。这种指称主义者的观点并不承诺如下论断:即"我叔叔最喜欢的动物"或"维生素"指称的是人为划分的自然类或析取属性。

如果指称主义者让自然类词项指称属性或自然类这类抽象实体,那么他将宣称这些词项的命题内容被这些属性或自然类所穷尽。这意味着,自然类出现于其中的句子表达了这样的命题——被这些词项挑出的属性或自然类是其构成部分。[37]这个版本的指称主义的支持者也可以对另一类指称主义者提出反对意见,后者让自然类词项指称其外延中的对象。当两个不同的自然类词项有着相同的现实外延,但却显然是在表达不同的命题内容时,问题就出现了。例如,"有肾脏的动物"和"有心脏的动物"应该是共外延的,但是这些词项显然是表达了不同的命题内容。毕竟,某些有肾脏的动物可能不是有心脏的动物,而某些有心脏的动物可能不是有肾脏的动物。如果转而"有肾脏的动物"的命题内容是由作为有肾脏的动物的属性所给出而后者是该词项严格指称的,且"有心脏的动物"的命题内容是由作为有心脏的动物的属性给出而后者是该词项严格指称的,那么这些词项的命题内容将因对应属性的不同而不同。[38]

4.5 内容属性的形而上学

语义外在论就其是关于表达之命题内容的特性这一点来看,可以被视为一个语义学的论题。但是它也可以被看作一个形而上学的论题:它说的是诸如信念这样的表征状态,其个体化依赖于外在物理、历史或社会语言的环境。这就是说,这些状态的同一性条件涉及处于其中个体体肤之外的特征。但这个观点从形而上学的视角看,起初可能会有些令人疑惑。疑惑在于,在属于不同本体论范畴的实体之间何以可能有这样的个体化依赖关系。我们不是从休谟那里学到了在不同的存在之间没有必然联结吗?其著名的例子,当一个滚动着的台球撞击到另一个时,没有什么可以决定另一个球必须移动。我们在这里必须仔细对待。休谟(2000/1839 – 1840:Bk 1,pt 3,§6)所说的是:

> 如果我们考察一下这些对象自身的话,没有对象会暗含其他任何对象的存在。

结尾处的限定条件很关键。其间据称没有必然联结的两个存在一定是被内在地个体化的。[39]让我们来详细阐述 3.1 节中的例子。假设我的胳膊被晒伤了。那是偶然的,因为我也可以在我的办公室里度过整个夏天。但是如果我的胳膊被晒伤了,必定是太阳导致了我胳膊上的这种情况。除非是由太阳所导致,否则根本无所谓晒斑。要是我是去使用日光浴床而不是去海滩,我可能也会获得内在相同的褐斑,但那不会是一块晒斑。与晒斑不同,褐斑并非由任何特定原因所识别出——暴露在任何紫外线的照射下就可以了。[40]如果我们在对我皮肤状况的说明中多加注意,就不会违背休谟的格言。在休谟的意义上褐斑和太阳是不同的存在,但它们之间没有必然联结。在晒斑和太阳之间存在必然联系,但它们在休谟的意义上却非不同的存在。在玛丽相信水是湿的这个状态的例子中,情形也是类似的。根据语义外在论,在信念状态和其环境中水的存在之间存在必然联结。但是这些在休谟的意义上都不是相异的存在,因为前者是通过后者而外在地个体化的。转而再来考察玛丽的水状之物是湿的这个信念。假定该信念状态是通过玛丽的内在特征而个体化的,在休谟的意义上它将被算作相异于水。但是在水和该状态之间没有必然联结。水的出现足以导致玛丽处于该状态,但是要是她位于孪生地球,孪生水的出现亦能如此。因此,一个宽信念的概念在形而上学上似乎是没有问题的。确实,许多哲学家认为带有表征内容的任何状态都显然必须是外在的。比如斯托内克(1989:288):

> 语义属性以及总的意向属性是不是关系属性(relational properties)还不甚明显,后者是通过说话者或能动者与他的言说或思考之物间的关系来定义的属性。而且以下也是不甚明显的:在除了简化的所有例子中,该关系依赖的不只是其中一个相关事物的内在属性。这似乎并不仅仅是某种全新而充满

争议的指称理论的一个后果,而是应从任何这样的对表征的考察中得出:坚持我们的谈论和思考不仅能关涉我们的内在状态,也能关涉我们自身之外的事物和属性。

要记住 1.2 节中弗雷格关于意义和指称的区分。使用词项去指称外在对象的属性是外在的,因为除非那个属性存在,否则人们不能例示该属性。并不意外,实际指称到外间世界的居民是件外在的事情。但随后似乎就自然地得出了意义的外在性,因为把握或表达意义的属性不能是内在的。如果指称是外在的而意义又决定指称,那么意义当然也应该是外在的。对象的外在属性不是完全由该对象的内在属性决定的。例如,我比我妹妹高并非仅由我的身高决定。

因此,对于语义内在论者的关键问题是:是否此类意向属性可以是内在的,而同时意义决定指称在某种意义上仍然成立。在这一关头,语义内在论者总是强调内在性可以有两种极其不同的理解方式,只有其中一种适于定义窄内容信念。来看以下三种属性:[41]

(i)作为正方形的属性是随附于内在结构的。必然地,一个对象是正方形的当且仅当其表面是由四条等长的直线和直角所构成。这样,如果一个对象是正方形的,那么必然地,任何其内在副本也将是正方形的。任何关系属性的改变都不能使以下命题为真:一个正方形对象的化身不是正方形的。此外,要使一个对象是正方形的,就是要使其具有一系列特定内在的、几何学属性;而要理解是什么使得一个对象是正方形的,就是要知道它具有那些属性。

(ii)可溶于水的属性也是随附于内在结构的。必然地,一个对象是可溶于水的当且仅当在正常条件下如果将其浸入水中就会溶解。该对象的某种内在的物理状态是此行为的原因,以致任何其内在副本正常条件下也是自身可溶于水的。因此，要使一个对象可溶于水，不只是要在如下意义上处于一个特定的内在状态中：即如果你所知的一切都局限于该内在状态，你就不会知道它是否是可溶于水的。你必须知道一些关于处于该状态和在放入水中时以特定方式运动之间的因果联结。

（iii）作为一个脚印的属性就不能随附于内在结构。必然地，某物是一个脚印当且仅当它具有一个脚状的印迹，且是由一只脚造成的。脚印的内在副本如果不是由脚造成，其自身就不是脚印——而是由波浪碰巧落在沙滩上形成的，或者是用枝条画出的。在后面的情形中，你至多能够成功地画出一个脚印的图形而与这个脚印无法分辨。再一次，如果你所知道的一切都局限于一个特定印迹的内在属性，你就不会知道它是否一个脚印。你应该知道一些关于成为一个脚印和由脚的压力所导致之间的因果联结。

现在，让我们来比较下这三种属性。我们可以说，成为正方形是在世界间为窄的（inter – world narrow），其中 x 的一个属性 P 在世界间为窄，当且仅当在每一个可能世界中 x 的任何化身都具有 P。然而，可溶于水，不是在世界间为窄。一个对象可能内在地相似于一可溶物，然而如果某种异常环境的条件出现了，当浸入水中时也不会溶解。设想一个有着异常自然律的可能世界，其中一个可溶物的化身放入水中并不溶解。然而，可溶于水的属性是在世界内为窄的（intra – world narrow），其中 x 的一个属性 P 在世界内为窄当且仅当在每一个 x 具有 P 的世界中 x 的任何化身都具有 P。在一个可能世界内，内在的副本都是溶解性的副本，因此要找到一个内在相似于可溶对象的不可溶对象，你必须去到一个不同的可能世界。在世界内为窄的属性仅由那些法则学等同的可能世界间的化身所共有，这些世界是由相同的自然律所支配的世界。最后，作为一个脚印甚至不是在世界内为窄的,因为存在这样的可能世界,其中一个脚印的化身不成其为脚印。波浪形成看似脚印的印迹不大可能,然而却是与自然律相一致的。但要注意,并非由脚的压力所导致的一切都是脚印。使一个沙滩上的印迹成为脚印的不只是其成因,也是其像脚的形状,即在印迹内特定内在的对沙粒的分布。这可从作为一个脚印的宽属性中,我们可以提取出成为一个脚状印迹的窄属性。这类属性是在世界内为窄的:脚状印迹 x 在一个可能世界中的化身其自身是脚状印迹仅当 x 也是该世界的脚状印迹。脚印在这里的同一性有其特定的原因,脚状印迹是独立于任何这些类型的(脚或波浪)。如果你我的脚在沙滩上造成内在不可分辨的印迹,那么我们是造成了不同的脚印,却同时也是相同的脚状印迹。然而,作为一个脚状印迹的属性仍取决于外在于沙滩的普遍事实。在一个脚有异常形状的可能世界中,沙滩上的印迹甚至不是一个脚状印迹。这就是我们为什么需要 x 作为被谈及的世界中的脚状印迹这个条件的原因。为了从作为一个脚印的属性中形成窄属性,我们必须对印迹加以限定,使其只包括脚在正常条件下造成的形状。

现在要区分的是一个态度的内容和具有一个带有该内容的态度的属性。显然,前者并不是以成为正方形那样的方式而作为一个内在属性的。[42]内容的表征特性告诉我们,内容是由其真值条件而个体化的,而且真值条件主要决定了要使该内容为真外间世界必须是什么样的。但如果内容不是内在的,那么二者都不是有带有该内容的态度的属性——假定该命题态度部分地由其内容而个体化。如果一个心灵属性是像作为正方形那样的属性,那么它将有可能通过个体的内在属性而得到解释。知道所有那些内在属性的人也就会知道这些心灵属性。但只有通过援引与环境的互动,心灵属性才能得到理解。一只爬行的蚂蚁在沙滩上留下了一幅可识别的丘吉尔的漫画像,但这却不是对丘吉尔的描绘,因为蚂蚁和丘吉尔之间没有因果联结。正如普特南(1981:5)的表述,“思想语言和心灵图画并不内在地表征它们所关涉之物"。

　　因此,语义内在论者不应将窄内容仿照像作为正方形那样的内在属性。与作为正方形不同,窄内容并非整个都是内在结构的函项——它也取决于关于外间世界的普遍事实。在有着异常自然律和怪异语言实践的可能世界中,我们的化身不能享有我们的窄信念。窄内容并非是独立于一切与环境的因果互动的,就像正方形性(suquareness)那样,但仅独立于哪些互动是现实和哪些是可能的。窄内容就如同水溶性,因为被化身所共享的内在属性支配了现实与可能环境的互动。方糖实际上没有溶解,或方糖跨越了同一可能世界中的不同环境,但并不由此失去它们的可溶性。这样的环境差异仅造成了其水溶性的表现上的差异。重要的是,在每一个这样的环境中,如果它们被置于水中就会溶解。同样地,这些词项的宽内容决定了它们实际上所挑出之物,例如,"水"指称 H_2O,但它们的窄内容决定了如果环境是如此这般它们所挑出之物,例如,如果 H_2O 是水状之物,那么"水"指称 H_2O。相应地,水是湿的这个宽信念有一种特定的世界依赖性。要是玛丽是在孪生地球上,那么具有带该内容的信念的属性就是她不可能拥有的。就像成为一个脚印的属性那样,这个属性甚至不是在世界内为窄的。相较之下,以"水"为名之物是湿的这个窄信念只有一种普遍的世界依赖性,后者多少是与作为可溶于水的或作为一个脚印的方式相同。这个信念可由孪生玛丽所共享,但是并非被任何跨世界的化身所享有。我们可以设想在一个遥远的可能世界中的玛丽化身,如果在该世界的语言实践是非常不同的话,她不能享有玛丽的窄信念。具有带该内容的信念的属性由此是在世界内为窄的。简言之,窄内容和宽内容信念都与世界相挂钩,尽管是以极其不同的方式。[43]

小　结

　　在这一章里我们详细阐述了宽窄内容区分的各个方面。孪生地球论证和关节炎论证旨在显示语义学和心灵内容的个体化依赖于有关个体外在环境的物理或社会语言事实。但是这些论证突显了在一个这些事实缺失的环境下个体能否获得此种内容。波戈斯扬让我们设想一个干涸地球——一个宛如地球的行星,除了当其居民使用"水"时他们不能系统地指称任何东西。尽管表面如此,但没有任何东西具有水状属性。波戈斯扬的干涸地球论证旨在表明语义外在论者都承诺了如下论断:即干涸地球人使用了"水"却不表达任何概念,因此我们地球人所表达的概念水其存在取决于我们环境中水的例示的存在。该状态是种类依赖的。作为回应,一些语义外在论者宣称干涸地球人可以转而求助某些适合的描述性和种类独立的概念。随后我们深入探究了这样的观点:"水"是"我们亲知的水状之物"的简称。当玛丽和她在孪生地球上的内在副本说出含有"水"的句子时,其真值条件会有不同,但这仅是出于诸如说话者位置这样的语境差异。如果她们的信念内容是有真值条件的,那么它将因此未能随附于她们的内在特征,但这不是由于依赖于她们物理环境的外在因素。刘易斯和杰克逊反而力主应有这样一种重要意义,以此来看玛丽和孪生玛丽行为相似。这可通过对相同属性的自我归属加以阐释,例如,亲知一种水状之物是湿的。这暗示了我们可以明确指出心灵内容的两个不同层面:产生涉及指称的真值条件的宽成分和在对行为的因果解释中扮演认知角色的窄成分。我们检查了两种来自麦金和查尔默斯的此类混合观点。他俩的关键区别是,只有查尔默斯将决定指称的角色指派给窄成分。在将可能世界设想为反事实的和将可能世界设想为现实的之间作出区分,在其观点中至为重要。在他看来,词项的宽的虚拟内涵是从被设想为反事实的可能世界到那些世界中的所指的函项,但指称项的窄的认识内涵是从被设想为现实的可能世界到那些世界中的所指的函项。然后我们批判地检查了普特南和查尔默斯关于自然类概念有索引性成分的论断。其后,伯奇令人信服地论证了我们"水"的个例不应被吸纳进索引性表达。我们转而又探讨了一种关于自然类词项的指称主义语义学。最后一节仔细考察了内容属性的形而上学。其建议是,尽管窄属性随附于内在属性,但它本身不是内在的。具有一个带窄内容的信念应该仿照倾向性属性。水溶性随附于内在属性,但它不是内在属性。一个对象可溶于水仅当将其浸入水中它就会溶解。同样地,窄内容并非独立于与环境的任何因果互动,但只是独立于哪些互动是现实的和哪些是可能的。窄内容就如同可溶于水的属性,因为被化身们所共享的内在属性支配了与现实和可能环境的互动。

拓展阅读

Gareth Evans 的(1982)*The Varieties of Reference*,其第 1 章和 John McDowell 的(1998)*Meaning*,*Knowledge and Reality* 第二部分中的文章是关于弗雷格式的对象依赖概念思想的经典文献。Nathan Salmon 的(1986)*Frege's Puzzle* 和 David Kaplan 的(1989)*Demonstratives* 是关于对象依赖单称命题概念的经典文献。关于索引性表达语义学的一篇综览性文章参见由 Michael Devitt 和 Rechard Hanley 编著的 *The Blackwell Guide to the Philosophy of Language* 第 17 章。一部要求更高、但仍高度推荐的讨论自我中心思想和相对化命题的著作是 François Recanati 的(2007)*Perspectival Thoughts*。第 12 – 15 章对 Lewis 和 Kaplan 的观点作出了出色的比较研究。Recanati 的(2007)及其(1993)*Direct Reference*:*From Language to Thought* 的第 11 – 12 章是对各种内容双要素理论的批判性剖析。最近,二维语义学在哲学文献中获得了很大关注。Manuel Garcia – Carpintero 和 Josep Macia 的(2006)*Two Dimensianal Semantics* 收入了关于这种精密构架各个方面的优秀文章。Martin Davies 和 Lloyd Humberstone 的(1980)"Two Notions of Necessity"是这方面的经典文章。关于宽

窄内容的两个出色的批判性讨论参见 Frances Egan 的(2009)"Wide Content"和 Gabriel Segal 的(2009)"Narrow Content"。David Braun 的(2006)"Names and Natrual Kind Terms"和 Kathrin Koslicki 的(2008)"Natural Kinds and Natrual Kind Terms"是关于自然类词项较易理解的综览性文章。对如何最好地理解带内容心灵属性的形而上学所做出了有影响力贡献的是 Robert Stalnaker、Tyler Burge、Frank Jackson 和 Philip Pettit。Stalnaker 关于该主题的文章收录在他的(1999)*Context and Content* 的第三部分。Jackson 的文章包括"Mental Causation"(1996)。Jackson 和 Pettit 合著了(1988)"Functionalism and Broad Content"。Elisabeth Prior、Robert Pargetter 和 Frank Jackson 合著的"Three Theses about Dispositions"是关于倾向的影响深远的文章。在伯奇的(2010)*Origins of Objectivity* 的第 3 章含有对宽属性形而上学的出色阐明。

5

自我知识

5.1　自我知识介绍

在 4.5 节中我们检查了语义内在论和语义外在论的本体论意蕴。就这些观点都是关于表达的命题内容而言，它们可以被看作语义学的教条。争议在于，内容的本性以及是什么使得那些表达具有该内容的。但由于这些观点各自都对心灵状态是如何个体化的有所言说，也可将它们合理地视为形而上学的教条。那么争议就在于，这些状态的同一性条件是否包括外在环境层面。在接下来的两章中，我们将关注语义外在论的认识论意蕴，特别是该观点与关于我们自身心灵和外间世界知识的契合方式。本章将对自我知识和语义外在论间所谓的不相容性作出评估。随后我们将在第 6 章处理认识论的怀疑论问题。当置于语义外在论的背景下时，关于外间世界的怀疑论与关于我们心灵状态及其内容的内在世界的怀疑论，其密切关系就将清楚地为人所知。

自我知识是我们每个人都享有的关于我们自身心灵状态的知识，与之相对的是我们意在具有的关于外间世界的知识。这个论题也被冠以"特许进入"（privileged access）之名，我们会交替使用这两个名称。但自我知识并不仅仅是被其内容所标识出,据称它也有一定数目的特殊认识特征。尤其是,许多人将其视为这样的论题,即一个有能力的思考者可以具有关于其心灵状态的先天知识:他处于哪些状态之中和它们的内容是什么。先天知识是这样一种知识,其辩护独立于知觉经验,或更宽泛地说,独立于对外在环境的经验探究。[1] 历史上,权威性、保密性、直接性甚至不可错性也被纳入自我知识的标准。因此,就如何最好地刻画自我知识的认识论,经验主义和理性主义哲学家们分歧甚大。笛卡尔的著名论断是,尽管在其身体和外间世界的存在上他可以被恶魔所欺骗,但他不可能在其自身的存在上被欺骗。因为如要质疑某人的存在需要该人思考他的存在,而存在在笛卡尔看来就是作为一个在思想的东西。因此,对于笛卡尔,在思考他存在着这件事上不可能出错。当然,至少就在此刻,有人也许并没处于思考中。该论断仅认为,如果有人处于怀疑性的质疑中,那他就是正在思考,因而他就必须作为一个思想物而存在。简言之,cogito ergo sum – 我思故我在。这种笛卡尔式的推理总被认为显示了人们对于其当下的思想具有不可怀疑甚或不可错的知识,而且此类知识提供了一个基础,其他所有经验知识可以奠基于其上。伯奇(1996)和其他当代理性主义者不同意笛卡尔关于自我知识的大多数看法。但是,正如我们将在 5.2 节中看到,伯奇确实认为不仅关于特定思想的判断是自我证实的(self – verifying),而且相对于源自知觉经验的关于外间世界的知觉知识,某些关于我们自身心灵的知识其起源在种类上就是概念的。然而,阿姆斯特朗(1963)和其他当代经验主义者,试图将内省性知识吸纳进关于实体外在特征的知觉知识。尽管内省指示一个可观察的内感觉(inner sense),即对人们内在世界的注视,知觉指示一个可观察的外感觉(outer sense),即对外间世界的关注。根据这个内感觉模型,自我知识完全基于对内在事件的观察。想象、记忆和推理也许能在此类知识中发挥作用,但也仅限于人对被感觉到的状态(或过程或事件)的想象、记忆和推理。例如,当你处于疼痛中你可以通过关注于你的感觉而知道你在疼痛中,然后形成一个关于其现象特征的概念,即处于那个现象状态中是什么样的概念。此外,内省和知觉都不是不可怀疑知识的来源。阿姆斯特朗(1963)论述道,由于对一个心灵状态的把握必须相应于它自身,因此我们关于自身心灵状态的知识并不是不可纠正的。实际上,由于他接受了身心同一论,根据其论,心灵状态等同于脑状态,他人比如神经外科医生具有关于我们自身心灵状态的知识在逻辑上是可能的,该知识是不经由对我们言行观察的中介的。仍然,就目前的实际情况看,任何人都没有此类直接知识。自我知识不是经验上可被他人纠正的。因此我们每个人事实上都具有对我们自身心灵状态的特许进入。[2]

最近,有人认为,内省牵涉向外观看我们的表征状态所表征之物。当你内省针刺的疼痛时,你直接知觉到的属性是你被针扎的手指的属性而非你疼痛体验的属性。或以命题态度为例。以下是埃文斯(1982:225)对命题状态透明性(the transparency of belief states)的辩护,他认为内省涉及透过这些状态看到它们所表征的外间世界:

> 在对信念做自我归属时,可以说,一个人的眼睛,或偶尔字面上是,直接向外——朝向世界。如果某人问我"你认为会有第三次世界大战吗?",为了回答他,我必须要与我回答"会有第三次世界大战吗?"这个问题时一样关注于完全相同的外向现象(outward phenomena)。

这个例子突现了在某些情形中,我们关注外间世界的层面,是为了弄清楚关于实体的这些层面我们相信的是什么。但也会有其他情形,其中我们固执地坚持着一个信念,鉴于其相矛盾的证据而言。想想迷信的信念。也有可能这种向外观看的方法并不揭示已存在的信念状态,而是当证据显示处于某种方式时去创造新的类似状态。这在诸如金属受热膨胀这样长期存在的信念中最为可能。"你认为会有第三次世界大战吗?"这个询问确实要求要为以下问题给出理由:为什么你以某种方式相信你会回答,"不,我不认为是这样,因为大多数国家都签署了核不扩散条约"。为了给出所要求的理由,你将不得不关注相关的外向现象,比如说,通过观看 BBC 新闻。但即使这种自我知识透明性模型的支持者们也认为,在我们知道自身心灵状态的方式与我们知道他人心灵状态方式之间有着重大差别。[3]

任何关于我们知道自身心灵的方式何以相异于我们知道他人心灵的方式的考察注定是有争议的。如果仍关注前所提及的——理性主义者和经验主义者——所试图解释自身知识的观点,但愿我们能以一种相当理论中立的方式详细阐述其中差异。所有这些观点都接受关于我们自身内在事件的知识是以一种特殊的第一人称的方式达到的,而关于他人心灵生活的知识则受限于支配普遍知识的无论何种认识标准。我们对探知自身心灵状态感到可靠的方式,对探知他人心灵状态却不再可靠了。这种认识保密性导致了日常心理学话语中第一人称和第三人称言说间的不对称性。前者是由声称(avowals)来刻画的,它是关于我们自身意向或知觉状态的论断或表达。人们可以区分像"我头疼"这样的现象声称,和像"我希望天气保持干燥"这样的态度声称。两种都有以下三种特征性标记:[4]

可认为它们是命令式的(authoritative)。如果安娜理解了她处于 M 中这个论断,其中 M 是某个当下心灵状态,而安娜是真诚地作出了这个关于她自己的论断,那么就有强有力的表面证据表明安娜没有弄错她正处于 M 中。如果安娜的论断的确是关于现象种类的,那么就罕有能力、真诚和注意力齐备而未能保证其自我归属为真的情形。安娜也许会弄错究竟是哪根针导致了疼痛,但她几乎不能把她手指疼痛一事搞错——除非在作出该判断时她在相关概念上出错了,或者她不诚实,或者她未能合适地关注其手指。[5] 对于态度声称就不是这样的了。有这样的二阶信念,即当我们解释我们的一阶态度时,在这类情形中我们可能会搞错自身的意向生活。想想自我欺骗的情形。托马斯也许会错误地相信他没有被压抑的欲望,因为这些不是可直接内省的。弗洛伊德的著作中这类情形俯仰皆是。但也有涉及非自欺的基本态度的例子。即当下信念——被个体当下考虑的信念——而非倾向性信念——储存在记忆中有待提取用于实践或理论推理的信念。如果安娜真诚、关注而理解地说出"我相信壶中之水可以解渴",然后她向第三者——托马斯提供了认为她现在相信壶中之水可以解渴的理由。当然,安娜声称的真理可以对其之后的言语或身体行为作出解释:如果她口渴了,有一壶水却拒而不喝时,那么只要托马斯对她的声称没有作表面理解的话,就能很好地把握安娜的整个心理。也许某些类似的事情可随特定现象声称而发生。也许安娜随即发现,在特定场合下她会将刺痒(itch)误认为瘙痒(tickle),而并非出于不真诚、不专注或概念不当。关键之点在于,仅是声称的可挫败性(defeasibility),并没为支持其真实性的前提实际上被挫败了这一想法提供任何理由。甚至如果第一和第三人称归属都是可错的,那么就只有声称还被认为是具有权威性的。仅有托马斯是真诚、专注和掌握了概念这一事实,并不能对他将一心灵状态归属给安娜为真提供任何理由。因为托马斯有理由相信安娜是真诚而专注的,而且理解她的声称就是有理由相信安娜的声称,但托马斯的能力、关注和真诚并不是相信他相应的第三人称论断的理由。

第二个特征涉及声称的非推论(non‐referential)本性。一个有能力的说话者安娜能有理由地断定她处于某种基本的心灵状态 M 中,而不被要求举证支持其断言。不像第三人称归属,通常安娜也会被不当地要求给出支持其处于 F 中这一论断的证据。假设安娜在托马斯面前真诚、关注而恰当地声称"我咽喉疼",然后托马斯再报告给第三者马丁"安娜咽喉疼"。再假设马丁答道"你怎么知道"。直觉上,这个问题是适宜的仅当这是传达给托马斯的。安娜通过内省直接可知事情对于她目前是什么样的,而且这就是为什么对于她而言没有必要证实其对基本心灵状态的自我归属。安娜并没有从她的言语或身体行为推出她处于 M 中。甚至在此类证据齐备的情形下,她也不会加以咨询。安娜并不是通过观察其扁桃体的肿大和吞咽困难才得知她咽喉痛的。她只需反思地关注其状态 M。托马斯并没有此类直接达至安娜基本心灵状态的通道,而必须以她的言语行为基础,再据之作出关于她处于此类状态的被辩护的推论。

最后的标记是所声称对象的显著性(salience)。一个基本心灵状态 M 对具有它的说话者而言是显著的。如果在正常情况下 M 在安娜身上发生,那么安娜就会知道其发生。在类似情况中,如果 M 没有发生,那就不会在各方面对安娜显得它确实发生了。尽管是可错的,安娜的内省能力绝不会听任那类困扰其知觉能力的知觉幻相的羁绊。其原因是,自我知识的主题不会展现出我们在知觉情形中发现的那类表象—实在区分。[6] 除非她不加注意,或受某种认知失常的困扰,不然以下情形将是非常怪异的:安娜处于像头痛或想吃巧克力这样的基本状态,而她却没有觉知其出现,且总想表达她正处于此状态的想法。在正常情况下,难以看出安娜不知道她对此类基本状态自我归属的真值究竟在于什么。然而,在非基本状态的情形中,比如苏格兰是欧洲最适于居住的国家这个长期信念,说她对其全然知晓是少有说服力的。对于托马斯而言,他知道安娜近期行为的所有相关事实却不知其基本心理特征是有可能的。安娜的信念和欲望对于除她自己外的任何人都是不显著的。

若将关于细节的异议置于一旁,权威性、非推导性和显著性都是非常普遍的。但某些哲学家采纳了一种强得多的自我知识概念。其大意是,安娜先天地知道她的认知态度所朝向的任何两个命题内

容是否异同。达米特(1978:131)的论述如下:[7]

> 这是意义概念的一个不可否认的特征——与该概念一样
> 费解——该意义在如下理解看来是透明的:如果某人将一意义
> 附于两个词中的每一个上,那么他必须知道这些意义是不是相
> 同的。

达米特在这一段落中所要表达的观点是,意义就其逻辑属性为
内省完全可达而言是半透明的(diaphanous)。考虑我们在2.4节中
的如下原则:

> (认识的透明性)(i)如果一个专注且有能力的说话者 S
> 相信 p 且也相信 p∗,而 p 和 p∗ 是相同的心灵内容,那么 S 必
> 须先天地知道它们是相同的内容;和(ii)如果 S 相信 p 且也相
> 信 q,而 p 和 q 是不同的心灵内容,那么 S 必须先天地知道它们
> 是不同的内容。

(i)的一个后果是安娜必须先天地知道她的信念 p 和信念 p∗
是等同的,而(ii)的一个后果是安娜必须先天地知道她的信念 p 和
信念 q 是不同的。要是意义不是在这种理解下是认识透明的,那么
安娜就有可能相信 p 且相信 p∗,然而却承认对其所信是相同的还
是不同的东西一无所知。但由于我们倾向于认为安娜必须先天地
知道她所相信的东西是否异同,如果她是完全专注且对相应概念的
理解充分,那么确实一看上去意义和心灵内容应是认识透明的这点
就是令人信服的。

(认识的透明性)后面的动机是,对安娜而言,具有关于一个当
下信念的先天知识不仅仅是要知道她具有一个特定信念。也要知
道是哪一个信念,而这意味着要知道其内容是什么——该信念是关

于什么的。而那涉及关于具有带该内容的信念是什么样的先天知识,例如该信念是如何推导地联系于其他信念的,具有它何以使安娜倾向于以各种方式行动。有此知识预设了一种在该信念内容和其他相关信念内容之间内省的辨别能力。如果要不是这样,对安娜而言将不可能反思地决定其信念推导的和行为的后果。例如,假设安娜具有内省性的知识——她相信只有真麦酒是有益健康的。那么安娜将由此处于这样的位置,她知道她应该相信某些麦芽酒是有益健康的,而黄啤是不健康的,如果她去考虑这些问题的话。安娜也可以知道如果她想要某种有益健康且含酒精之物,那么在其他情况相同的条件下,她将倾向于喝真麦酒。这预设了一种能力,可以识别某物是真麦酒而非其他某种啤酒。

比较下埃文斯(1982:74-75)所称之为的:

> (罗素原则)为使 S 具有关于一特定对象的思想,S 必须知道 S 的思想所关涉的是哪个对象。

思考一个对象 x 具有属性 F 涉及两类不同能力的运用。首先是思考 x 的能力,它能运用于关于 x 的思想中,即它是 F 或 G。其次是思考作为 F 是什么样的能力,其能运用于关于 x 或 y 的思想中,即或有其一是 F。具有思考一个对象的能力由此就涉及一个关于对象的鉴别概念。有这样的一个例子。如果安娜认为大卫·贝克汉姆是个足球运动员,那么她必须具有两种不同的能力,思考大卫·贝克汉姆的能力,正如在如下思想中的运用:他是名足球运动员,三个孩子的父亲,或维多利亚·亚当斯的丈夫;和思考作为一名足球运动员的能力,正如在这些思想中的运用:贝克汉姆,或者罗纳尔多,或者卡卡是一名足球运动员。

最后要注意的是,不要把被权威性、非推论性和显著性所刻画的自我知识与认识的透明性混为一谈。正如我们即将看到的,显然可以认为内容 p 在弱的意义上是显著的或是透明的,如果 p 发生了,那么安娜相信 p 的发生,而不用在安娜能够识别 p 等同或相异于某个安娜所把握的其他内容 q 这样更强的意义上是透明的。[8]

5.2 获得自我知识的资格

在这一节里我们将详细阐述伯奇关于自我知识的有影响力的方案,主要关注于特定思想的自我证实本性和我们通常达至那些思想的特殊认识途径。正如我们将在本章接下来的各节中所看到,该方案以一种诱人的方式调节了语义外在论和自我知识。

先让我们来澄清一些伯奇作出的关键的认识论区分。首先,伯奇的保证(warrant)概念(1993c,1996,2003b)是一类认识的属(genus),它可分为资格(entitlement)和辩护(justification)。这两类亚种共有某些特定的认识特征。它们都是认识的善与正当,都在对信念的理性支持中发挥着积极作用。它们也都是可以挫败的(2003b:534):一个信念可以其中一种方式得到保证,即便其内容为假。说一个信念得到保证仅仅暗示了它可靠地指示了真理,或援引伯奇(2003b:542)的话,"保证是通往真理与知识的良好途径"。但这两类保证在其重要方面也有不同。资格是认识论上的外在论者。它们是无需被主体理解,甚至无需在概念上达至主体的保证类型。这即是说,S 可以对一个信念有资格而无需可得到的理由以保证该信念,且无需具有用以理解或表述该资格的概念。然而,辩护却是认识论上的内在论者。这即是说,辩护是借助理由(reason)的保证,其对于 S 是概念上可达的,因而需要 S 具有把握那些理由的必要的概念储备。[9]

以知觉为例。伯奇(2003b)宣称知觉经验不是命题式的(propositional),即此类经验有非命题式的内容。例如,孩子、动物以及很多成年人都经历过知觉经验,但却有可能缺乏必要概念以表述这些经验表征了什么。但他也宣称理由是命题式实体。例如,一个论证的前提是命题,而且如果该论证是可靠的,那么它们就构成了相信该结论的一个很好的理由。由这两个论断可以推出知觉经验不能为知觉信念提供理由。正如他最近所说的(2010:435):

> 知觉不是理由。由知觉形成信念不是推理。知觉不会通过作为信念的理由来支持一个信念。

此外,辩护在于理由是就如下意义而言:如果 S 有辩护,那么她就有通达理由的认知途径。因此,知觉经验不能为知觉信念辩护。但即便是知觉信念也(通常)不是基于理由的,它们是在知觉经验使此类信念具有资格的意义上得以保证的。即是说,S 有资格依赖知觉,即便她既不能为她依赖于知觉而辩护,也不能设想出这样一个辩护。孩子、动物以及很多成年人可能缺少去辩护、解释或为此类辩护理性化的能力这一事实并没有将他们被保证的知觉信念剥夺,因为他们反而是有资格获得这些信念的。伯奇(1993c:458 - 459)的论述如下:

> 在其他条件相同的情况下,像可以依赖他人的话一样,我们有资格依赖于知觉、记忆、演绎和归纳推理,等等。天真的人有资格依赖于他们的知觉信念。哲学家可能会将这些资格清楚地表述出来。但具有资格并不要求去为依赖于这些资源而辩护,甚或去设想出一个这样的辩护。在狭义上,辩护涉及人们具有的且可以达至的理由。这可以包括自我充分的前提或者更具推论性的(discursive)辩护。但它们必须是可以在主体的认知储备中获得的。

在这一段落中资格被推及包括了基于知觉以外的认识来源而

形成的信念,比如证言和推理。在稍后的一篇文章中(1996:94)他把自我知识也列入了来源清单,且我们也有资格相信其表达。关于当下思想的信念并不通常是基于理性的。资格会附于此类信念上,但是其方式与可获得知觉信念的资格有重要差别。以下就是原因。

在伯奇看来,自我知识以一种独特的方式在认识论上是特殊的。正如在 3.3 节中的解释,伯奇倡导社会外在论,根据这种理论,思想及其他心灵状态至少是部分地被处于这些状态中的个体与其外在(特别是社会语言的)环境间的关系而个体化的。这对于 S 的一阶思想 p 和 S 的二阶思想——她思考 p,都为真。它们各自的个体化都取决于 S(或其同伴说话者)与其外在环境间的关系。但是 S 对其判断——她思考 p 的保证并不取决于 S 与任何特定外在环境间的经验关系。因为这个保证并不取决于知觉能力的运用,它被算作是先天的。[10]相较之下,S 对其知觉信念的保证取决于她处于与其外在环境间的特定知觉 - 经验关系中,因而被算作是后天的。伯奇(1988:653 - 654)强调了在思考一个涉及宽概念思想的行为中,必须预设她处于特定的环境关系中,后者使得她能够去思考该思想,而无须具有朝向这些关系的任何积极的认识态度。[11]如果 S 要合理地质疑她处于此类关系中,那么她对相信其在思考一个宽内容思想的保证就是能被挫败的。但要是缺乏怀疑的理由,S 就享有先天的资格去依赖对其信念信息的内省传达,只要相关的内容是外在地个体化的。

当 S 判断她思考 p 时,S 所具有的保证来源是概念的而非经验的。伯奇(1996,1998)从我思式(cogito - like)思想的情形开始考察。他(1996:96)给出了这样的判断例子:

(1) 我正在思考存在物理实体。

其中"正在思考"意为具有或处于思想中。要使(1)为真,仅需我具有其内容为存在物理实体的思想。而且由于对(1)的判断涉及对(1)的思考,因此至少当概念上觉知(conceptually aware of)所判断之物时,对(1)的判断就担保了其为真。这个判断由此类似于笛卡尔的我思式思想"我正在思考",因为它们都是自我证实的(self-verifying)。此类判断是不可错的(infallible):我不能错误地判断(1)。关于这些自我证实判断,有三点值得注意:第一,判断(1)是自我证实的这个论断是一个关于真值条件的论断。这不是关于一个人能具有的、对于该判断的先天资格的认识论断言。这即是说,自我证实并未解释这些判断据以获得保证的特殊方式。第二,只有关于一个人自身思想的判断是自我证实的。我对(1)的判断使得(1)为真,但你对(1)的判断相容于(1)为假。第三,关于一个人所相信之物的判断与关于(1)或其他我思式判断的自明或自我证实方式不同。[12]然而,它们在如下关键的认识层面还是彼此相像的:附于关于思想的判断和关于信念的判断的保证是关于先天资格的保证。

　　我们来更加深入地探究自我知识资格的概念本性。其观点认为:S对关于她自身宽内容思想的信念具有先天资格,后者得自于信念在批判性推理(critical reasoning)中所发挥的功能。伯奇将批判性推理的实践视为当然,然后论述了鉴于S的信念是其所从事的批判性推理总程序中的一个组成部分,因此她必须对其信念授予资格。批判性推理的一个例子是对诸如肯定前件式(modus ponens)(p→q,p;因此q)这样的论证的评价。这里的p和q是命题或思想内容。为了评估该论证,我们必须能够识别且评估p→q与p是推出q的理由。这进而需要一种思考这些命题与其间合理关系的能力。例如,S能断定结论q必为真,仅当所有前提为真。但批判性推理也涉及对推理的评估,因而涉及对信念自身而不仅仅是对其命题内容的评估。例如,S对是否可基于可获得的证据而合理相信特定命题的评价,或对是否鉴于其他所信之物而合理相信特定命题的评价。重要的是,S可以基于其推理自身来运用批判性推理,因为那些她应用于其他或抽象论证的恰当推理标准,她也可以施之于其自身的推理和信念。她可以评价对于其坚持的信念来说,鉴于她可获得的证据及其他所信之物,改变主意或坚持立场是否是合理的。假设 S 刚开始相信斯文·克拉默不会滑冰,但是 S 同时也坚定地坚持这样的信念:所有荷兰人都会滑冰而斯文·克拉默是荷兰人。她现在就可批判地评估这是否是一个一致的信念集,尤其她是否应坚持或放弃其最近形成的信念。为此目的,她使用了下列规范性(normative)原则:

> (NP)如果 S 相信 p 且 S 相信如果 p 那么 q,那么或者 S 不应形成非 q 的信念,或者 S 应该要么放弃信念 p 要么放弃信念如果 p 那么 q(或两者尽弃)。

通过应用这条推理或合理性规范(norm of reasoning or rationality),S 将不得不放弃她其中的一个信念。假定 S 决心坚持斯文·克拉默是荷兰人和所有荷兰人都会滑冰这样的信念,那么 S 就不应相信斯文·克拉默不会滑冰。为使 S 接受(NP)的合理指引,S 必须根据她其他所信之物,就其所相信的和其应相信的作出判断。她必须对其信念及其间合理关系进行二阶的思考。如果 S 想恢复信念间的一致性,她只有先要意识到她必须不再坚持至少其中一个信念。如果 S 出于某个奇怪的理由突然放弃了其中一个信念而继续坚持其他信念,那么她将以此符合(NP)的方式行动。但是 S 并不是由于(NP)的指导且鉴于她其他的信念而放弃该信念的。不违背推理或合理性规范与应用该规范并不是一回事。当(NP)事关其自身信念时,S 能应用该规范仅当她对其信念做出了反思性判断。

到目前为止,一切都还进展顺利。我们已确立了批判性推理涉及作出关于信念的判断的反思性能力。接下来的一步就是要论述批判性推理也需要获得对于信念判断的先天资格。伯奇(1996:101

-102)这样论述道:

> ……如果一个人缺乏对其态度判断的资格,那就不会有任
> 何支配人应该如何检查、权衡、推翻和确认理由或推理的推理
> 规范。因为如果人缺乏对其态度判断的资格,他就不能够服从
> 支配人应该如何鉴于对态度的反思而改变态度的合理规范。
> 如果反思没有提供任何被理性认可的态度判断,那么被反思的
> 态度和反思之间的合理联结就会断裂。因此,理由就不能被应
> 用于应该如何改变、悬置或确认态度上,后者是基于依赖此类
> 反思的推理的。但批判性推理仅仅是这样的推理,其中推理规
> 范是应用于态度是何以被影响的方式上的,而后者则部分地基
> 于得自态度判断的推理。因此人们必须具有对其态度判断的
> 资格。

这段话需要作些解释。用我们的例子来说,使 S 致力于批判性
推理就是使合理性规范(NP)应用于她的信念受其推理影响的方
式,而后者是基于她关于其信念的反思性判断之上的。伯奇的要点
是,除非 S 具有对其信念判断的先天资格,否则就这些规范是支配
她的信念受得自这些判断的推理影响的方式而言,她不能服从任何
此类规范。假设 S 对她相信斯文·克拉默是荷兰人和所有荷兰人
都会滑冰这样的反思性判断缺乏先天资格,实际上假设这些判断是
完全不合理的。在此情形中,鉴于她的推理是由关于其他两个信念
的判断作出的,不能得出 S 应该放弃斯文·克拉默不会滑冰这个信
念——否则就会有非理性之嫌。说 S 应该放弃一个信念,就是说她
有不坚持该信念的理由。但如果 S 没有对其反思性信念判断的先
天资格,或者如果这些判断完全是不合理的,那么就没有理由支持
她在得自这些判断的推理基础上放弃一个特定信念。如果缺乏此
类资格,S 关于其信念及其合理联结方式的反思绝不会有助于整个

推理过程的合理性。但 S 通常具有此类理由。因为 S 致力于批判性推理的实践,当将之应用于自身的推理时,具有此类理由是批判性推理的重要部分。在我们的例子中,鉴于 S 从其他信念中进行推理的方式是受(NR)支配的,她具有放弃一个特定信念的理由。这是可能的仅当 S 对她确实持有这些信念的反思性判断具有先天资格。

至此,我们已经陈述了这个支持如下论断的论证:就 S 从事于批判性推理而言,她具有对其自身信念反思性判断的先天资格。再重复一下,资格是一种不同于辩护的保证类型。如果 S 对一个真信念具有不可挫败的保证,那么她通常会知道她所相信之物。但由于资格是可挫败的,被授权的信念也可能会流于无知。然而,伯奇(1996:102 - 103)论证的最后一步就是要显示出 S 关于其自身信念通常具有一种类型独特的知识。此论认为,尽管关于信念的反思性判断偶尔出错,只要资格被附于此类判断,一般而言它们就不会如此。正如我们所看到,批判性推理涉及对信念的反思,以及对它们是否以合理的方式相联系的评估。在我们的例子中,此类反思导致了 S 对一个特定信念的放弃,由此确保了信念集的合理和融贯。但如果信念判断所基于的反思并非如常为真,那么此类反思就不能增进信念的合理融贯性。如果 S 对其自身的信念判断被系统地误解,那么对她如何看待其信念的反思就不会对她放弃或持有特定信念是否合理产生影响。因此,此类反思不能增进批判地评估其信念过程的合理性。但是鉴于 S 的确从事于批判性推理,我们必须接受她关于其信念的判断大部分是真的。并且依随伯奇(1996:102 - 103),这意味着 S 的反思以一种通常能获致知识的方式与其判断的真理相联。一个系统地误解其自身信念的存在,或者虽是正确的但却以一种意外的方式排斥了知识的人,都显然不是一个批判的推理者。

让我们最后来琢磨一下自我知识相异于知觉知识的关键方面。

知觉信念可能会遭受所谓的原初错误(brute errors)(1996:103),
"一种并非指示着发生错误之个体的理性失败或机能故障的错误"。
假设 S 基于具有一个关于一匹斑马的视觉经验,形成了有一匹斑马
在围栏中这个信念。不为 S 所知的是,围栏中的动物是一头被巧妙
伪装过的骡子。不应将 S 的错误信念归咎于她的认知和知觉器官,
倒是应该归咎于动物园的管理部门。关于她的某些心灵状态她也
会犯原初错误,例如深层性格特征或被压抑情感的无意识状态。但
在一系列涉及反思可达状态的情形中,错误必须被归结为认知障
碍、理性缺陷或关于 S 的其他毛病。正如我们所看到的,对信念状
态的反思可达是批判性推理的构成部分。现以经验主义者为例,在
5.1 节中我们已经勾勒了自我知识的内感觉模型。该模型的一个
版本认为,尽管关于他人心灵状态的知识是基于从其言行的推论,
但自我知识在仅基于对内在事件的观察的意义上是非推论性的。
一个人对于其自身心灵状态的唯一特权或权威就是他是最切近的
观察者。重要的是,正如知觉知识依靠偶然的、在 S 和其外在环境
间的因果关系,自我知识依靠的是 S 和其内在事件间的这种类似关
系。因为这些关系有可能并不是出于 S 的知觉或认知器官的过失
而未能获得此类关系,所以原初错误在这两种情形下皆有可能。可
以推知,如果自我知识的内感觉模型是全面正确的,那么即使在反
思可达状态的情形中原初错误也是有可能出现的。而伯奇论证的
结论(1996:105 - 10)是,由于在此类情形中原初错误的可能性已被
排除,因此这个模型不会是完全正确的。[13]

5.3　不相容论

我们现在一方面论述了心灵内容是外在个体化的,另一方面又
论述了我们已被赋予进入这些内容的特权。但是自我知识和语义
外在论可能看上去是不相容的学说。我们何以可能对自身心灵的

内容具有权威,如果那些内容其个体化依靠的是我们对之没有任何特殊权威知识,甚或根本就缺乏知识的外在环境？我们何以可能对我们的思想内容具有特许进入权,如果我们的思想具有这些内容就在于那些我们对之缺乏特许进入权的外在事实？内在于我们发生的事件不能完全确定我们宽内容思想的同一性条件,然而只有在心灵上内在于我们的才是内省可达的。说得更清楚一点,这里的担忧不是如果语义外在论为真我们就彻底不知道我们思想的内容,而是如果该观点成立我们就不能仅通过内省式反思完全知道那些内容。为了弄清楚我们在想些什么,是不是就无须顾及我们的外在物理环境呢?[14]

先设定不相容论是这样的观点:即语义外在论不相容于自我知识;再设定相容论为其相反观点——这些学说是相容的。下面就首次尝试建构一个不相容论证:

> (1) 为使 S 先天地知道她在思考关于水的思想,即含有概念水的思想,S 必须先天地知道她没有思考孪生水的思想。
> (2) 使 S 先天地知道她没有思考孪生水的思想,就是使 S 先天地知道她不在孪生地球上。
> (3) 但是 S 不能先天地知道她不在孪生地球上。
> (4) 因此,S 不能先天地知道她在思考关于水的思想。

正如伯奇(1988:654)、海尔(1998:138)和波戈斯扬(1998a:158)所论述,问题在于(1),其假定了一个对于知识条件过于苛求的概念。比较一下:为使安娜知道她口袋里有 20 便士,安娜不得不知道她口袋里没有一枚 20 便士的假币。因此,用类似的推理,安娜不能知道她口袋里有 20 便士。这两个论证的第一个前提都预设了为使 S 知道 p,S 必须知道任一命题 q,其为假(已知)与 p 为真不相容。但在很多情形中,S 可以知道 p 而不论她知不知道任何这类 q,

只要 q 实际上为真就行。这样 S 可以内省地知道她在思考关于水的思想,即便她不能排除她有思考孪生水的思想的可能性,因为她不能排除她位于孪生地球这个可能性。如果 S 的证据只限于关于水的显性特征的知觉经验,那么她所有的证据都相容于她位于孪生地球,因此也相容于她思考孪生水的思想。如果 S 要具有一个特定思想的话,语义外在论所要求的仅是特定外在条件的获得,而非 S 要知道这些条件的获得。总之,S 能够知道 p 即使 S 不能排除所有与 p 逻辑不相容的可能性。说话者的证据仅需与她所知的相关替代项不相容,例如她没在思考关于果汁的思想,或者她口袋里没有50 便士。[15]孪生地球和假币的情境太过牵强难以相关,因而可被 S 适当地忽略。主要的担忧并非为使 S 先天地知道她具有一个宽的心灵内容,她必须拥有其全部外在个体化条件的先天知识,而是鉴于这些条件至多是后天可知的,S 何以能一开始就先天地尽可能多地知道该内容。

在前去确定一个更有说服力的不相容论证前,让我们稍事停留来作一区分:强不相容论(strong incompatibilism)是这样的观点,S 对其任何一个当下宽内容思想没有特许进入权;而弱不相容论(weak incompatibilism)则认为 S 并非对所有当下宽内容思想都有特许进入权。只有弱不相容论允许 S 对某些思想具有特许进入权。然而,以上两种观点在语义外在论者看来都有潜在的问题。[16]但伯奇和其他人已指出在某些毫无问题的情形中,当下宽内容思想是可被特许进入的。在 5.2 节中,我们介绍了伯奇的自我证实判断这一概念(1998,1996)。让我们来仔细推敲下这些判断。假设:

(5) S 正在思考水是可以解渴的

为真。这里的思考指的是具有嵌入句"水是可以解渴的"所表达的思想。再假设:

(6) S 判断(5)

为真。即 S 接受(5)所表达的思想为真。但要这样做,S 必须是置身于该句子所表达的思想中。因此,如果 S 判断 S 正在思考水是可以解渴的,那么 S 就是正在思考水是可以解渴的。判断(5)为真仅当(6)为真,无论 S 是具有还是缺乏经验证据。要不是通过思考二阶思想时 S 思考了一阶思想,当 S 对(5)加以判断时,其所具有的思想可能会不存在。判断(6)类似于笛卡尔的我思式思想"我正在思考",因为二者都是自我证实的。我思式思想在如下意义上是自我证实的:仅判断就担保了被判断之物的真。当 S 想她正在思考 p,她就是在思考 p。在这些片段式的情形中,不可能有基于一阶和二阶思想之间鸿沟的错误,因为一阶思想已被包含在二阶思想的对象之中。判断(6)仅仅是继承了(5)的内容——S 正在思考水是可以解渴的。

自我证实判断排除了特定类型错误的可能性:(6)应为真而(5)为假。正如在5.2节中所论及,S 的判断是自我证实的这一事实自身并不蕴涵 S 在作出该判断时有认识上的保证,或者 S 的判断确实由此就相当于知识。给关于思想的二阶判断带来的保证源自于其在批判性推理中的角色,而且即使对于自我证实判断这也为真。正如在5.2节中所解释的,根据伯奇的观点(1996),S 有权获得其关于思想的二阶判断,包括那些自我证实的判断,而这样的资格通常足以使 S 获得关于那些思想的知识。自我证实判断的特别之处在于,它们免于错误的方式不同于其他关于思想的二阶判断的方式。由于自我证实判断不会在一阶思想和二阶判断之间挑起不和,这就免于不相容论者关于它们会以特定方式分开的担忧。例如,如果 S 的判断——她正在思考关于水的思想是自我证实的,那么由于其转而思考孪生水的思想造成其判断为假的可能性就不会产生。目前依然还不甚明确的是,存在自我证实判断是否足以反驳所有不相容论证。正如波戈斯扬（1998a:169－170）的观察，对于成立的心灵状态和当下的心灵事件的判断并不是自我证实的。例如，S 的判断——她相信苏格兰人是友好的不是自我证实的，因为 S 可以具有苏格兰人是友好的思想，而不形成带有该内容的信念。对于 S 而言，有可能判断她相信苏格兰人是友好的，但在现实情况下她不相信**苏格兰人是友好的**。[17]S 有一个红色余像（after image），这个 S 的判断也不是自我证实的。同样，关于 S 片刻之前在想什么的自我证实思想也不是她现在可知的。[18]然而我们可以特许进入那些字面上不是二阶思想构成部分的一阶思想。事实上，我们大量的一阶思考并不相伴于二阶思考，因为在思考我们思想的行为中，我们并非总是对其有自我反思式的思考。在很多情形中，我们只是随后才去关注自己的思想，但想必我们仍是以一种特许的方式去这样做的。[19]自我证实判断仅限于那些被判断之物恰是该判断构成部分的情形。

戴维森（1987）、海尔（1998）、伯奇（1988,1996）、费尔维与欧文斯（1994）和吉本斯（1996）就当下思想内容的自我指称本性提出了一种不同但密切相关的观点。伯奇的第一个要点是，仅 S 对她正在思考水是可以解渴的判断就担保了 S 所判断之事的真；其第二个要点是，S 的思想水是可以解渴的其内容自动传递给其判断——即她正在思考该事。（6）中思想的内容，或至少该内容的部分，是被（5）中思想的内容来自指地（self－referentially）确定的。S 不可能正在思考的是孪生水是可以解渴的，却判断她正在思考水是可以解渴的。二阶思想正含有一阶思想的内容——水是可以解渴的——作为其部分主题。该观点可以包含不同类型的命题态度，而且也允许一种可错性。如果 S 相信她相信水是可以解渴的，那么她也许错了，但这不会是出于她相信孪生水可以解渴这样的理由。也许对于命题水是可以解渴的，S 具有的是某种态度而非信念或毫无态度。这意味着，无论什么外在个体化条件对 S 的一阶态度的内容成立，对其二阶态度的内容也将继续成立。具有二阶信念的可能性由此部分地基于具一阶信念的可能性。由于 S 在同一环境中都具有这两种信念,关于水的外在事实——S 通过其相信水是可以解渴的,正是 S 通过其相信她相信水是可以解渴的同一外在事实。因此,外在个体化并非全凭自身就给解释我们何以具有关于自身心灵的特许知识造成了额外的困难。

5.4 缓慢切换

关于第一个不相容论证,从(1)至(4)的问题是,S 能够先天地知道她在思考关于水的思想,即便她不能先天地排除她在思考关于孪生水的思想。该可能性完全是不相关的。但如果像伯奇(1988:659)和波戈斯扬(1998a:159-160)那样假设在 S 不知情的情况下,经历了一系列在地球与遥远行星孪生地球间的来回切换,且慢得足以获得适合每个地方的概念。如果你愿意,不妨想象,未来在我们太阳系行星间以光速进行的太空旅行已司空见惯。S 究竟要在每个地方待多久以促成相关的概念变化还不得而知。正如在 4.4 节中所提及,在她到达孪生地球时,概念不会立即发生变化。我们所知道的是,要是 S 往复穿梭得足够慢的话,她也许能够获得与其环境的充分因果联系,从而引起其宽内容思想的变化。假设 S 在孪生地球上于 t_1 获得了孪生水的思想,然后在地球上于 t_2 的一次切换后待了足够久的时间以获致水的思想,诸如此类。S 能仅通过内省识别出她把握的是哪一个思想吗? 在对两个思想的思考间没有质的差别,而她对在两地间的切换也无从得知,从她的视角看这两个地方是无法分辨的。当然,如果 S 在同一环境下同时思考了一阶思想和二阶思想,那么缓慢切换就不会给语义外在论者造成额外的困难。因为一阶思想的内容这时已包含在二阶思想中,前者的外在个体化条件也传递给了后者。正如伯奇(1996:96)所注意到的,无论 S 如何切换,她绝不会在对其自身现在时态思想的内容作自我归属时出错。但假设 S 在一个环境中思考一阶思想,然后又旅行至另一个环境在其中思考二阶思想。看上去 S 的自我知识确实受到了危害,因为在这两个思想间不再有任何自动的内容继承。而问题是,S 何以能在看似内在相同的思想间进行内省的辨别。由于没有可被内省的线索,在 S 对那些思想内容的把握中,任何东西都不能使她把它们区分开来。而且如果 S 不能在这些思想间进行分辨,那么 S 在 t_2 就缺乏关于她于 t_1 在思考什么的知识。就目前看缓慢切换可频繁发生,其替代项——S 在 t_1 正在思考水的思想也变得相关起来。S 不知道她身处困境这一事实,并未使得这个替代项就毫不相关。波戈斯扬(1998a)宣称,如果 S 在 t_2 缺乏她在 t_1 在思考什么的知识,那么或者 S 在 t_2 已忘了她在 t_1 知道她那时在思考什么,或者 S 在 t_1 缺乏她那时在思考什么的知识。以下据说是关于记忆的老生常谈:如果 S 在 t_1 具有某种知识,而且在 t_2 她还记得 t1 时所知的一切,那么 S 在 t_2 具有该知识。但是波戈斯扬继续宣称,由于这些宽内容思想并不是特别难记,因此 S 绝不会一开始就知道她的思想。来看如下的缓慢切换论证:

(7)为使 S 在 t_2 具有她在 t_1 正在思考孪生水的思想这样的内省知识,S 必须能够内省地将她思考这些思想从所有相关替代项中辨别出来。

(8)S 不能内省地将她思考水的思想与她思考孪生水的思想辨别开来。

(9)如果孪生地球切换情形是现实的,那么 S 思考水的思想就是她思考孪生水的思想的相关替代项。

(10)因此,S 在 t_2 并不内省地知道她在 t_1 正在思考孪生水的思想。

(11)因此,假定 S 在 t_2 什么都没有忘记,那么 S 在 t_1 就并不内省地知道她正在思考孪生水的思想。

一种反对意见是质疑 S 在 t_2 是否拥有两个概念集。思想实验预设了 S 在 t_2 能够具有两个思想集,因而当在地球时 S 于 t_2 保留着在孪生地球上于 t_1 获得的概念孪生水。但也许所有 S 在 t_2 的思想,包括在 t_1 获得的那些,都是关于水的思想。因为如果 S 信念状态的内容是由外在环境决定的,那么其记忆状态的内容也是如此。当 S 在地球和孪生地球间往复旅行时,她所记得的东西也随之转换。这里的论断不仅仅是记忆状态的命题内容是外在个体化的。此类记忆外在论(memory externalism)在语义外在论者中是毫无争议的。更强的论断毋宁是,给定记忆状态的命题内容随 S 的缓慢往复切换而持续变化。如果此类内容切换外在论(content – switching externalism)是可成立的,那么由(10)到(11)的推论就不成立。她也许在 t_2 未能反思地知道她在 t1 正在想什么,而在 t_1 反思地知道她当时在想什么,而不会忘记任何事情。此外,如果 S 记忆的所有内容都改变了,那么她显然不能说清楚两个思想集间的差别。如果仅有一个集合是可把握的,那么任何人都不能把这两个思想集分辨开来。[20]

这个记忆概念的问题是,它使得 S 在 t2 时关于她在 t1 时信念的信念都变成假的了。假设 S 在 t1 形成了孪生水是湿的这个真信念。S 在 t2 试图找回她的信念——一个她用句子"水是湿的"来表达的信念,但如果 S 现在所相信的是她相信水是湿的,那么这个关于其过去信念的信念就为假。鉴于信念内容的普遍特性,也许没有什么难以下咽的苦果。但问题可能会更加尖锐。转而考虑 S 在 t1 的信念——附近的一些孪生水被污染了。正如这个信念指称了 S 的特定环境,这看起来必然是在孪生地球而非地球上表达的。当 S 在 t2 试图重获用"附近的一些水被污染了"表达的信念时,其二阶信念是假的。此外,记忆在被其内容个体化这点上很可能类似于其他带有内容的心灵状态,以致其内容变化没有一个状态能保持不变。回想伯奇先前在 3.3 节中对孪生地球论证所做的扩展。如果那是正确的话,那么相同的记忆状态不会随时间流逝而改变其内容。最后要注意的是,记忆也是事实性的:S 记不起虚假的东西。因此,鉴于 S 不相信附近的一些水被污染了,她也不能记起她相信过这些。她至多对其过去的思想有表面上的记忆。最后的结论是,S 在 t2 的记忆应该保持着她在 t1 的思想内容,即如果我们要将在 t2 的真实的记忆信念归属给她,她必须保持住她在 t1 获得的涉及孪生水的信念。[21]

当涉及自我知识时,另一种反对意见是否定知识的相关替代概念。这样巴昂(Bar – On 2005:Ch. 5)和 S. 哥德堡(2005:141 – 142, 2006a:304 – 307),跟从伯奇(1988,1996)论述了由于 S 判断她正在思考 p 涉及对 p 的思考,因此对 p 而言 S 是高度可靠的,但她也不能将 p 和某相关替代项 q 辨别开来。然而,未能辨别并非是缺乏自我知识的标识。要紧的是,S 对其判断具有最高程度的客观辩护,其中客观辩护是通过真理的概率得以理解的。此外,当 S 反思地意识到她对思想 p 的思考正是在对该思想的自我归属行为中进行的,那么她就有了反思的基础去认为其思想是自我证实的。因此,她的自我证实判断享有此种终极类型的真理传导性辩护的事实是 S 反思可达的,因而这种判断相当于知识。哥德堡(2005)的辩证观点是,就 S 何以能在 t1 内省地知道她在 t1 正在想什么来说,缓慢切换论证并未使伯奇原先的支持理由变得不可置信。哥德堡并未直接质疑缓慢切换论证中的任何命题。然而,伯奇(1988,1996)提出了相关但更强的观点,认为就 S 在 t2 关于她在 t1 想什么的内省知识而言,知识的相关替代概念是毫不相干的。关键之点是,要意识到记忆可以通过内容的保持(preservation of content)而非在相关替代项中的辨别来运作。伯奇(1988:660,1998:361, cf. 1993c)承认 S 也许不能将水的思想和孪生水的思想辨别开来,而由此就不知道她是在思考之前的思想还是之后的思想,但是这种辨别性知识在这里是不相干的。她能以某种特许的方式知道她的思想,而无需知之甚详。正如伯奇(1988:355)所表述,这里"为了能够排除对内容可能会是什么的相关替代项,无需以这样一种方式将我们思想的内容识别出来"。知觉需要对被知觉对象的识别,这会涉及对相关替代项的排斥,但在这个方面知觉和内省之间不存在切合的类比。正如巴昂(2005:172 – 173)所强调,说出我们的思想具有什么内容和把它与候选内容以一种类似对外在对象的识别认同方式区分来并非一回事。伯奇、巴昂、戴维森、费尔维、欧文斯和很多其他语义外在论者都联合起来反对这种自我知识的知觉的、观察的或内感觉模型,后者在他们看来是大量不相容论者思考的依据。尤其是,伯奇(1988,1993c,1998)关于记忆中内容保持的观点与这类模型是相冲突的。通过因果记忆链条,S 关于她在 t1 在想什么的信念内容是由她实际上在 t1 想了什么的内容来确定的。记忆的激活自动带来了过去的内容,由此允许 S 在实践或理性推理中重新调动同一内容,而不论 S 是否具有识别知识。对比下面句子中的复指代词(anaphoric pronoun):

　　(12) 安娜不堪慢性疲劳之苦。她被获准论文延期。

　　当 S 说出(12)时,她用"她"来复指"安娜"所指的个体,而不论有何种识别代词所指的能力。说话者 S 是依靠语篇中的特定机制来确保复指,这和当她回想一个先前思想时依靠记忆机制来确保内容保持的方式多少是一样的。而且只要 S 的记忆事实上正常运转,S 在认识上就有权依赖由其记忆而来的推论。尤其是,S 无需能够在经验上捍卫其记忆的可靠运作。并且要使 S 在认识上有权相信她先前所想的内容,就是要使其知道她先前所想的内容。这意味着(7)为假:S 可以在 t2 内省地知道她在 t1 正在思考孪生水的思想,即便 S 不能内省地将她对这些思想的思考与相关可替代的水的思想辨别开来。宣称 S 知道她在想什么仅当她具有一种在相关可替代思想间进行辨别的内省能力,这是不相容论者预设的有缺陷的自我知识模型。

最后一个反对意见是,承认知识的相关替代项概念,但认为缓慢切换是与此无关的。由此沃菲尔德(Warfield 1992)如其所述正确地反对道,缓慢切换论证是无效的。由(7)—(9)所得出的仅仅是如下弱得多的版本:

(10*)如果孪生地球切换情形是现实的,那么 S 并不内省地知道她在思考关于水的思想。

但由于没有理由认为这种奇幻的切换情形实际上会发生,因此也没有理由认为 S 不能通过内省知道她在想含有水的思想。在地球和孪生地球间的往复输送完全是过于牵强而不能构成一个相关替代项。缓慢切换所显示的仅仅是(认识的透明性)受到危及:含有水和孪生水的思想间的差异对于 S 来说是认识上不透明的,因为她可以拥有这两个思想集,然而却缺乏对它们间差异的内省知识。但其直觉价值不会因而受损。相容主义者可以安全地承认自我知识只包括 S 当前心灵状态的内容,而非其历时内容的同一性条件。她能够知道其思想的内容而无需知道这些思想间的同异。[22] 不相容论者旨在作出更强的结论,即 S 不仅不会知道她关于水的思想是否等同于她关于孪生水的思想,她甚至都不会知道她思考了关于水的思想。其原因是:S 能够知道后者,仅当她能排除她思考含有孪生水的思想这个相关替代项。因此,这多取决于是什么使得一个替代项算作是相关的。

作为回应,拉德罗(1995:46)反对说,(9)错误地陈述了可能成为关于水的思想的相关替代项所依据的条件。转而来看:

(9*)如果缓慢切换情形总的来说是普遍存在的,那么 S

思考关于孪生水的思想的情形就是其思考关于水的思想的情形的相关替代项。

而且拉德罗(1995)论证了(9 *)的前件是具有说服力的。我们经常从一个语言共同体不知不觉地进入另一个,或者从一个社群或制度进入另一个。如果我们遵从于这些共同体、群体或制度,且如果伯奇式的语义外在论为真的话,那么一个过渡到另一个意味着我们的思想内容也随之不被察觉地转变。拉德罗给出了这样的例子(1995:47):比夫在英美间往复游历。比夫有意避开带叶蔬菜,但是由于其知识的局限,当谈起它们时他都遵循语言共同体的习惯。他知道红菊苣(radicchio)和芝麻菜都是这类蔬菜,尽管他不能识别它们。不为比夫所知的是,当他在英国说"菊苣(chicory)是有益健康的"时,与他在美国说出同一句子时表达的是不同的命题。比夫因而成为了缓慢切换情形的受害者。[23]

在这些现实生活的情形中,说话者对其所信之物缺乏内省知识,因为他们不能排除其所信之物的相关替代项。他们关于其所信之物的信念所基于的证据,是相容于他们确实持有这个可替代信念的。[24]正如沃菲尔德(1997:283 – 284)的评论,拉德罗指出了现实说话者在对于其思想活动的这些宽内容层面,偶尔也并未处于认识上的优先地位。而拉德罗没有指出的是,语义外在论暗含了自我知识的全面缺乏。要指出这点就是要指出,在任何可能世界中没有说话者能够具有关于任何宽内容的自我知识。换句话说,拉德罗至多确立了弱不相容论。但是当然,正如拉德罗(1997:286)反驳道,该结果对于语义外在论已足够糟糕,因为缓慢切换潜在地涵盖了现实世界中的一系列实际情形。[25]

5.5 推理

回顾下我们的说话者 S,她在不知情的情况下成为了地球和孪生地球间一系列缓慢切换的受害者。在地球上,S 含有"水"的句子个例表达了关于水的思想;但她被输送到孪生地球上时,她相同类型的句子个例将最终表达关于孪生水的思想。如前所述,为了回应5.4 节中的缓慢切换论证,大多数语义外在论者承认将不得不放弃(认识的透明性)(参见前面 p. 130)。在地球上,S 在 t_1 相信附近的一些水被污染了;但她被输送上孪生地球上且在那待了足够长的一段时间后,她在 t2 开始相信附近的一些孪生水被污染了。假设在孪生地球上时,S 的记忆还保留着她地球上的信念,那她将由此持有两个信念,其内容她无法从内部加以辨别。而就 S 而言,"附近的一些水被污染了"这个句子将表达相同的命题。这意味着当 S 用该句子去表达其信念时,她并非全凭反思就能知道她表达了不同的命题:在地球上是附近的一些水被污染了,在孪生地球上则是附近的一些孪生水被污染了。即是说,S 所表达的命题,作为她各个信念的内容,对于她来说是认知不透明的。但是正如我们在 5.4 中所看到的,语义外在论者们认为做出这个让步也无伤大雅。其理由是,(认识的透明性)是条过强的原则,它超越了任何关于自我知识的基本常识。

波戈斯扬则另有想法。他论证了(1992:21 – 22)如果(认识的透明性)为假,那么我们的缓慢旅行者 S 将不能先天地判断她推论的逻辑属性。并且由于语义外在论承诺拒斥(认识的透明性),该论与"逻辑能力的先天性"(a priority of logical abilities)也不相容。直觉上,S 所从事推论的逻辑属性是先天可判断的,但如果语义外在论为真,那么 S 在不诉诸经验调查的情况下不能察觉其推论的有效性。这里有一些例子。首先,让我们来考察一个涉及理论推理(theoretical reasoning)的情形。当在地球上时,S 踏上了去不发达国家的旅程,在那些地方她得知了水供应的短缺。现在转回孪生地球,当她自思自忖时 S 忆起了普遍干旱的不愉快经验:

    （13）水在我旅途中所游历的那些地区是稀缺品。

    鉴于她在地球上的经验是关于水的,那么(13)中的思想亦是如此。然而仍在孪生地球上,S又忆起了昨天的愉快经验:在跑完一个马拉松后,为了解渴,她痛饮了一杯她称之为"水"的凉的东西,由此自忖道:

    （14）水是我昨天跑完马拉松后所喝的液体。

    鉴于该孪生地球的经验是关于孪生水的,那么(14)中的思想亦是如此。但现在S可以通过这样的推论将这两条信息合在一起:

    （15）我昨天跑完马拉松后所喝的液体在我旅途中所游历的那些地区是稀缺品。

    对于S而言,从前提(13)和(14)到结论(15)的演绎推理看似是有效的,但实际上该推理陷入了所谓的歧义谬误(fallacy of equivocation)。[26]如果第一个前提是被解释为关于水的那么其为真,而如果第二个前提是被解释为关于孪生水的那么它也为真,但是结论显然是假的。因此,该论证是无效的。语义外在论者的问题在于,S仅通过反思是无从注意该谬误的,因而她也不该为其谬误推理而受责。只有通过对其外在物理环境仔细的经验检查,才能使她察知这个混淆之所在。

    我们现在再转而来考察一个实践理性(practical rationality)的例子。当S在地球上时,她从办公室的饮水机里喝了一些水。现在转回孪生地球上,当她自思自忖时记起了该经验:

    （16）水是我从办公室饮水机里喝到的液体。

仍然,在孪生地球上的一场精疲力竭的长跑后,S渴望喝到一些她称之为"水"但实际上是孪生水的液体。她因此自忖道:

(17)我想喝些水。

终于,通过对其欲望内容、以及当她记起从饮水机喝水时其思想内容的反思,她将两条信息合在了一起:

(18)我要去喝些我从办公室饮水机里喝到的液体。

由于第一个前提(16)表达了一个地球上的记忆,因而它是关于水的;而第二个前提(17)表达的是一个当前的渴望,因而是关于孪生水的。(18)中的结论直觉上是假的:一旦S在孪生地球上待了足够长的时间,她就不会有去喝她在地球上从饮水机里喝到的液体这样的意图。即使确实存在关于(18)为真的解读,(18)也不能从(16)和(17)中导出,就是因为"水"有歧义性。

其结论是,就S仅凭反思而言,无论是在理论还是在实践情形中推理都看似是有效的,而实际上却是将S诱入歧途。但在直觉上,S的逻辑能力应该能为她提供关于这些论证是否保真的反思性知识。论证的有效性问题应该是S能先天解决的普通问题。毕竟,有效性仅仅是关于如果所有前提为真结论是否必须真的问题。但这里的关键是,尽管S能先天地知道如果第一个论证具有"a是b,a是c;因此b是c"的形式,那么它是逻辑有效的,她也不能先天地知道它是否就满足该形式。因为为了确定是否她的推理有歧义,她需要对其外在环境进行经验的调查。

有人可能会问为什么S逻辑上的敏锐就会导致此类先天知识。波戈斯扬的回答(1992:26-28)是,除非逻辑是以这种方式先天的,否则我们的命题态度就不能使我们的实践和理论推理合理化。当我对要发现为什么你以此方式行事,或为什么你持有特定的而非另一些信念感兴趣时,我是在寻找一个解释,该解释援引了像你所做的那样去行动和相信的理由。如果这类解释显示了,鉴于你所向往或其他你所相信之物,从你的角度理解了你为什么要这样相信或行动的原因,那么它们就是合理化解释。[27]现在以实践理性为例。为什么 S 意欲喝一些她从其办公室饮水机里喝过的液体?因为她想喝些水,并且她认为水就是她从其办公室饮水机里喝过的液体。我们通过将其解释为 S 的信念和欲望,弄清楚了她的行为意向。这些命题态度构成了将其行为意向理性化的理由——它们解释了为什么以此特定方式行事对她而言是说得通的。同样地,在理论理性的例子中。为什么 S 相信她昨天跑完马拉松后所喝的液体在其旅途中所游历的那些地区是稀缺品?因为 S 既相信在其旅途中所游历的那些地区水是稀缺品,又相信水是她昨天跑完马拉松后所喝的液体。最后的这两个信念构成了 S 持有第一个信念的理由,因而解释了为什么具有该信念从她的角度看是说得通的。在这两个例子中,说 S 对其信念和行为意向缺乏理由是错误的。但如果语义外在论是正确的话,我们就只有 S 的宽状态,且它们似乎也不能提供任何给予理由的解释。对于 S 的信念——她昨天跑完马拉松后所喝的液体在其旅途中所游历的那些地区是稀缺品,我们并未通过援引她如下被宽个体化的信念而加以合理化:水在其旅途中所游历的那些地区是稀缺品,和孪生水是其昨天跑完马拉松后所喝的液体。对于 S 想喝些她从办公室饮水机里所喝到的液体的行为意向,我们也不能通过援引她被宽个体化的信念——水是她从办公室饮水机里喝到的液体、加之她被宽个体化的想喝些孪生水的欲望而加以合理化。要使这类解释去完成弄清 S 的信念和行为意向的任务,我们还需赋予 S 水就是孪生水这样的额外信念,但这是 S 显然不会相信的。[28]

让我们更加深入探究 S 的推理。再来看第一个论证。为回应

波戈斯扬的论证,希弗(1992:34)建议将涉及理论推理的第一个论证中的第二个前提(14)重述如下:

> (19)水,在我旅途中所游历的那些地区是稀缺品的这种液体,是我昨天跑完马拉松后所喝的东西。

如加以提示,S肯定愿意以这种方式重述这第二个前提。在陈述该例子的方式中,没有什么表明S会拒斥(19),确实S的意图是将用于(13)中的词项"水"和用于(14)中的词项"水"联系起来。但在那种情形下,从(13)和(19)到(15)的演绎论证显然是有效的。仅仅(19)是假的。这即是说,尽管S将"水"毫无歧义地用来挑出水,因而也进行了毫无瑕疵的推理,但她错误地相信了水是她昨天跑完马拉松后所喝的东西。

同样地,伯奇(1998:363-68,cf.1993c)强调了在演绎推理中保持不变的记忆的重要性。假设S的记忆运转正常,那她在从事演绎推理的过程中就有权依赖其记忆来保存她的思想。但这意味着,S从前提(13)和(14)到(15)中的结论的论证就免于无法察知的歧义之苦。诚然,词项"水"在第一个前提(13)中的出现表达了概念水。但鉴于S的意图是要以支持此结论的方式将两个前提联结起来,那就应把她解释为在第二个前提(14)中也用"水"来表达了水。而S的记忆允许其在思考第二个前提时恰好持有保持恒定的概念水。换个说法,S是以这样的方式进行推理的:在两个前提中"水"的出现之间存有联系,这确保了指称的同一性。波戈斯扬的错误在于假定由于是孪生水致使S去思考(14)中表达的命题,因此该命题就必须含有概念孪生水。但是,正如我们在3.1节中所强调,因果关系与个体化是不同的:环境的某些外在特征可以致使S处于特定心灵状态,而无需该状态通过这些特征而个体化。这意味着(14)为假:水不是S在跑完昨天的马拉松后所喝的液体。她在推理中并未犯错,但其记忆全然错误地识别了该液体。因此,尽管 S 的记忆在从(13)和(14)到(15)的推理中保持着相同的内容,但其记忆却未能保持(14)中她原初思想的内容。

关于希弗－伯奇对波戈斯扬的论证——语义外在论与"逻辑能力的先天性"是不相容的回复的一个担忧是,是否 S 意在将"水"单义地使用,或通过"水"来思考相同的思想,由此担保 S 确实是这样做的。这也是对语义外在论的担忧,因为在该论看来,当 S 在地球和孪生地球间往复旅行时 S 表达了不同的概念。让我们继续关注涉及演绎推理的第一个论证。在推理时,S 位于孪生地球上。因此,在第二个前提中,为什么她意在使用"水"来指称和表达无论什么"水"在第一个前提中指称和表达的东西,而不理会当 S 现位于孪生地球时该词项应挑出孪生水这一事实,而因此表达的是概念孪生水?好了,正如 S. 哥德堡(2007a:182 – 183)的评论,该意向无法确保指称和思想中的单义性,如果语义外在论者所坚持的是:一旦 S 思考一个给定的思想,只要 S 使用相同的句子来表达该思想,它就将保持其原初内容。但是语义外在论者拒斥该论断。在孪生地球上时,她第一次想到她将用"水是我今天跑完马拉松后所喝的液体"来表达的思想。由此她指称的是孪生水,且表达了孪生水。但现在是她进行演绎推理之后的一天,推理调用了其过去思想,然而现在却是又回到地球上了。由此可以合理地将她解释为用"水"表达了她在地球上表达的相同概念,即概念水。

担忧依然挥之不去。暂且忘记演绎推理吧。语义外在论者乐于承认 S 思想的内容随着她被匆匆送上孪生地球而改变。由于 S 毫不知晓她是这类传送的受害者,似乎 S 的意向对于"水"的指称和意义的单义性在孪生地球上仍保持不变。在地球上,无论 S 意欲用"水"来指称和表达什么,就是 S 意欲用"水"在孪生地球上所指称和表达的东西。S 具有此类成立的意向历时地单义使用语言,即使当她不从事演绎推理时亦是如此,这看起来当然是有说服力的。然

而现在的问题诸如下述:一方面,如果这些成立的意向足以确保 S
在孪生地球上用"水"来指称和表达她在地球上用"水"来指称和表
达的东西,那么语义外在论者就不能解释缓慢切换情形中的内容变
化。另一方面,如果这些成立的意向不能胜过将内容个体化的外在
因素,那么为什么特定的单义性意向在演绎推理的语境中会是这样
呢?要么语义外在论者将不得不拒绝此类成立的单义性意向的存
在,要么就要对它们为什么在演绎推理中发挥的作用有所不同提供
某种解释。[29]

小　结

在这一章里,我们首先对自我知识做了总结:个体通常可以特
许进入其自身当下的心灵状态,这就产生了关于这些状态及其内容
的先天知识。在心理学的语篇中,第一和第三人称间言说的不对称
就反映了这个现象。存在三种特征:权威性、非推导性和显著性。
假定具有能力、真诚和专注,一个人就无需为支持其处于某个基本
心灵状态的论断提供理由,他并不是从其行为推知他处于该状态,
而且如果一个人处于某个此类状态中他会倾向于注意到这点。与
自我知识形成对照的是,个体能先天地知道其所理解的任何两命题
的同异这个更强的论断。说一个人以此方式能够具有关于内容的
逻辑属性的先天知识,即是说这些内容在认识上是透明的。然后我
们进而展示了语义外在论与自我知识绝不能调和这一过强论断为
假。伯奇的自我证实判断就是反例:如果一个人有知识地判断他正
在思考水是湿的,那么他由此就是正思考水是湿的。正如笛卡尔我
思式的思想的情形,一阶思想和二阶思想间的鸿沟被抹去了,因为
一阶思想是作为二阶思想的对象被包含在后者之中。但是自我证
实并没有解释关于我思式思想的知识。相反我们把伯奇的资格作
为保证的特殊类型做了详细阐述,这种资格通过其在批判性思维中

扮演的角色而附着于二阶判断上。值得强调的是伯奇的方案何以相异于自我知识的内感觉或知觉模型。然后我们仔细分析了支持自我知识与语义外在论偶尔不相容这一较弱论断的论证。波戈斯扬让我们想象这样的情形,其中一个个体在毫不知晓的情况下历经了一系列地球和孪生地球间的切换,慢得足以获得不同的宽内容思想。如果知识要求一种在相关替代项中进行辨别的能力,且含有概念孪生水的思想是含有水的思想的相关替代物,那么看上去处于该困境的个体就不能先天地知道他思考了含有水的思想。从他的内在视角看,在思考这些不同的思想集之间并没有任何可察知的差异。作为回应,当涉及自我知识时,一些人拒绝了知识的相关替代项概念。在伯奇等人看来,该概念依赖于一种不合法的自我知识的知觉模型。那些接受该概念的人也宣称这类传送太过怪异,而难以被算作是实际相关的。某种共识还是存在的,尽管缓慢切换情形证明了认识透明性为假,但许多人也乐于回避这条过强的原则。最后一节处理的是对于语义外在论的另一个假定问题,即何以避免这样的后果:特定直觉上有效的论证却陷入歧义谬误。波戈斯扬设想我们的旅行者要经历这样一个论证。"水"在一个前提中的出现表达了概念水,因为它指称的是在地球上曾具有的经验,但"水"在另一个前提中的出现表达的却是概念孪生水,因为它指称的是在孪生地球上曾具有的经验。当旅行者基于这两个前提得出了结论,他就是带歧义地使用了"水"。问题在于,他没有任何先天的途径以察知该谬误。作为回应,一些人诉诸演绎推理中保持不变的记忆。如果旅行者的记忆运作正常,在进行演绎推理的过程中,他有权依赖其记忆来保存相同的非歧义思想。

拓展阅读

到目前为止,在哲学文献中有一些关于自我知识的相竞争的方案,例如,Dorit Bar - on 的(2005)*Speaking My Mind*:*Expression and Self - knowledge*。很多最经典的文章可以在 Cassam Quassim 编著的(1994)*Self - knowledge* 中找到。我们意在发现这些各自不同的方案中的较为一致的基础。对近期文献的综览和批判性讨论参见 Aaron Zimmerman(2008)和 Brie Gertler(2010)的 *Self - knowledge*。Burge 关于自我证实判断和自我知识资格的文章都收入由 Peter Ludlow 和 Norah Martin 编著的(1998)*Externalism and Self - knowledge*,第4和第15章。同一文集的第 V 和第 VI 部都收录有很多关于缓慢切换论证的重要文章。其他有影响力的文章结集见于 Crispin Wright,Barry Smith 和 Cynthia Macdonald 编著的(1998)*Knowing Our Own Minds*,Susana Nuccetelli 编著的(2003b)*New Essays on Semantic Externalism and Self - knowledge*,和 Richard Schantz 编著的(2004)*The Externalism Challenge*。Jessica Brown 出色的(2004)*Anti - individualism and Knowledge* 在其 2 - 4 章讨论了缓慢切换论证和有关辨别、相关替代项和可靠性的这些随之而来的认识论问题。在第5章中,她专门处理了语义外在论是否与有能力的说话者先天察知其演绎推理有效性的能力不相容这一问题。在此语境下,还值得一提的是近来关于以下论题的兴趣:语义外在论是否相容于认识论内在论和语义内在论是否相容于认识论外在论。Sanford Goldberg(2007b)因此还编著了一本旨在处理这些问题优秀文集,名为 *Internalism and Externalism in Semantics and Epistemology*。

6

怀 疑 论

6.1 关于自我知识的怀疑论

在第 5 章里我们检查了旨在显示语义外在论与自我知识之间
不相容性的各类论证。在本章中我们将探讨语义外在论对于外间
世界知识的意蕴。但我们首先要更加深入地探究在关于自我知识
的怀疑论之下的推理。布吕克纳(1990,1994a)已论证了语义外在
论为此类怀疑论提供了基础。内容怀疑论者(content sceptic)论述
道,S 正在思考水是湿的这个内省信念不能构成先天知识。因为如
果 S 先天地知道她正在思考水是湿的,那么 S 也先天地知道她并没
在思考孪生水是湿的。由于 S 并不先天地知道她没在思考孪生水
是湿的,因此 S 并不先天地知道她正在思考水是湿的。尽管是位于
地球上,S 也缺乏她正在思考关于水的思想——含有概念水的思
想——的先天知识。我们可以该推理进路呈现如下,可称之为内容
怀疑论证:

(1) S 并不先天地知道她没在思考孪生水是湿的。

(2) 如果 S 先天地知道 S 正在思考水是湿的,那么 S 先天

地知道 S 并没在思考孪生水是湿的。

（3）S 并不先天地知道 S 正在思考水是湿的。

要注意，内容怀疑论证所显示的并不是 S 不可能知道她正在思考的是哪些思想，而是 S 不能内省地拥有此类知识。（记住，我们把由内省而得的知识叫做"先天的"）而这已够糟了。如果 S 能知道她正在想什么的唯一途径是通过经验调查的话，那么意义怀疑论就被证实了。也要注意，当内容怀疑论论证仅是否定后件式（p → q，¬ q；因此¬ p）的一个例示时，它显然是有效的。问题在于是什么为其前提辩护。第二个前提（2）是由知识在已知蕴涵下封闭这一认识论原则的一个例示来担保的：

（封闭）如果 S 知道 p 且 S 知道如果 p 那么 q，那么 S 知道 q。

该思想认为 S 知道一切 S 知道的由她所知之物蕴涵的东西。因此，在这个例子中，如果 S 先天地知道她正在思考水是湿的，且 S 先天地知道她没在思考孪生水是湿的如果她正在思考水是湿的话，那么 S 先天地知道她没在思考孪生水是湿的。S 先天地知道这个条件式，即如果她正在思考水是湿的，那么她（现在）并没在思考孪生水是湿的。鉴于孪生地球的思想实验，思考水是湿的与（同时）思考孪生水是湿的是不相容的。因此，如果（封闭）成立，（2）就得到了辩护。然而，（封闭）也有明显的反例。考虑下 S 未能形成信念 q 的情形。由于信念据说对于知识来说是必要的，因此 S 就不能知道 q。但也有可能 S 仍然知道 p 且知道如果 p 则 q。

[1] 再来考察知识在有能力的演绎下的封闭这条原则：[2]

（封闭＊）如果 S 知道 p 且有能力从 p 演绎地推出 q，由此就会相信 q,只要保持着 S 的知识 p,那么 S 就会知道 q。

这条更具说服力的原则捕捉到了这样的直觉思想:S 可以通过熟谙进行的演绎推理从其已知的内容中拓展其知识。她能从旧的知识中通过推理获得新的知识。(封闭＊)是否有反例是个棘手的问题。假设 S 通过视觉知道瓶中有酒。通过有能力的演绎,她就会相信瓶中没有有色水。假设 S 保持着她的知识,即瓶中有酒,S 就可由此相信瓶中没有有色水吗?这似乎很奇怪。她只能通过比如味觉或检测知道瓶中没有有色水。即便如此,(2)并非明显易受类似种类的反例攻击的。如果 S 先天地知道她正在思考水是湿的,并且在保持了她在思考水是湿的的先天知识的同时,通过熟谙的演绎就会相信她没在思考孪生水是湿的,那么她据说确实就会先天地知道她没在思考孪生水是湿的。显然,这预设了在地球上 S 可以思考孪生水的思想。因此,必须存在一条途径,使得 S 可以在地球上拥有孪生水的概念。我们可以再设想 S 经受着一系列在地球和孪生地球间的缓慢切换,或者由于内容怀疑论者向 S 呈现了她经历此类传送的可能性,由此使得 S 得以获得该概念。

那又是什么在支持前提(1)呢? S 不能先天地知道她没在思考孪生水是湿的的一个理由也许是:如果 S 当时正在思考孪生水是湿的,那么内在的一切对于她似乎都是精确相同的。就自我知识而言,不存在任何特征性的经验标记可以使 S 能够在含有水的思想和含有孪生水的思想间进行反思地辨别。的确,如果没有经验调查,外在的一切对于 S 似乎也是精确相同的。如果 S 在孪生地球上思考孪生水的思想,而又没有对她物理环境的基础本性进行经验调查的话,S 可能具有的知觉经验将和她在地球上所具有的在质上不可分辨。借用巴昂(2005:158)的话,"思想内容并不会在它们那可被感知的袖子上戴上其隐秘本性的标记"。假设基于此背景,S 对其信念——她没在思考孪生水是湿的之证据在于其全部第一人称经

验,后者既包括她关于外间世界的知觉经验,如果有的话还包括当
她思考关于水的思想时所经历的经验。这也使人想起布吕克纳
(1990:448)的争辩,即 S 缺乏她没在思考孪生水是湿的知识。更确
切地说,布吕克纳(1994a:333)论述道,S 缺乏她没在思考孪生水是
湿的知识,因为该假设已被其证据所亚决定(参见亚决定/underde-
termination)。该观点认为,知识要求如下意义的证据:除非 S 具有
支持她所信之物的证据,压倒了任何她所知的与其所信之物不相容
的假说,否则 S 是没有知识的。[3] 来考察涉及一个怀疑论假说的特
例:

> (亚决定)如果 S 知情地考察假说 H 和与之竞争且不相容
> 的怀疑论假说 HS,而 S 支持 H 的证据并未压倒 HS,那么 S 并
> 不知道非 HS。

在我们的例子中,内容怀疑论者首先叫 S 考虑如下假说:假说
(H)她并未思考孪生水是湿的,以及相竞争的可替代假说(HS)她
确实思考了该思想。随后,内容怀疑论者让 S 提供证据,基于 S 能
接受其中一假说而舍弃那些其他的假说。但除非 S 对其环境做过
经验调查,否则其全部证据不足以有利地证明其中之一而非其他。
S 的知觉经验和其内省证据皆未能把这两个假说辨别开来。即是
说,如果没有经验调查,S 的全部证据亚决定其假说选择。那么亚
决定原则就裁定 S 缺乏她没在思考孪生水是湿的知识。

费尔维和欧文斯(1994:118 - 123)与吉本斯(1996)却另有想
法。再假设在没有经验调查的情况下,S 的证据包括其全部知觉和
内省经验,且继而假设 S 将她没在思考孪生水是湿的信念基于该经
验证据之上。然后来考察下述知识的相关替代项概念原则,这要归
功于费尔维和欧文斯(1994:116)的收录:

（相关替代项）如果 q 是 p 的一个相关替代项，且 S 对其信念 p 的证据是如果 q 为真 S 就将继续相信 p，那么 S 并不知道 p。

设 q 为 S 正在思考孪生水是湿的，而 p 为 S 没在思考孪生水是湿的。假设 S 经历了一系列在地球和孪生地球间的切换，S 正在思考孪生水是湿的的可能性是 S 没在思考孪生水是湿的相关替代项。现在的问题是，S 的证据并不是如果 S 当时正在思考孪生水是湿的，那么 S 将继续相信她没在思考孪生水是湿的。因为如果 S 是在孪生地球上思考孪生水，那么 S 将相信她正在思考孪生水是湿的。其理由是，S 关于其思想的信念内容是以如下方式锁定那些思想的内容的：前者内容将被外在环境决定的方式与后者内容被外在决定的方式是一样的，正像费尔维和欧文斯（1994：122）所宣称的那样。因为如果 S 当时是在孪生地球上，她会真的相信她当时在想孪生水是湿的，而不是假装相信她当时在想水是湿的，正如吉本斯（1996：298）所说，其相关替代项是知识上一致（knowledge – consistent）而非知识上拒斥（knowledge – precluding）。这意味着语义外在论未能消弱自我知识：诉诸孪生地球产生了这样的情形，其中 S 形成了一个内容不同于她地球上的信念的真信念，而非与她地球上信念内容相同的假信念。（相关替代项）相关例示的前件因此未能得到满足，因而为什么 S 不能知道她没在思考孪生水是湿的是没有理由的。[4]

这里不是在相关替代项和亚决定之间作出裁定的地方。[5] 值得记住的是，这些利用（封闭 ＊）的内容怀疑论论证要成功的话，只有当它们描述了一个与 S 所信之物的真值不相容的怀疑论假说（HS）。如果内容怀疑论者要依赖于相关替代项，他就必须进一步说明（HS）不相容于 S 相信的她实际所信之物；然而内容怀疑论者要依赖于亚决定，他只需确定（HS）不相容于 S 的全部实际经验。但有人也会疑惑内容怀疑论是不是根本就行不通的。埃布斯（Ebbs

2001,2005）就论证了内容怀疑论论证从（1）至（3）是自我削弱的
（self‐undermining）。埃布斯（2005:239）使用了"主观等同世界"
（subjectively equivalent world）这一概念，即一个可能世界，其中 S 所
接收的感觉刺激与她在现实世界中是相同的，尽管她的环境不同于
S 在现实世界中将其环境所视为的那个样子。特别是有的主观等
同世界是怪异的世界（weird world）：在其中，由于那些世界中的环
境本性，（1）和（2）中句子的言说所表达的都是假命题。因此，在主
观等同的怪异世界中，内容怀疑论论证是不正当的。内容怀疑论者
目前的问题是，如果内容怀疑论论证的结论（3）为真，那么 S 就不知
道她是否处于这样的一个怪异世界中，因而 S 不知道前提（1）和
（2）是否为真。对此的理由是，如果 S 处于这样的一个怪异世界中，
那么她所表达的思想将极其不同于她认为她所表达的思想。这意
味着，S 不知道（1）—（3）是否表达了一个正当命题，因而 S 没有理
由承认她并非先天地知道她正在想什么的结论。

　　作为回应，布吕克纳（2003,2007a）论证了 S 处于一个主观等同
怪异世界的可能性并未给内容怀疑论者造成任何困难。即便 S 不
知道在内容怀疑论论证中句子的言说是否表达了一个正当论证，结
论（3）也是可以得出的。因为，或者（i）S 对"水是湿的"的言说表达
了命题水是湿的，或者（ii）该言说由于处于一个怪异世界而表达了
某个别的命题。如果（i）成立，S 可就其字面来理解内容怀疑论论
证中的句子。这意味着该论证是正当的，由此 S 不知道她正在想什
么。如果（ii）成立，那么内容怀疑论论证是否正当总能得出相同的
结论（3）。因为，如果 S 对"水是湿的"的言说未能表达水是湿的这
个命题，那么 S 就不能知道她通过说出该句子而表达了那个命题。
对此的理由是，知识是事实性的：S 知道 p 仅当 p 为真。布吕克纳
（2007a,313‐14）提供了一个解释性的类比。假设 S 发现下列写在
白板上的句子看似英语：

　　（4）如果你知道我正在讲英语,那么你知道我正在讲的是
哪门语言。

　　（5）你不知道我正在讲的是哪门语言。

　　（6）你不知道我正在讲英语。

　　假设 S 被告知该题字者可能讲一门表面上类似的叫作"孪生英
语"的语言。然而,这种可能性对于论证没有任何影响。因为,或者
(i)该题字者讲英语,或者(ii)他讲一门别的语言,比如孪生英语。
如果(i)成立,那么论证是正当的,因为前提(4)和(5)都为真,且结
论(6)由肯定前件式可得出。如果(ii)成立,那么题字者不是在讲
英语。因为知识是事实性的,S 不能知道题字者在讲英语。因此,
以哪种方式都能得出(6)。

6.2　外在世界怀疑论

　　语义外在论者已论述了,如果我们的思想是通过我们处于与我
们外在环境的特定关系下而具有其内容的,那么关于那些内容的内
省知识就可以向我们提供关于相关环境特征的类似知识。或者这
可能意味着,语义外在论向我们提供了资源,以抵御特定种类的、关
于外在世界的认识论怀疑论。这最终是不是个好消息,还要取决于
怀疑论问题被认为有多难。一些人宣称抵御外在世界怀疑论不会
如此容易。或者这也可能意味着语义外在论提供了关于外在世界
的特定、经验命题的先天知识。大多数语义外在论者承认,如果他
们的观点暗含了一个人可以通过内省和反思就知道水的存在,这好
得有点难以置信。当然,所有这些论证都假定了某种形式的自我知
识存在。在6.1 节中我们检查了支持如下惊人论断的论证:语义外
在论为关于我们思想内容的知识的怀疑论提供了基础。确实,5.3
和5.4 节中的不相容性论证也可以被视为构成了这类内容怀疑论

的形式。如果这些论证是有说服力的话,对于语义外在论者来说反而是个坏消息。无论如何,这看起来就像语义外在论只有以剥夺我们关于内在世界的知识为代价,才能保障我们关于外在世界的知识。

在这一节里,我们将介绍一个支持外在世界怀疑论的简单论证,再检查对于该论证的一个熟悉的认识论回应。在本节和下一节中,我们将再检查关于外在世界怀疑论对语义外在论者来说是否终将会有好消息。最后,我们将在 6.4 节中评估语义外在论是否提供了一条通达外在世界特定经验特征的途径这一问题。

普特南(1981:5 - 6,1999)让我们想象以下这个著名的怀疑论情境。在你不知情的情况下,你的大脑在很久以前就被巧妙地取出而与你身体的其余部分分离,然后又被浸入一只装满营养液的缸中,而且被连接到一台超级计算机上。这台计算机是由一位邪恶的神经科学家控制的,它会向你的缸中之脑灌输感觉经验使你似乎像是一个完全正常的具有身体的人。由于正常的具身经验(embodied experiences)与缸中之脑的经验(brain - in - a - vat BIV experiences)在质上是不可分辨的,一切在你看起来都是相同的。这些经验的唯一差异是因果上的:你的具身经验是由你直接外在环境中的对象导致的,而你的缸中之脑的经验是由计算机程序的特征导致的。但这样一个原因论上的差异在那些经验之内是无法察知的。

缸中之脑是个怀疑论假说:它是你被以某种无法察知的方式彻底欺骗的一个困境。如果你是缸中之脑,你将具有与你感知外在世界实际所具有的经验在质上不可分辨的经验。这对于你来说是完全相同的,无论你是不是缸中之脑。那么似乎你不能知道你不是缸中之脑。而且如果你缺乏此类知识,你就认可了怀疑论论证中第一个前提对于你假定的关于外在世界的知识具有灾难性的后果。因为,如果你不知道你不是缸中之脑,外在世界怀疑论者将迅速指出,你不知道任何你已知的命题与你作为缸中之脑不相容。为此目的,

外在世界怀疑论者利用了 6.1 节中知识封闭于已知蕴涵这一原则:[6]

> (封闭) 如果 S 知道 p 且 S 知道如果 p 那么 q,那么 S 知道 q。

再以你有手这个命题为例。你知道作为缸中之脑是不相容于有手的。由(封闭)可得如果你不知道你不是缸中之脑,你就不知道你有手。为了更清楚地看出这是为什么,我们需要对(封闭)进行换质位(如果 p 那么 q;因此如果非 q 那么非 p)操作:

> (换质位封闭)如果 S 不知道 q,那么并非如此:S 知道 p 且知道如果 p 那么 q。

鉴于你最确定地知道从有手的蕴涵到不能作为缸中之脑,缺乏你不是缸中之脑的知识蕴涵了缺乏你有手的知识。外在世界怀疑论论证现在就可表述如下了:

> (7) S 不知道 S 不是缸中之脑。
> (8) 如果 S 不知道 S 不是缸中之脑,那么 S 就不知道 S 有手。
> (9) S 不知道 S 有手。

无论怎么推断(9)中的结论都是有问题的。该论证的范围仍然是有限的,因为第二个前提(8)依赖于(封闭),因而只是剥夺了与 S 作为缸中之脑不相容的命题知识,例如,S 有手、脚、膝盖。它至多显示了,S 不知道任何 S 所知命题的否定是由作为缸中之脑所蕴涵的。该论证丝毫没有言及不关涉 S 身体的所谓命题知识。为了扩展其范围,我们需要跟从普特南(1981:6)更加彻底地构想怀疑论假说,以致全人类都是缸中之脑,或者所有有感觉的生物都是缸中之脑,或者"宇宙恰巧是由自动机械装置维护着的一只盛满大脑和神经系统的大缸"。

对外在世界怀疑论论证的一个认识论的回应利用了认识状态、过程和原则。该论使我们忙于拒斥(封闭)。根据诺奇克(Nozick 1981:Ch.3)的观点,知识需要敏感性信念(sensitive belief):

(敏感性)S 知道 p 仅当:要是 p 为假 S 就不会相信 p。

因此,S 知道她不是缸中之脑仅当:S 不会相信她不是缸中之脑,如果她就是缸中之脑的话。但是,根据诺奇克,该反事实为假。如果 S 是缸中之脑,她仍会相信她不是缸中之脑。理由是,如果 S 就是缸中之脑,邪恶的科学家就要从一切途径向其灌输感觉经验使她似乎像是一个具有身体的正常人。因此,S 不知道她不是缸中之脑,因为 S 的信念是非敏感的。但在诺奇克看来,S 确实知道她有手。因为如果 S 有手为假,那她就不会相信她有手。在最接近的可能世界里,其中 S 没有手,她有残肢(或一些类似之物),因而在那些世界中 S 不相信她有手。在其中 S 有残肢的可能世界,较之她是缸中之脑的世界更接近于现实世界。这意味着以诺奇克的观点来看,尽管 S 不能知道她不是缸中之脑,但她可以知道她有手。但是 S 也知道如果她有手,那么她就不是缸中之脑。(封闭)原则因此在该情形中失效。

也要注意,我们在6.1节中的两条认识论原则似乎蕴涵了(封闭)将要失效。再来考察费尔维和欧文斯(1994:116)对知识设置的要求:

(相关替代项)如果 q 是 p 的一个相关替代项,且 S 对其信念 p 的证据是如果 q 为真 S 就将继续相信 p,那么 S 并不知道 p。

这条原则在对知识设置了一条模态约束这点上与(敏感性)相似:为使 S 知道 p,S 的信念 p 或对于该信念的证据,必须对于 p 真值中的可能变项是敏感的。知识要求追踪跨可能世界的真。正如(敏感性)一样,(相关替代项)也暗示了 S 不能知道她不是缸中之脑。假设 S 支持其不是缸中之脑这一信念的证据在于她有手这一感觉经验,再假定并非作为缸中之脑的一个相关替代项是作为缸中之脑。那么 S 的证据就是,如果她是缸中之脑,她将仍然相信她不是缸中之脑。[7] 但 S 能够知道她有手。再以 S 对于其有手的感觉经验的证据为例,且设定有残肢是一个相关替代项。那么 S 的证据就不是如果她有残肢,S 就仍会相信她有手。如果 S 有残肢,她就会有具有残肢的感觉经验,因而会相信她有残肢。(封闭)又一次失效了:S 知道她有手,且 S 知道如果她有手那么她不是缸中之脑,但 S 不知道她不是缸中之脑。

要记住 6.1 节中的内容怀疑论论证。布吕克纳、费尔维和欧文斯在如何最好地重构内容怀疑论者的推理上意见不一。尤其是,布吕克纳(1994a:330 – 333)反对道,由于(相关替代项)暗示了(封闭)的失效,再将怀疑论者解释为依赖于这条原则是苛刻的,因为这对其内容怀疑论论证和外在世界怀疑论论证的顺利展开都有妨害。布吕克纳转而论证了(1994a:333 – 334)(亚决定)(参见 p. 137)并未暗示了(封闭)在内容怀疑论论证中失效。即便如此,瓦希德(2003:375 – 376)指出,当涉及外在世界怀疑论论证时,(亚决定)有此意蕴。假设 S 知情地考察她有手和她是缸中之脑这两个假说。这些假说是不相容的,因为缸中之脑们根据设定都是没有手的。再一次,如果 S 的证据是限于其全部感觉经验的话,那么该证据并未更有力地支持 S 有手这一假说而反对作为无手的缸中之脑的假说。

（亚决定）原则由此裁定 S 不知道她不是缸中之脑。但（亚决定）允许 S 有她有手的知识。假设 S 知情地考察她有手和她有残肢这两个假说。（亚决定）原则对可与 S 有手的假说同时考察的一系列怀疑假说保持缄默，因而我们可以只包括 S 有残肢这个相关假说。但是如果 S 以之为依据的是全部感觉经验的话，那么 S 的证据支持手的假说证据胜于残肢的假说。最后的结论是（封闭）失效了：S 知道她有手，且 S 知道如果她有手那么她就不是缸中之脑，但是 S 不知道她不是缸中之脑。

6.3 普特南的证明

在 6.2 节中，我们调查了一些对外在世界怀疑论的认识论回应，得出（封闭）失效的结论。（敏感性）和（相关替代项）的共同特征是，知道 p 需要对 p 真值中的可能变项具有敏感性。在这一节中，我们将检查一个对该论证的语义学的回应——利用了真、指称或意义的回应。有趣的是，可以得知一旦采纳了语义外在论，就可把这些知识的模态概念理解为会导致一个相当不同的对该论证的回应。

普特南（1981:7-8）旨在显示缸中之脑假说不可能为真，因为它是自我反驳的（self-rufuting）。说一个陈述是自我反驳的，就是说其为真暗含了其自身为假。以所有普遍命题皆为假这个普遍命题为例。该陈述是假的，因为其为真暗含了其为假。以下是一个逻辑真理：如果 p 那么非 p；因此非 p。但普特南关于缸中之脑假说是自我反驳的论断要在一种更强的意义上来理解：只要假定该假说是可以理解的，就会蕴涵其为假。何以如此呢？普特南给出了一个解释（1981:1-2）：正如一只在沙滩上爬行的蚂蚁，它留下了蜿蜒交织的痕迹，最终碰巧显得像是幅温斯顿·丘吉尔的肖像。但蚂蚁并未由此就是在描绘丘吉尔，因为没有去这样做的意向。在丘吉尔和沙滩上的痕迹之间也不存在任何因果或反事实的依赖性,例如,即使丘吉尔已看上去大不相同,该印迹也会保持不变。该印迹与丘吉尔的画像的内在相似之处并未就使其成为丘吉尔的表征。正如在4.4节中所指出,其教训是表征属性不是内在的,或借用普特南的话(1981:18),"……符号自身不会内在地指称"。首先,某物例示了一个表征属性,仅当它与其表征之物之间存在必需的因果联结。正如孪生地球论证所强调的,为使我对"水"的使用指称到水,在该使用和水之间必须存在某些充分的因果 - 历史联系。由于我的同胞——那些地球上的说话者和我都与孪生地球在因果上是隔绝的,我关于"水"的个例就不能指称孪生水,因而这些个例表征水而非孪生水。

鉴于对指称的这种因果约束,问题就成了,当缸中之脑说出类似"树"这样的一个词时,它指称的是什么。[8] 毕竟,缸中之脑与树没有任何因果联系,至少如果缸中之脑生来就是在缸中的话是如此。一个建议是,缸中之脑完全不能指称任何东西。可将其对比一下3.5 节中的戴维森的沼泽人(1987:451 - 454)。这个例子意在显示,除非一个人具有是由外在物理环境、语言共同体和他自己之间正确的因果联结所构成的因果历史,否则他不能具有思想或用有意义的句子进行交流。生来就在缸中的缸中之脑和沼泽人正是身陷此类困境中。

然而,缸中之脑的问题不是其没有因果历史,而是其因果历史与我们的极其不同。导致其"树"的个例的不是树,而是计算机软件、电子脉冲或诸如此类的特征。因此,普特南(1981:14 - 15)建议道,缸中之脑关于"树"的个例也许指称的是影像中的树(trees - in - the - image),或指称导致作有一棵树的经验的电子脉冲,或指称那些能因果地导致这些脉冲的计算机程序的特征。关键之点在于,它不能指称一颗现实中的树。因此,当缸中之脑说出"有一棵树"时,它也许想的是有一颗影像中的树这个命题,并且该命题完全可以是真的。如果缸中之脑确实具有有一棵树的经验,而不仅仅是在缸中之脑看来似乎有这样一个经验,那么该言说为真。缸中之脑无需彻底误解其怪异环境的本性。但缸中之脑不能指称树,因而其关于"有一棵树"的言说不能表达我们用相同句子类型的个例所表达的命题,即有一棵树。结果是,缸中之脑不能真实地思考该命题。

　　上述内容和语义外在论甚为契合。要记住,该观点认为当 S 使用一个指称项时,她指称的是通常导致她对该词项使用的任何东西。[9] 由于缸中之脑系统地指称那些不同于通常说英语的人所指称的实体,因此最好把缸中之脑解释为说着一种在句法和语音上与我们的语言不可分辨但却是不同的语言,可将其称为缸中英语(或缸中之脑语)。类似地,在缸中之脑英语中,"缸中之脑"的个例并不指称缸中之脑,而是指称影像中的缸中之脑(或某些相关之物)。缸中之脑与真实的大脑或缸子之间没有因果联结。有人也许会反对道,由于缸中之脑是浸在盛满营养液的缸子中的大脑,那么在它们与大脑和缸子之间存在琐屑(trivial)的因果联结。作为回应,我们要说三件事情。首先,这个例子可被修改为其中根本不含有缸子。第二,真正要紧的因果联结,是那些存在于缸中之脑关于"大脑"和"缸子"的例示,以及它们的因果起源之间的联结。致使缸中之脑说出"缸中之脑"的不是大脑也不是缸子,而是计算机程序或诸如此类的特征。第三,在缸中英语每个词的使用和该缸中之脑所位于的特定缸子之间存在因果联结,但在缸中之脑对特定词"缸子"的使用和缸子之间不存在特殊的因果联结。

　　现在,做好准备之后,我们再来看普特南对我们不是缸中之脑的证明(1981:15)。我们知道,如果我们都是缸中之脑,那么说"我们是缸中之脑"我们的意思将是我们是影像中的缸中之脑(或其他类似之物)。但我们也知道,缸中之脑假说不是关于影像中的缸中之脑的。当我们实际上都是缸中之脑时据说我们产生了有手的幻觉,而非当我们实际上都是影像中的缸中之脑时我们产生了自己是缸中之脑的幻觉。这可推出,如果我们是缸中之脑,那么"我们是缸中之脑"这个句子就为假。然而,如果我们不是缸中之脑,那么说"我们是缸中之脑"时我们的意思是我们是缸中之脑。因此,如果我们不是缸中之脑,那么"我们是缸中之脑"就为假。由于不论我们是不是缸中之脑,该句子都为假,那么它就是必然为假。我们是缸中之脑在物理上是可能的,但是我们不是缸中之脑是指称以及考虑缸中之脑的一个前提条件。一个物理的可能性由此被显示为在概念上是不可能的。如何最好地理解普特南的推理是个棘手的问题,但近来对普特南证明的讨论主要集中在间接引语(disquotation)的思想上。[10]说我的语言存在间接引语意味着,我可以使用任何有意义的指称项"N"来刻画其自身的指称:"N"指称 N。知道了这些作为"指称"和引号意义的语义特征,为我们提供了这样的先天知识:我们自身的语言是受间接引用支配的。再来看对莱特的一个简单引述(1992:74):

（10）我的语言存在间接引语。

（11）在缸中英语中,"缸中之脑"不指称缸中之脑。

（12）在我的语言中,"缸中之脑"是个有意义的表达。

（13）在我的语言中,"缸中之脑"指称缸中之脑。

（14）因此,我的语言不是缸中英语。

（15）但是如果我是缸中之脑,我的语言就是缸中英语。

（16）因此,我不是缸中之脑。

　　在我们转向反对意见前,让我们再回顾下 6.2 节中对知识的两个模态约束,即:

（敏感性）S 知道 p 仅当:要是 p 为假 S 就不会相信 p。

以及：

> （相关替代项）如果 q 是 p 的一个相关替代项，且 S 对其信念 p 的证据是如果 q 为真 S 就将继续相信 p，那么 S 并不知道 p。

正如我们在 6.2 节中所看到，（敏感性）和（相关替代项）可用来显示 S 不能知道她不是缸中之脑。但如果之前的论述成立的话，这看起来似乎是个错误。首先来看（敏感性）。如果普特南对缸中之脑情境的呈现是正确的，那么 S 就不会相信她不是缸中之脑，如果她真是缸中之脑的话。理由是，在那些反事实的环境中，S 不能相信她不是缸中之脑。她简直不能把握该信念所需的缸中之脑这个概念。由于 S 用"缸中之脑"表达了影像中的缸中之脑这个概念，S 反而会（正确地）相信她不是影像中的缸中之脑。结果，S 的信念是敏感性的，因而没有什么能够阻止她知道她不是缸中之脑。在（相关替代项）中的情形也是类似的。设 S 对她不是缸中之脑这一信念的证据包含其全部感觉经验。再假设考虑到直觉上微弱的缸中之脑假说足以使一个相关替代项的可能性转向其否定。如果普特南关于如何理解缸中之脑的情境是正确的话，那么 S 对其他不是缸中之脑信念的证据就不会是：S 将继续相信她不是缸中之脑，如果她要是缸中之脑的话。这并不是因为与 S 证据的特性有关的什么东西，而是由于如果她要是缸中之脑的话她就不能够相信她不是缸中之脑。缸中之脑不能相信它们不是缸中之脑的理由是，它们缺乏必需的概念。相应地，任何与（相关替代项）有关的东西都不能阻止 S 知道她不是缸中之脑。我们的教训是，要恰当地对像（敏感性）和（相关替代项）这样的认识论原则的反怀疑论意蕴进行评估，需要深入探究关于语义外在论的问题。[11]

在这一节的剩下部分，我们将讨论普特南证明的可信服力及应用范围。首先来看布吕克纳的反驳（1986,1999），其认为在此语境中（13）进而（10）都是循环论证。我对"缸中之脑"的使用指称缸中之脑,仅当我的语言不是缸中英语;且我的语言不是缸中英语,仅当我不是缸中之脑。但是,为了支持一个结论为"我不是缸中之脑"的论证的前提,而假设我不是缸中之脑,是不合法的。你不能在一个反对说你不知道你不是缸中之脑的怀疑论者的论证中来使用间接引语策略。因为如果你不知道你不是缸中之脑,你就不知道你没在讲缸中英语,而缸中英语正是你在其中不能合法地使用间接引语策略的语言。

作为回应,莱特（1992:74 - 75）在被许可间接引用一个人自身的语言和拥有对指称和意义的识别知识之间作出了区分。许可一个说话者"亚里士多德"指称亚里士多德这样的知识,并非把任何识别亚里士多德的知识归属给他——他无需由此就知道亚里士多德是谁。同样地,鉴于"缸中之脑"在我的语言中是一个有意义的表达,我有权说"缸中之脑"指称缸中之脑。这并不暗示着,我由此就拥有了可识别缸中之脑的知识。同样地,我可以知道我具有"缸中之脑"指称缸中之脑这样的思想,而无须能够识别该思想,例如,把它从其他相关思想中辨别出来。正如我们在第 5 章中所看到,我可以知道自己思想的内容却无须知之甚详。

类似地,费尔维和欧文斯（1994:126 - 136）论述了任何熟谙英语的说话者都有由一个对于该语言真理的同音异义（homophonic）理论所表达的命题知识。例如,我能通过成为一名熟练的英语使用者而知道我的言说具有间接引语的真值条件:"我是缸中之脑"为真当且仅当我是缸中之脑。此类间接引语知识不同于由一个英语的非同音异义真理理论所表达的经验命题知识,即"我是缸中之脑"为真当且仅当我居住在一个含有大脑和缸子的世界,而我是这些大脑中的一个且居住在其中的一只缸子里。换言之,我总是有资格同音异义地陈述我语词的所指,即"缸中之脑"指称缸中之脑。但要我再澄清该词在我语言中的意义——"缸中之脑"指称我环境中确然限定的物理对象——是就我环境的本性提出了一个额外的经验论断。重要的是,由于如果我是缸中之脑的话,该经验论断可能为假,这不是在论证我不是缸中之脑的过程中可以合法作出的论断。更为普遍的是,费尔维和欧文斯(1994:126 – 136)论述了我对自己思想的内容可以具有内省知识,而无需知道如何正确地澄清这些内容。由此,我可以通过内省知道我对"我不是缸中之脑"的言说所表达的内容,而无需内省地知道该内容是否会与当缸中之脑说出该句子时它所表达的内容相异同。关于比较性内容的后一种知识至多是经验的。因此,在普特南的证明诉诸了关于比较性内容的知识的前提下,它未能构成一个使人信服的反怀疑论论证。在一个反对质疑所有经验知识的怀疑论者的论证中,假定任何经验知识都将是循环论证。

此外,即便我们不允许间接引语在普特南证明中的使用,怀疑论者还是处于困境之中。假设我以第一人称来展开6.2节中的外在世界怀疑论论证。为使怀疑论者为我不知道自己不是缸中之脑这个第一前提辩护,怀疑论者必须假定我实际上可以思考我不是缸中之脑这个命题。因为如果我不能思考该命题,那么外在世界怀疑论者就不能向我提供为什么我应该相信我不知道该命题的理由。但我可以思考该命题的唯一方式是仅当我不是缸中之脑。这本质上也是普特南的初衷:即便我能够持有我是缸中之脑这一怀疑假说,该假说也必定为假。

再来与如下普特南证明的简化版作一比较,这主要出自沃菲尔德(1999:78):

(17) 我想水是湿的。

(18) 没有缸中之脑能想水是湿的。

(19) 因此,我不是缸中之脑。

这里的前提(17)是先天可知的,这是由于我的内省官能对当下思想具有特许进入权。凭借对当下思想的自我知识而非对指称的间接引语策略的依赖,我们规避了对具有特定所指的词项的本体论承诺。实际上,沃菲尔德(1999:81)断言,如果将该策略理解为说的是对我语言中的所有指称项"N"而言,"N"指称某些N,那么就会有如下反例:我关于"独角兽"的个例指称某些独角兽。进而,沃菲尔德(1999:86-87)否认了该反怀疑论论证预设了攻击怀疑论者的前提:在反对外在世界怀疑论的语境中,诉诸心灵内容的先天知识是毫无问题的。但显而易见的是,当置身缸中之脑假说的背景下,在外在世界怀疑论与内容怀疑论之间有着紧密联系。因此布吕克纳(1999:48-49)断言,作为普特南证明基础的语义外在论引起了关于知识内容的怀疑论。简言之,只有我们能令人满意地对关于内在世界知识的怀疑论作出回应,我们才能解决关于外在世界知识的怀疑论问题!

让我们最后来考察即便普特南的证明是正当的怀疑论者也能反戈一击的两种方式。首先,正如莱特(1992:76-77)所评论,有必要用像"我"和"我的"这样的索引性表达以第一人称来表述该证明。假设我想弄清楚玛丽是否知道她不是缸中之脑:

(20) 玛丽的语言中有间接引语。

(21) 在缸中英语里,"缸中之脑"不指称缸中之脑。

(22) 在玛丽的语言中,"缸中之脑"是个有意义的表达。

(23) 在玛丽的语言中,"缸中之脑"指称缸中之脑。

(24) 因此,玛丽的语言不是缸中英语。

(25) 但是如果玛丽是缸中之脑,她的语言就是缸中英语。

(26) 因此,玛丽不是缸中之脑。

其问题在于,除非我们知道更多关于玛丽的情况,否则我们不知道她讲的是哪门语言,因而我们不能知道在她的语言中"缸中之脑"是否指称缸中之脑。假设玛丽实际上是缸中之脑。那么(20)、(21)和(22)皆为真,而(23)为假。因为在缸中英语里"缸中之脑"是个有意义的表达,然而它却不指称缸中之脑。尽管玛丽自己不能有她是缸中之脑的想法,但是我们可以有该想法,因而我们不能成功地展开该论证。依照莱特的观点(1992:93),其担忧在于既然正如我们可以疑虑玛丽是不是缸中之脑,对其他人来说也可能存在类似的、关于我们的疑虑。普特南的证明不能确保没有此类真的思想存在,因而它未能完全驱散梦魇!

第二,如果我是缸中之脑,我不能有关于头发或缸子的想法的原因是,在我和头发或缸子之间没有适当的因果联结,甚至都不会遇到与头发或缸子打过交道的其他人。但是,依照莱特(1992:90)和克里斯滕森(Christensen 1993:314-315),要是我只是最近才和我的身体相分离而被置于缸中又会怎样呢? 如果直到最近我与头发和缸子都在打交道,那么直到最近入缸前我都在讲英语,因而我的语词至少有一会儿将保持它们对头发和缸子的所指。不要忘了在5.4节中,为使缓慢切换论证运行,传送不得不进行得足够慢,使得词项能改变其所指。这意味着,普特南从语义外在论对外在世界怀疑论论证作出的回应,其范围受到了限制。对于外在世界怀疑论者而言,最好的规避此语义学回应的方式是转而依靠笛卡尔的梦的论证,这实际上也是个最近的进入缸中的情境。毕竟,你语词的指称不能在你睡觉时连夜改变。[12]

6.4 麦肯锡的配方

在5.2节中,我们处理的是布朗(2004:234)所称为的完成问题(achievement problem):鉴于处于心灵状态之中要依靠那些没人能特许进入的外在环境的特征,那如何完成对心灵状态的特许进入?

我们现在将转向她(2004:234)所谓的后果问题(consequence prob-
lem):同时假设了语义外在论和特许进入会导致什么样的后果呢?
后果问题突显了另一种阐明这两个教条之间明显张力的方式:它们
首先都被假定为真,然后使用直觉上有说服力的推论规则得出其荒
谬性,最后得出这些教条中至少有一条为假的结论。这样的推理路
线被称为归谬法(reductio ad absurdum):如果一个论证是有效的,
且其所有前提都为真,那么其结论也必定为真。因此,如果其结论
被判定为荒谬而为假,那么至少其中一个前提也必定为假。

其基本思想是简单的。先假定关于自我知识的论题成立。在
该情形中 S 先天地知道她思考了关于水的思想。但她通过哲学的
沉思使自己相信语义外在论是正当的,S 也能先天地知道如果她思
考关于水的思想,那么水就存在。将这两个前提合在一起,S 就可
以先天地知道水的存在。S 所需的仅是一条专门关于先天知识的
(封闭)的例示。然而,这是难以置信的:关于水的存在的知识是后
天的。而且正如 6.1 节中所勾勒,(封闭)的提出具有独立的动机,
因而该论证似乎是无可挑剔的。除非语义外在论者足够大胆以包
含对外在世界的特许进入,否则她因此将被迫放弃对内在世界的特
许进入。以上都出自麦肯锡(1991)和戴维斯(1998),该不相容论
证是 M – C 形式的一个例示,也被称为麦肯锡的配方(McKinsey's
recipe)。

(27) S 具有心灵属性 M。

(28) 如果 S 具有心灵属性 M,那么 S 满足条件 C。

(29) 因此,S 满足条件 C。

用麦肯锡的配方来制作一个不相容论证,C 必须是一个这样的
外在条件:其获得能使得 M 成为一个宽内容的心灵状态。例如,如
果 M 是一个当我想水是湿的时所处于的状态,那么 C 也许在于与

自然类水的例示所具有的因果关系。因此麦金(1989:30 – 36,47 –
48)认为,语义外在论者必须采纳以下对概念拥有的约束:

> (强约束)如果关于 X 的概念是一个原子自然类概念,那
> 么除非 S 与 X 的例示具有因果关系,否则 S 不能拥有该概念。

正如在4.1节中所提及,一个原子概念是一个缺少概念构成的
概念。麦金建议 S 可以拥有组合自然类概念 H_2O,而无需与 H_2O
的例示有任何因果关系。想象一下氢和氧分布得广而稀,以致从未
形成过 H_2O。如果 S 具有氢、氧和键合的概念,她就能通过将氧和
氢键合以形成 H_2O 加以理论化来构成 H_2O 的概念。不过,如果氢
和氧是原子概念,那么 S 必须额外亲知过这些化学种类的例示。原
子自然类概念必须具有一个这样的外延:这些概念的拥有者都与之
有因果关系。

也许更为可取的是,不去要求该原子自然类概念的每一个拥有
者都要与之有实际的因果关系。也许 S 作为这样的语言共同体中
的一员,其中的其他成员与如此这般的例示有因果关系就足够了。
以下的约束就没那么苛求了:

> (中等约束)如果关于 X 的概念是一个原子自然类概念,
> 那么除非 S 与 X 的例示具有因果关系,否则 S 不能拥有该概
> 念;或者 S 是这样的语言共同体中的一员,其中的其他成员与
> X 的例示具有因果关系。

在任何一种情形中,这两条约束都认为,如果 S 要拥有一个关
于 X 的原子自然类概念,那么 X 的例示必须存在于 S 的环境中。
现在假设心灵属性 M 拥有原子自然类概念水,且外在条件 C 是有
水存在。在该情形中,水是组合自然类(H_2O)的一个原子自然类概

念。再来考察下面的 M – C 形式的例示:

(30) S 有概念水。

(31) 如果 S 有概念水,那么有水存在。

(32) 有水存在。

　　由于 M – C 形式是肯定前件式(p→q,p;因此 q)的一个例示,它的有效性是没有问题的。而且其前提似乎都有完全非经验的考察作为担保。第一个前提是通过自我知识先天可知的,而第二个前提根据语义外在论就像是一个概念真理,因而也是先天可知的。因此,假定了(封闭)对于先天知识的可应用性,结论就能在纯先天的基础上演绎出来。然而这是无法容忍的,因为 C 含有 S 对之在直觉上不能先天进入的外在世界的特征。这的担忧不是:S 处于外在世界中,但却不能先天地知道关于它的任何东西。要记住 6.3 节中普特南证明的简化版(17)—(19),这与麦肯锡的配方在结构上是相同的。关于 S 以此方式开始先天地知道她不是缸中之脑在直觉上是毫无问题的。问题毋宁说是,S 可以演绎出关于外在世界特定、经验事实的先天知识。由于麦肯锡的配方应用于所有原子类概念,所以条件 C 的范围是潜在巨大的。因此,如果该推理是有说服力的,那么这两个前提或其中之一就不能是先天可知的。麦肯锡的配方是个悖论就因为,两个前提是先天可知的是有说服力的,然而通过这些前提推理得出的结论却至多是后天可知的。虽然评论者已将麦肯锡解释为试图对语义外在论进行归谬,但他(2002)很明确其原初抱负是要呈现一个由(30)、(31)和对(32)的否定所构成的不融贯的三元组。近年来,麦肯锡的配方引发了巨大争论,在这里我们难以完全恰当处理。以下谨列出三个主要的语义反对意义。[13]

　　(I)第二个前提(31)为假,因为其所受孪生地球论证的支持是不充分的,即使(中等约束)是理解语义外在论对拥有该心灵属性所施加约束的正确方式。再来看对(31)的换质位：

　　　(33) 如果水未能存在,那么 S 缺乏概念水。

　　在(33)中已经很明确了,我们还不足以显示特定概念其个体化取决于它们在其中作为个例的物理环境的本性。此外还必须指出的是,此类概念的存在取决于该环境下适当对象的存在。然而,孪生地球论证所表明的是,只要一个自然类概念有外延,该概念就通过其外延而外在地个体化。为了维持(31),必须要表明此类概念的存在正依赖于其外延的存在。正如布朗(2004:Ch.8)、鲍尔(2007)以及其他人所论述,孪生地球论证不能支撑更强的论断。因此,语义外在论者可以安全地拒斥(31),因为他承诺的是外在个体化而非自然类概念的种类依赖。

　　关于反对意见(I)的一个问题,正如我们在4.1节中所见,是其内容的个体化取决于外在因素的弱语义外在论似乎蕴涵了其内容的存在取决于外在因素的强语义外在论。把这个较弱的论断归入较强的论断正是波戈斯扬(1998b)干涸地球论证的结论。因此,尽管麦肯锡的配方并不直接攻击弱语义外在论,它是经由对干涸地球的考察而间接这样做的。但假设语义外在论者可以找到一条堵住干涸地球论证的途径。毕竟,正如我们在4.1节中所看到,伯奇(1982)构想了一个干涸地球的情境,其中 S 具有关于水的思想,尽管她不知道水的化学构成,且其全部环境中也没有水。使 S 能够思考此类思想的原因是,在其共同体中那些更为知情的成员中间,存在着足以将水的概念与像孪生水这样的概念辨别开来的化学知识。

　　关于反对意见(I)的另一个问题是,即使伯奇在干涸地球上是正确的,麦肯锡的配方对于强语义外在论仍是个威胁,而且那还是个就其本身都会令人吃惊的结果。乍一看,关于强语义外在论没有任何不融贯之处。索亚(1998)、普特南(1999)和努切泰利(Nuccetelli 2003a)都主张由含有自然类词项的句子所表达的命题是种类依赖的。4.1 节中埃文斯/麦克道威尔关于对象依赖思想的观点可以被合理地扩展,以致囊括种类依赖的思想。确实,6.3 节中戴维森的沼泽人论证似乎在支持该观点:沼泽人的个例句子根本不能表达任何思想,因为不存在任何外在个体化的条件。如果对该观点的一个种类依赖思想其伴随概念的特许进入蕴涵了对该自然类存在的先天进入,那么看起来似乎是哪里出问题了。

(II)来自吉本斯(1996)、麦克劳林与泰(1998a,1998b),S. 哥德堡(2003b)、努切泰利(2003a)、布朗(2004: Ch. 8)和布吕克纳(2001,2007b)的一个流行的反对意见是否认第二个前提(31)是先天可知的。例如,麦克劳林与泰(1998a:370 - 371,1998b:298 - 299,311)论述了即使(强约束)有孪生地球思想实验的许可,因而是先天可知的,这也并不能得出 S 可以先天地知道水是存在的。理由是,尽管 S 可以先天地知道她具有水这个概念,且其语义意向决定了其"水"的个例旨在表达一个自然类概念,但是 S 并不能先天地知道水是个自然类概念。因为水是个自然类概念仅当"水"有外延,确实仅当该外延包含了水作为一个自然类,且 S 不能先天地知道"水"是非空的或水是个自然类。就 S 先天所能知道的而言,水可能最终成为像作为硬玉和软玉的玉那样,甚至会像实际不存在的燃素那样。说话者可以先天地知道她意在用"水"来命名一个自然类,而不是"水"实际上就是该类的名字。如果作为一个自然类概念是水的一个外在属性,且正如吉本斯(1996:291)所说,内省仅能担负对思想内在属性的反思进入,S 也仅能后天地知道水是一个自然类概念。[14]此外,正如在 4.1 中所提及,是否 S 能先天地知道水是个原子概念而非组合概念,这点是可疑的。

麦克劳林和泰(1998a:371)将其与单一思想作了对比,后者正如我们在 4.1 中所见是对象依赖的。假设西塞罗是位演说家这个思想是由西塞罗自身个体化的单一思想。由专名"西塞罗"所表达的概念西塞罗是单一的,因而要理解该名字需要具有关于其所指的从物知识。如果该个体永远地不存在,S就不能思考该思想。他们的论断就将是,尽管S可以先天地知道她思考了西塞罗是位演说家这一思想,她却不能先天地知道她的思想是对象依赖的。因为要知道后者就是要知道存在一个个体,即西塞罗,以至西塞罗是位演说家部分地是由该个体而个体化的,而且这仅是后天可知的。简言之,正如作为一个对象依赖思想就是关于西塞罗是位演说家这一思想的一个后天事实,而作为一个自然类概念就是关于水这一概念的一个后天事实。

关于反对意见(II)的问题有四个方面。第一,麦肯锡(1991,2002,2007)将这一反对视为是对(31)在形而上学上必然为真的承诺。[15]好的方面是,相关形而上学必然性的知识是后天的,例如,水是H_2O;但不好的方面是,语义外在论就被琐屑化了(trivialized)。因为我的有内容的心灵状态具有各种各样的非相关的形而上学依赖关系。正如克里普克(1980)所假设,个体本质地具有其因果起源,我的信念——水是湿的(永远)使得我母亲的存在成为形而上学必然的,但为什么该信念的内容是宽的,其原因却与我的生物起源毫无关系。进而,麦肯锡(2002,2007)认为尽管(31)后天可知的,水的存在却是在概念上就被她具有概念水所暗含的了。根据其观点,(31)为概念关系是先天可知的这一论断提供了一个反例。他进而建议先天知识应该被封闭于概念暗含中:

(先天封闭)如果S先天地知道p,且p在概念上暗含了q,那么S先天地知道(或至少处于先天地知道的位置)q。

鉴于(先天封闭)和上述概念暗含,可得出如果S先天地知道(30)那么她就先天地知道(32)。但是,正如布吕克纳(2007b)所注意到的,如果仅有(30)是先天可知的,(32)何以能够在(30)和(31)

的基础上是先天可知的？这样,似乎任何肯定前件式论证的结论都是先天可知的,只要其前提是先天可知的。

第二,普约尔(2007:189-196)观察到,反对(Ⅱ)的范围是有限的。例如,它不能容纳埃文斯/麦克道威尔关于对象或种类依赖思想的观点,根据后者,如果 S 要是在干涸地球上,当她说出含有"水"的句子时她根本不能思考一个带有内容的思想。[16]要是 S 在干涸地球上,如果她先天地知道将受此类不幸的困扰,且 S 也先天地知道(30),那么看起来似乎 S 具有关于(32)的先天知识。这种新弗雷格式观点的拥护者也许会这样回应布朗(2004:Ch.8),S 具有关于(31)的先天知识仅当 S 能先天地排除她正遭受内容幻相的可能性。但 S 不能先天地知道她没有正在经受此类幻相,因为如果她正经受此类幻相,那么她就会继续相信她并非如此,要是有疑问产生的话。布朗在这里援引了6.2节中的(敏感性),即知识要求有敏感性信念这样的思想。结果,S 不能先天地知道(31)。然而问题是,如果 S 不能先天地知道她不是此类幻相受害者,那么由(封闭)就将得出 S 不能先天地知道她正在思考一个有内容的思想。在此关头,布朗建议放弃(封闭),因为它不相容于(敏感性)。

第三,正如盖梯尔(2004:46-47)、普约尔(2007:188)、哈格奎斯特和维克福斯(2007)所评论,反对意见(Ⅱ)承认了 S 缺乏关于其概念本性的把握性的内省知识,因而也缺乏关于含有那些概念的命题的知识。说话者可以先天地知道她思考了水是湿的这个思想,但是 S 不能先天地知道用于该思想的是哪个概念。诚然,语义外在论者通常乐于承认2.4和5.1节中的(认识的透明性),即 S 可以先天地知道任意两个被领悟的思想的异同。但受到损害的不止有对思想的此类逻辑属性的内省进入,还有对关键语义属性的内省进入。例如,先于对环境的详尽科学调查,S 不知道由"水"表达的概念是具有描述性内容还是直接指称的,这意味着 S 先于这些调查而对其概念或逻辑联结的了解几近于无。

第四,布朗(1995)构想了一个甚至更弱的对于概念拥有的约束,其通过规避水是个自然类概念这样的经验假设看上去完善了反对意见(Ⅱ)。布朗的思想大致认为,如果 S 处于一个既没有水也没有其他说话者的环境中,那么她就不能拥有水,因为那时将没有任何东西来决定该概念的外延:

> (弱约束)如果 S 具有关于 X 的概念,且 S 不知道该概念的应用条件,那么或者 S 处于一个含有 X 例示的环境中且该概念是一个自然类概念,或者 S 是具有关于 X 的概念的共同体中的一员,无论这是不是一个自然类概念。

布朗的指责是,(弱约束)足以为语义外在论者招致麻烦。按理说,S 可以先天地知道她具有概念水,且 S 也能先天地知道她对其应用条件并不确定,尤其是当此类决定性条件准备就绪时。后者可从 S 缺乏关于水的化学构成的信念这一先天知识中得出。说话者由此处于一个这样的境地,她先天地知道或者她处于一个含有"水"的环境中,或者在其言说共同体中存在拥有概念水的其他语言专家。但正如 S 直觉上不能先天地知道水的存在,她直觉上也不能先天地知道其他说话者的存在。

(弱约束)原则已激起了相当大的争议。费尔维(2000:140-142)与麦克劳林和泰(1998b:314-317)皆否认伯奇式的语义外在论者承诺了那么多。尤其,如果水最终是个非自然类概念的话,S 就能够在拥有该概念的同时继续对其应用条件不知情,然而也不用隶属于哪个言说共同体。根据他们的观点,就是没有这样的外在条件:其获得可由特许进入与语义外在论的合取先天地导出。布朗(2003)通过宣称这些相容论者不当地将不可知论(agnosticism)等同于仅仅对如何应用水的不确定来捍卫(弱约束);应把后者理解为:当存在关于水是否适用的确定事实时,对该概念是否适用仍不确定。如此理解的不可知论就是一种不完全理解。而误解则是另一种不完全理解。例如,以 3.3 节中的阿尔夫为例,他误解了关节炎,因为他对该概念适用于哪种病症抱有错误的看法。重要的是,以上两类不完全理解似乎都不是先天可知的。关于不可知论,S 可以先天地知道她不确定一个概念是否适用,但她不能先天地知道存在一个概念是否适用的确定事实。关于误解,S 不能先天地知道她关于一个概念如何应用的看法是错误的。例如,阿尔夫在和他的医生谈过之后得知"关节炎"不能应用于除关节处之外的病症。[17]

(III)第三个反对意见是明确指出一种可接受的方式,以容纳结论(32)的先天可知性。可以有一类先天可知的偶然陈述,这不仅被诸如"我存在"或"我现在在这里"这类不提供信息的例子所显示,也被自我知识中我们通常归之于自身的内容所表明。我可以先天地知道我具有命题水是湿的,即便我没有这样去做。因此,也许我们应将外在世界的特定信息层面也包括在内。索亚(1998)宣称,关于对诸如水或其他说话者的存在这类外在世界偶然特征的先天进入,没有什么是不合法的。来看这是为什么。索亚(1998:530)声称根据语义外在论,S 可以获得水的概念仅当在 S 和其物理或社会环境之间的正确因果联结已然就绪。这里的相关外在事实是普遍的——水或其他说话者的存在,而非特殊的——这个壶里有水或玛丽如此这般地说。但是如果此类因果接触对于水的获取是必需的话,就容不下 S 在缺少水或其他说话者时还拥有该概念这样的情形。她的概念因此是被其外延或其语言共同体的实践规划了的,因而是将此类关于外在世界的内容做了编码。因此,毫不意外 S 可以从其拥有水的先天知识中演绎出水或其他说话者存在的先天知识。如果 S 可以先于对外在世界那些特征的任何接触而获得该概念,那才只会是个谜。

作为回应,应该首先注意到语义外在论可以容许在一个自然类的例示以及其他说话者缺失的情况下拥有该自然类概念的可能性。

正如我们在4.1节中所看到,语义外在论相容于这样的情形——一个完全与世隔绝的科学家推导出一种氢氧化合物的存在,他与这两种物质都打过因果交道,只不过是在各自不同的场合。虽然其化学理论是错的,但是他显然拥有 H_2O 这个概念。其次,何以仅仅是正确因果联系的存在就能缓解对 S 不能先天进入外在世界的偶然特征的担忧,这仍是不清楚的。以下事实是起不了什么安慰作用的:即内省将只产生关于那些外在特征的先天知识,而 S 可以事先获得关于该类特征的知觉知识。如果 S 事实上没有获得此种知觉知识,那么她可以动用麦肯锡的配方第一次先天地知道那些特征。

一种原先更有前途的、硬着头皮应对的方式是接受布鲁尔的强论断(2000:§3),即为使 S 拥有(非空)概念水,她必须已具有关于其外延的基于指示的知识(demonstratively based knowledge)。那可能会是壶中之水清冽爽口这样的知觉指示性知识,或者此类知识被储存在记忆中而现在被"壶中之水清冽爽口"所表达。因为如果(31)要求 S 具有关于水的外延的、基于指示的知识,那么 S 就处于这样的境地:在从两个前提推知该结论之前就能达到关于(32)的事实。麦肯锡的配方不能因此就构成关于外在世界偶然特征新知识的一个特殊来源,正如布鲁尔所承认的那样。

马上想到的第一个反驳就是质疑语义外在论是否承诺了布鲁尔的论断,即如果概念水有外延而 S 拥有该概念,那么 S 必须具有关于其外延的一些知识。在该概念具有外延的情况下,对水的个体化事关紧要的是获得 S 或其语言同胞与该外延的因果联系,而不是 S 要额外具有关于那些联系的知识。但即便布鲁尔断言(30)需要关于(32)的后天知识是正确的,那也是与 S 先天地知道(30)是相容的,因此 S 在先天地知道(30)和(31)的基础上得以先天地知道(32)。在该情形下,正如布吕克纳(2007b)所评论,(32)将同时被先天和后天地得知。但(32)也被后天得知的事实并未使得关于(32)的先天知识就那么成问题。[18]

小　结

　　这一章继续探究语义外在论的认识论后果。焦点集中于关于外在世界的怀疑论如何与关于我们心灵状态及其内容的内在世界的怀疑论相契合。两种形式的怀疑论都依赖于知识封闭于已知蕴涵这一原则：如果 S 知道 p 且 p 蕴涵 q，那么 S 知道 q。内容怀疑论者认为，S 先天地知道，如果她正在思考关于水的思想，那么她就没在思考关于孪生水的思想，但是由于 S 并未先天地知道她没在思考关于孪生水的思想，因此 S 并未先天地知道她正在思考关于水的思想。布吕克纳支持这样的论证：S 思考关于水的思想的信念不能成为知识，因为它是被其经验证据所亚决定的。然而，根据费尔维、欧文斯和吉本斯，S 正在思考关于孪生水的思想这个可替代项既是相关的，又与她知道其思考关于水的思想是相容的。最终，埃布斯将这个内容怀疑论论证视为是自我反驳的。我们随后考察了外在世界怀疑论。虽然语义外在论似乎为内容怀疑论提供了基础，普特南还是将语义外在论视为是对外在世界怀疑论论证提供了一个迅速的语义回应：S 知道如果她有手那她就不是缸中之脑，但由于 S 不知道她不是缸中之脑，因此她不知道她有手。那些采纳了敏感性或知识相关替代项方案的人都拒斥封闭原则。普特南进而论述了如果我会想我不是缸中之脑，那么我就不是缸中之脑。因为缸中之脑与脑或缸子间没有因果关系，所以它们不能思考关于缸中之脑的思想。但是我先天地知道我正在思考关于缸中之脑的思想，因而我可以演绎地推出我不是缸中之脑这样的先天知识。其后我们对如下问题作了概述说明：各种与论证范围有关的应对，以及莱特是否在支持论证时对间接引语原则（我先天地知道词项"N"在我的语言中指称 N）的使用是循环论证。当关于否定怀疑论假说的先天知识看起来已转危为安时，我们就转向其他更加棘手的情形。麦肯锡论述了我通过内省先天地知道我在想水是湿的,并且我可经由对孪生地球论证的反思先天地知道如果我在想水是湿的,那么水就是存在的。因此,我可以通过(封闭)推知有水存在的先天知识。这有点令人吃惊。没有人可以获取关于外在世界偶然经验命题的冥想知识。我们又检查了对此的三个回应。一些人否认第二个前提为真。该前提假设了关于水的思想的种类依赖:如果没有水的存在,我就不能思考关于水的思想。但是语义外在论仅仅是一个关于水的思想的外在个体化的论题。其他人,比如麦克劳林和泰,则宣称第二个前提仅是后天可知的。我可以先天地知道我思考了关于水的思想,但由于我不能先天地知道水的存在,所以就不能先天地知道我的概念水是个种类依赖的自然类概念。最后,还有一些人采纳了水的存在是先天可知的观点。这种硬着头皮应对的策略宣称,由于水的获得涉及具有关于水的知觉指示性知识,因而此类知识也不足以令人难堪。

拓展阅读

通常认为,认识论的怀疑论应该显示我们缺乏关于外在世界特征的知识。随着语义外在论的出现,知识论学者都期望对此类怀疑论的语义学应对的到来。关于最近文章的一个近期合集参见 Keith DeRose 和 Ted Warfield 编著的(1999)*Scepticism:A Contemporary Reader*。这部文集的第一部分正是关于对认识论怀疑论的语义学应对的,例如,Putnam 对我们不是缸中之脑的证明,而第三部分是关于那些蕴涵否定封闭原则的认识论观点的。Jonathan Kvanvig 的(2006)"Closure Principles"是一篇近期讨论中关于如何最好地表述封闭原则的非常有用的综览。接下来的四本文集都收录了关于McKinsey 对语义外在论不相容于自我知识的论证——我们称之为"McKinsey 的配方":即由 Peter Ludlow 和 Norah Martin 编著的

（1998）*Externalism and Self - knowledge* 的第 6—11 章，由 Crispin Wright、Barry Smith 和 Cynthia Macdonald 编著的（1998）*Knowing Our Own Mind* 的第 9—11 章，由 Susana Nuccetelli 编著的（2003b）*New Essays on Externalism and Self - knowledge* 的第 1—7 章，和由 Richard Schantz 编著的（2004）*The Externalist Challenge* 的第六部分。Jessica Brown 的（2004）*Anti - Individualism and Knowledge* 在其第 7 和第 8 章中批判地讨论了对 McKinsey 配方的各种应对策略。最近一场引人入胜的交锋参见 Anthony Brueckner 和 Michael McKinsey 被收入 *Contemporary Debates in Philosophy of Mind* 中的文章，该文集是由 Brian McLaughlin 和 Jonathan Cohen 编著的（2007）。Kallestrup （2011）是一篇关于 McKinsey 配方的综览性文章。

7

心灵因果关系

7.1　心灵因果关系种种

在之前的两章里,我们已经探究了语义外在论的认识论意蕴。在这最后的一章中,我们将检查该观点的某些事关心灵因果关系的形而上学意蕴,让我们首先来考察下心灵因果关系各个方面的重要性。

假如我不小心碰到了蜡烛,接着感觉到手上一阵疼痛,随后我迅速地抽回了手。直觉上看,蜡烛导致了我手上的疼痛,进而导致了我的手的活动。在经历了手上的这般疼痛之后,基于此我形成了触碰燃着的蜡烛会导致疼痛的信念。该信念和我们想避免疼痛的欲望接着导致了我将来的行为,即从对燃着的蜡烛的触碰中抽手而出。这些情形阐释了从物理到心灵、从心灵到物理和从心灵到心灵的因果关系。至于为什么要接受这三类因果关系,至少可以举出五点理由。

(ⅰ)假设我正看着办公室窗外的倾盆大雨。雨水反射的光线刺激到我的视网膜。由此雨水给我造成了一个似乎正在下雨的视觉经验。在经历了这个经验的基础上,我形成了正在下雨的信念。鉴于我的信念为真,且其形成是可靠的,我就由此知道了这一切。如果没有从物理到心灵和从心灵到心灵的因果关系,关于外间世界的知觉知识将是不可能的。

(ii)我相信安娜吃了三个苹果作为午饭,而且相信苹果是水果。基于这两个信念,我推断并由此相信安娜吃了三个水果作为午饭。通过推理,一个信念由其他两个信念因果地产生。再假设我的信念——安娜吃了三个苹果作为午饭和苹果是水果相当于知识,因为它们都为真且其形成是可靠的。就像我所做的那样进行推理,我由此就知道了安娜吃了三个水果作为午饭。[1]如果没有从心灵到心灵的因果关系,由推论而来的知识将是不可能的。

(iii)副现象主义(epiphenomenalism)是这样的观点,尽管心灵的东西被物理的东西所导致,但是心灵的东西自身对于无论是物理的还是心灵的东西来说都是没有因果效力的。没有人能被理性地劝服而采纳这种观点。假设副现象主义者要构造出一个论证来支持其观点,这个论证可能会是这样的:如果其结论(心灵的东西在因果上是无能的)为真,那么对其前提合取的相信就不能致使我相信该结论。某些物理的东西可能会导致结论中的信念,但是该结论不会是理性地基于前提中的信念的。我们的演绎推理在本性上既是理性的也是因果的。

(iv)假设由于一次恶劣的铲球,我的膝盖遭受着剧烈的疼痛。在被用担架抬下场时,我说"我的膝盖骨疼"。直觉上我们会说是我的疼痛导致了我口头上的现象判断。问题在于,一旦我处于疼痛中的现象属性是副现象的话,那么该属性就不能导致我的判断,因而我们就不能用疼痛来因果地解释我的判断:我说我膝盖骨疼,因为那正是我觉得疼的地方。如果没有从心灵到物理的因果关系,我们就将面对现象判断的悖论。[2]

(v)如果我们从手段到目的的信念(means - end beliefs)为真,为满足欲望我们就会倾向于以此方式来行动,这已是日常民间心理学中的老生常谈了。即使当他们的信念是正确的,有的人也会从实际能满足其欲望的行为方式中抽身而出。也许他们正遭受意志薄弱之苦,或许他们易受众所周知的不道德欲望诱惑。我走进酒吧是因为我想喝啤酒,且相信走进酒吧就能喝上一杯。如果我已答应在同一时段要参加一个会议,那么我就会遭受道德的谴责。关键在于,如果这个解释不是因果的,那么此类谴责将意义甚微。如果没有从心灵到物理的因果关系,那么我们就不能理解人类的自由能动性。

　　为说明心灵因果关系的重要性已说了这么多。在进而考察心灵因果关系的问题之前,三点总体性的观察值得一提。首先,哲学家在关于因果关系项(casual relata)是什么的问题上意见不一,即原因 c 导致了结果 e 这个二元关系所联结的是什么的问题。一些人信奉对象因果关系(object causation),例如,足球导致了窗户玻璃的破碎。另一些人更青睐谈论事件因果关系(event causation),例如,足球赛导致了街头骚乱。但事件究竟是什么又是一个棘手的问题。戴维森(1970)坚持事件是赤裸的殊相(bare particulars),而金在权(1993a)将事件等同于属性例示,即由对象在时间中所例示的属性。还有一些人认为因果关系是一种事实间的关系,例如,吉尔喝红酒的事实导致了她偏头痛的事实。哲学家们对事实有着各式各样的刻画:或是作为真命题,或是作为使命题为真之物,或是作为所获得的事态。一些人认为存在一种独特的行动者因果关系(agent causation),例如,吉姆使全班大笑。最后,还有一些人将原因和结果视为属性,例如,套衫是黄色的,这是我要穿它的原因。然而在这里我们必须格外小心。如果属性是共相,那么作为类型的属性对于结果就是因果相关的,但仅有属性的个例才是原因和结果的候选项。属性的个例就是属性的例示,但属性的例示又是什么呢? 它们可以是那些具有属性的对象,例如,由于我有六英尺高,所以我是有六英尺高这一属性的一个例示。或者它们可能是转义的(tropes),例如,像我的高度(tallness)这样的抽象殊相。或者它们可能是作为属性例示的事件。[3] 暂不管这个争论,也不乏如下共识:并非原因的所有属性对于其结果都是因果相关的。一个导致了某结果的原因的属性是因果相关的,仅当该原因是通过具有该属性才导致了这个结果。[4] 假设普拉西多·多明戈演唱《苏格兰之花》震碎了我办公室的窗户玻璃。这个导致我办公室窗户玻璃破碎的事件具有关于歌词的特定语义属性,但是它们对结果而言是因果无关的。仅有某些纯粹物理属性是起作用的,即压力震动或其他声学属性。[5]

第二,关于心灵因果性的谈论就是关于一个或两个作为心灵的因果关系项的谈论,例如,一个心灵事件或心灵属性例示。这里没有暗示哪一种特殊的因果关系。将纯粹物理因果关系与心灵因果关系区分开来的仅仅是,在前一种情形中因果关系项都是物理的,例如,物理事件或物理属性例示。在这一方面,心灵的和纯粹物理的因果关系,正如克莱因(1995)所说,是同质的。

第三,在因果关系与因果解释之间的区分相当关键。正如我们所看到,因果关系是在诸如事件、事实或属性例示等具体外间世界实体间的关系。然而,因果解释却是一种关于哪些实体导致其他哪些实体的在语言或思想中的表征。因果解释,由此是一种句子、陈述或属性间的关系。然而,在大量情形中,因果关系与因果解释休戚与共。假设瓶子的破碎是因为苏西朝它扔了块石头。瓶子破碎这一陈述在这里是被解释项(explanandum),即有待解释的东西,而苏西扔石头这一陈述是解释项(explanans),即负责解释的东西。[6] 如果该因果解释为真,那么苏西的石头大概就是导致破碎的原因。比尔也朝那个瓶子扔了一块大小相当的石头,但是苏西的石头首先击中了瓶子。说瓶子破碎是因为比尔朝其扔了块石头这听起来奇怪的理由是,比尔的石头不是该结果的原因。表面看来,一个因果陈述"c"解释了另一个因果陈述"e"当且仅当 c 导致了 e。

关于心灵因果关系,至少有两个问题。一个是关于作为心灵

（qua mental）的心灵状态何以能导致物理的东西。这对于心灵形而上学中的二元论是个问题，前者说的是心灵的东西在数值上不同于物理的东西。以属性二元论为例。假设心灵属性 M 导致了物理属性 P。物理世界是因果封闭的，以致所有物理结果都要有充分的物理原因。这意味着 P 有充分的物理原因 P∗。根据属性二元论，M 和 P∗ 是不同的属性。但是没有哪个结果会有两个不同的充分原因，因为那样的话就会暗示了一种神秘的因果过度决定（causal overdetermination）。因此，P∗ 将排斥 M，使其不能作为 P 的原因。简言之，如果每个物理结果都有一个充分的物理原因，且没有哪个原因会被不同的属性导致两次，那么一个心灵属性何以能导致一个不同的物理属性？这被称之为因果排斥问题（causal exclusion problem），但这不是我们在这里的首要关切所在。[7]

另一个问题是关于作为有内容的心灵状态何以能导致物理的东西。这个问题因此不仅预设了心灵状态确实导致了物理状态，而且它们是凭借其内容这样做的。和其他地方一样，我们的关注主要限于像信念这样的命题态度的真值条件内容。在深入这个问题的细节之前，值得简要评估一下该假设。正如在普拉西多·多明戈在我办公室中演唱《苏格兰之花》的例子所强调，并非原因的所有属性都是因果相关的。那相对于各种各样的物理属性，为什么要认为具有特定内容的属性是信念和欲望的因果相关属性呢？大概是此类心灵状态是被神经生理状态所物理地实现的，而后者似乎是因果相关性的更好候选项。作为回复，首先要注意到，正如我们在 3.3 节中所见，心灵状态是通过其内容而被个体化。我的信念——今天是星期四——的内容是使该信念是其所是的一部分。一个信念内容的改变会导致该信念同一性的变化。今天是星期五这个信念显然是个不同的信念。简言之，信念内容对信念来说是极为关键的。其次要注意的是，当一个心灵状态的内容发生改变，该状态的解释值（explanatory value）也会因而不同。心灵内容的不同也为行为提供了不同的因果解释。今天我打开电视,是因为我就想看塔格特这部电视剧而不想看别的,并且我相信塔格特会在今天的电视上播出。我的信念－欲望对子因果地解释了我的行为。要是我相信塔格特是明天在电视上播出,我今天就不会打开电视。我今天打开电视就没有被我想看塔格特以及我相信塔格特明天会在电视上播出所因果地解释。在后一个例子中,我的信念－欲望对子就未能对我的行为提供一个因果解释。这暗示着欲望和信念具有其所有的因果结果,是因为它们具有其所有的特定内容。

现在我们就可以解释何以心灵状态能凭借其内容导致行为这一问题了。这主要是对语义外在论的一个挑战。根据其观点,信念和欲望的命题内容是由远端因素(distal factors)个体化的。使得水是解渴的这一玛丽的信念为宽的是一个外在属性,比如与水具有因果关系。但因果关系是局部的(local):行为的原因必须位于行动者的身体之内。使玛丽的手臂移向一杯水的是内在的神经生理属性。简言之,一个心灵状态何以能够凭借其所具有的内容导致某个行为结果,如果该状态的因果属性是内在的而其内容又是该状态的一个外在属性? 如果语义外在论成立,那么一个心灵状态的表征力何以能够与其因果力相调和? 这个问题可以通过因果解释而非因果关系得以表述。当要因果地解释行动者的行为时,因果关系的局部性允许我们只诉诸行动者身体的内在属性,但语义外在论却断言心灵内容是由超出体肤界限的因果历史因素所决定的。在此背景下,难以看出此类宽个体化内容何以可能在对行动者行为的因果解释中扮演一个角色。我们将把因果关系的内在性要求与心灵内容的外在性要求的调和问题称之为内容的因果相关性问题(the problem of causal relevance of content)。[8]

在这里作一说明。在地球上,玛丽关于水的思想是取决于她或其同胞说话者与自然类水的例示之间具有因果历史的联结。而玛丽的化身,即其在孪生地球上的内在副本,与孪生水处于因果历史关系之中,因此孪生玛丽思考的是孪生水的思想。其各自思想的不同命题内容是由她们与其各自外在环境的远端关系所确定的,即超越了此时此地在时空中延展的因素。然而玛丽和孪生玛丽的行为方式——喝一杯她们称之为“水”的东西,跳进游泳池等——却完全是由近端因素(proximal factors)所决定的,即她们的内在物理构造。她们手脚活动的原因必须内在于她们的身体。一些神经过程在她们相同的大脑里发生,然后信号被传回相关的肌肉致其收缩。对行为原因的全面考察仅详细说明了此时此地所发生之事的局部属性。它并未诉诸其他多少更为遥远的时空部分所发生的事情。

7.2 支持窄内容的模态论证

在介绍内容的因果相关性问题时,我们所谈论的是信念－欲望对子凭借其内容而导致行为。这里的“行为”应被理解为行动(action)。行为性的活动如果不是意向的(intentional)就不能被算作行动。我的胳膊由于神经性颤搐而上扬并不构成问候,因为我并未试图向任何人打招呼。因为我胳膊的活动不是由意向状态导致的,它并不能算作意向行为。这仅仅是一个身体活动。正如戴维森(1971)所说,行动是某种由行动者实施的“在某种描述下是意向的”活动。和痉挛或自动症一样,以错误方式导致的身体活动不能被视为行动。它们不是目的性或目标指向性的。如何最好地理解意向在行动中的角色是一个棘手的问题,且也不应在这里得到解决。戴维森(1963)也曾有过这样的著名论述:一个行动者以他的方式来行动的理由(reasons)就是该行动的原因。理由通过导致行动而解释了行动,因此也将行动合理化了。所以,根据行动的理由而作出的解释是因果解释。相关理由就是那些激发行动者去行动的理由,它们是行动和欲望的复合体。动机性理由(motiviating reasons)促进了对行动者行动的因果以及合理化解释。正如在5.5节中所提及,理由解释援引信念 - 欲望对子作为行动者以其方式行动的理由,且由此使得他的行动得以理解。它们与规范性理由(normative reasons)不同,后者是那些当行动者的行动被辩护时他所具有的理由。显然,可以存在一个行动者去行动的(规范性)理由而无需其成为他行动的(动机性)理由,在该情形中前面的理由是非解释性的。假设对于为什么你应当向乐施会捐款有很好的理由(去帮助那些贫困者),但是你为什么捐款的理由实际源自特定的赋税优惠。如果你进而具有实践理性,而且有着关于那些规范性理由的正确信念,那么你将依据你所具有的理由行动。因此,尽管规范性理由主要是为行动者的行动提供辩护,然而它们也能在对其行为的因果和合理性解释中发挥作用。[9]

我们现在再来回顾下内容的因果相关性问题。一个自然的想法是,只有窄状态可以具有因果效力。如果因果关系是局部的,且带有内容的心灵状态具有因果效力,那么此类状态的因果力必须随附于处于该状态的个体的内在属性。正如福多(1987:44)所说:"因果力随附于局部结构。在心理情形中,它们随附于局部神经结构。"带有窄内容的心灵状态正是那些随附于此类内在属性的状态。似乎可以得出,如果心灵状态的内容要是有因果效力的话,那它们必定为窄。

为比较起见,假设约翰往自动贩卖机中塞入一枚 25 分硬币。该硬币有着 25 分硬币所共有的特定的尺寸、形状和密度,但具有这些内在属性还不足以使其成为一枚 25 分硬币,因为这些都能被一枚制作良好的赝币所共享。一枚硬币是 25 分的,仅当其具有正确的因果历史。[10]但机器只是对硬币的内在属性起反应。至于硬币是由真正的铸币厂还是由天才的赝币制造者铸造的,机器对于这些是钝感的。正如我们将在 7.4 节中所看到,外在属性显然是进入了因果解释。说机器由于过度使用而出现故障是一个充分的因果解释,然而并非如此就要坚持被过度使用的外在属性因果的解释了其故障。尽管如此,还是可以作这样的类比:人类在某些方面和自动贩卖机是类似的。我们针对输入的知觉刺激通过我们的内部构造而做出反应。如果我们心灵状态的内容是据其与我们环境的因果历史关系而个体化的,那么这些远端的关系在产生我们的行为方面发挥不了任何作用。只有窄内容有机会扮演这一角色,因为我们物理身体的近端特征所确定的只是这些状态。

前面所述还有点概述性质,但是福多(1987、1991)基于对如何将心灵状态分类以适于认知心理学中对行为进行因果解释目的的考察,试图构建一个支持窄内容的更有力的论证。本节的剩下部分就是对这一论证以及随之而来的窄内容概念的详细说明,但首先我们值得停下来简单勾勒一下福多据以陈述其论证的背景。普遍认为,认知心理学在进行实质解释时,必须诉诸信念以及其他由其内容而个体化的心灵状态。斯蒂奇(Stich 1978)等人随即论述了该理论是不相容的论断。一方面,个体相异于心理解释状态——通过其内容解释行为的状态——仅当他们的内在物理层面有差异已成为一条方法论原则;但另一方面,孪生地球论证,或其外延,显示了内在物理副本可能会处于带有内容的不同心灵状态之中。斯蒂奇(1983)自己的解决方案是建议认知心理学应放弃对由内容个体化的解释状态的诉求。欧文斯(1987)、伯奇(1989)等人却否认认知心理学应该受这条方法论原则的约束。如果行为是被意向地刻画的,那么个体可能会相异于心理解释状态,即便就其内在物理特征而言他们是不可分辨的。如此理解下,就是说,内在物理副本可能会处于不同的心理状态之中,而后者就解释了行为的不同。认知心理学由此可以允许此类状态被其宽内容而个体化。相比之下,福多的论证可被视为试图通过援引窄内容来解决这个认知心理学中张力的一个努力。更确切地说,福多原本的想法(1982)是,尽管普通命题态度归属的真值条件未能随附于内在物理特征,然而心理解释状态却是随附于这些特征的。此类状态被一种窄的、非命题内容而个体化。

解释了行为的命题内容牢固地植根于头脑中,但此类内容并不决定真值条件。真值条件不是由头脑内的东西所确定的。[11]

福多(1987:42)由对方法论个体主义(methodological individualism)的定义开始,他将其界定为"心理状态是根据其因果力而被个体化的学说"。这意味着任意两个此类不同的状态 M1 和 M2 有着不同的因果力:M1 能够导致行为 B1 而 M2 能够导致行为 B2,当且仅当 M1 和 M2 是不同的。这个学说的理论依据是,心理学旨在进行因果解释,因而应该在方法论上不得不接受仅对被分类状态的因果力敏感的分类方式。我们需要一个这样的科学分类法,即只就心灵状态所具有的不同因果力而对其进行划分。方法论的个体主义与方法论的唯我论(methodological solipsism)不同,后者是如下更强的学说,"心理状态是不顾其语义评价而被个体化的"(1987:42)。[12]这意味着信念状态 M1 和 M2 不是被其真值条件个体化的:尽管 M1 和 M2 在某些语境下的真值有差异,它们完全可以被算作等同的信念状态。语义评价是一个外在的事项:玛丽的信念——水是一种充裕的液体为真,取决于水状之物在其环境中是什么样的。方法论的唯我论由此将此类外在属性从对心灵状态的个体化中排除出去。然而,方法论的个体主义却与心灵状态被外在地个体化是一致的。它仅要求进行个体化的属性是那些能影响所论及的心灵状态因果力的属性。因此,当外在属性能对心灵状态的因果力产生影响时,前者就能将这些状态个体化。福多(1987:33-34,191:5)提出了如下支持方法论个体主义的模态论证:

(1)地球上的玛丽和孪生地球上的孪生玛丽是分子的副本。

(2)因此她们的(实际的和反事实的)行为在相关方面是等同的。

(3)因此她们心灵状态的因果力在相关方面是等同的。

（4）因此玛丽和孪生玛丽就心理解释的目的而言属于相同的自然类,因而方法论的个体主义为真。

表面看来,第二个前提（2）似乎最有争议。的确,玛丽的行为和孪生玛丽的行为在某些意向描述下是等同的:她们都想获取一种水状之物。可以把化身之间的共同行为称之为"窄行为"。但在其他的此类描述下,她们的行为将会不同:玛丽想获取水,但孪生玛丽想获取孪生水。可以把不被化身共享的行为称之为"宽行为"。看起来似乎只能诉诸宽状态才能解释宽行为间的差异。

作为回应,福多（1991:6,14）承认宽状态的因果力导致宽行为。这些心灵状态绝不是没有因果效力的。首先来看被非意向地描述的宽行为:玛丽得到了（或攫取或喝到了）水但孪生玛丽得到了（或攫取或喝到了）孪生水。当被非意向地描述时,她们的宽行为有差异,但这与她们的宽状态不扮演独特的因果角色是相容的。为判断这些状态的因果力是否有差异,必须对特定跨语境的反事实情形进行评估。因果力是倾向性属性,它们支配着现实以及可能环境中的相互作用。诚然,要是玛丽及其关于水的状态被传送到孪生地球上,那她将得到孪生水;而要是孪生玛丽及其关于孪生水的状态被传送到地球上,她将得到水。对任何语境（地球、孪生地球等）而言,如果她们处在该语境中,那么她们非意向的宽行为就会相似。就此类行为来说,这些状态具有相同的因果力。唯一的差异是,玛丽与孪生玛丽实际上位于不同的环境中。

现在再来看被意向描述的宽行为:玛丽想获取（或寻找或钻取）水,而孪生玛丽想获取（或寻找或钻取）孪生水。在这里玛丽正试图得到水,而她的行为被视为试图得到水仅当其是由她关于水的状态所导致。同样地,孪生玛丽正试图得到孪生水,而她的行为被视为试图得到孪生水仅当其是由她关于孪生水的状态所导致。在这个例子中,丝毫没有利用到跨语境的反事实情形。由于玛丽在地球和孪生地球上(至少有一会儿)都将处于关于水的状态中,她的行为在地球和孪生地球上都将被视为试图得到水。类似地,由于孪生玛丽在孪生地球和地球上(至少有一会儿)都将处于关于孪生水的状态中,她的行为在地球和孪生地球上都将被视为试图得到孪生水。她们的行为由此将在这些宽意向描述下保持相关的差异,即便我们把她们考虑为处在不同的语境下亦是如此。我们可以将其表述为,关于水的状态始终如一地导致关于水的行为,而关于孪生水的状态则始终如一地导致关于孪生水的行为。

要解决这个问题,福多(1987:43,1991:19-21)让我们比较宽内容的心灵属性和成为一颗行星的属性。后面这个属性也是外在属性,然而却是科学可以用来对对象进行分类的属性。[13]一块巨大的岩石能构成一颗行星,仅当它产生了开普勒轨道。如果一颗行星的内在等同副本没有围绕一颗恒星以开普勒所发现的方式旋转,那它就不是一颗行星。成为一颗行星就是一种带有因果力的属性,凭借其能力去产生开普勒轨道。但是鉴于行星也可能没有开普勒轨道,成为行星要有这些(抑或任何)因果力都是偶然的。然而在宽状态情形中并非如此。如同玛丽和孪生玛丽的情形,关于水的状态导致了关于水的行为而关于孪生水的状态导致了关于孪生水的行为。但是拥有关于水的状态、而非关于孪生水的状态,并未因果地导致关于水的行为而非关于孪生水的行为,这即是说,状态间的差异并不是一种因果力,凭借其可因果地导致关于水的行为、而非关于孪生水的行为。其理由是,关于水的状态导致关于水的行为和关于孪生水的状态导致关于孪生水的行为,这在概念上是必然的。关于水的行为就是关于水的状态所导致的行为,而关于孪生水的行为就是由关于孪生水的状态所导致的行为。但正如休谟所教导我们的,某物所具有的因果力是由它所进入的偶然而非概念的联结所决定的。其结论是,原因间的差异要被算作因果力间的差异,仅当原因间的差异偶然地联结于结果间的差异。这会发生在成为一颗行星和仅仅成为一块巨大的岩石的情形中,但不会发生在关于水的状态和关于孪生水的状态的情形中。结果,关于后两种状态的差异不是一种因果力,凭借其可导致那些在分类学上相关于心理学中因果解释目的的行为属性,即该差异并不蕴涵用于解释目的的自然类差异。[14]

通过指出不同的宽状态共享因果力,使得这些状态间的差异与心理学中的目的无甚关系,模态论证是对窄内容的存在的一个间接支持。尤其是,该论证并未直接谈论方法论的唯我论。然而,福多(1987:43 - 44)明确地采纳了这种观点,根据其理论带有内容的心灵状态不是被其真值条件个体化的。[15]假设玛丽和孪生玛丽都说出"壶中有水"这个句子。玛丽所说的为真当且仅当有一些 H_2O 在壶中,而孪生玛丽所说的为真当且仅当有一些 XYZ 在壶中。因此,她们通过那些言说所表达的思想在真值条件上有差异。而如果那些思想有着不同的真值条件,它们也将相异于真值。如果实际上有一些 H_2O 在壶中,那么玛丽的思想为真,但孪生玛丽的思想为假。然而在那些思想都随附于玛丽和孪生玛丽共有的内在属性这个假设下,它们都是等同的。而如果那些思想是等同的,那它们的内容也是等同的。心灵状态内容的变化暗含了该状态同一性的变化。这意味着,尽管玛丽的思想和孪生玛丽的思想在内容上相同,但这两个内容的真值却不同。因此,看上去似乎内容并不决定真值或广义的外延。但是内容据说随附于外延,以致外延的差异就蕴涵了内容的差异。这就是普特南关于孪生地球的问题。

福多的补救方案(1987:46 - 48)是使内容与外延间的联系成为语境相对化的(context - relative),即内容对外延的决定是相对于一个语境的。语境是由那些决定了思想是关于什么的外在因素构成的,例如,维持与水之间的因果关系,决定了他关于水的思想是关于 H_2O 的。然后福多建议将思想的内容考虑为从语境和思想到该语境中思想的真值的函项。窄内容就是这样的。然而思想的宽内容是有真值条件的,而且仅在窄内容得以具体说明和语境得以确定之后才能被决定。因此,玛丽和孪生玛丽思想的宽的、具有真值条件的内容的差异可归结为语境的差异。但是她们思想的窄内容是相同的,因为她们都指派了相同的、从思想和语境到真值条件的映射。玛丽在地球上的思想为真当且仅当壶中有 H_2O,但她的思想要在孪生地球上为真当且仅当壶中有 XYZ。关于孪生玛丽的思想亦类于此。[16]

在这种观点看来,窄内容是不经受语义评价的。而当前的担忧是,此类内容不是真实的。内容将世界表征为处于一种特定的方式,因而如果世界就是那样的它就为真。不能为真而被评价的内容至多是潜在内容:一旦语境被确定,它就是传送真实语义内容之物。那福多会怎样支持其窄内容概念呢?他明确地拒绝把窄内容等同于普特南的程式化观念。后者不是普特南意在用来决定外延的,而窄内容尽管相对于语境,但确实是意于此的。此外,福多规避了任何得出这样句子的企图:它们实际上具体说明了窄内容相当于玛丽和孪生玛丽所共有的内容,凭借于此它们的思想被置于不同的语境中时具有不同的真值条件。这些现实中被我们地球人所说出的句子其内容全是宽的,因为它们是在一个特定的语境——地球上被言说的。可用句子来言说之物以一种语境独立的方式是语义上可评价的,但玛丽与孪生玛丽所共有之物却不是。结果,窄内容就有些不可表达了。通过对窄内容的评估,我们所能做的就是具体说明一个思想实际上所具有的真值条件是什么,以及要是语境不同了真值条件又会是什么样子。

7.3　来自化身的挑战

在 7.2 节中我们检查了福多的模态论证,后者旨在显示宽状态没有殊异的因果力。在这一节里,我们将仔细考察公然指责对象依赖心灵状态的因果解释力的论证。

正如在 7.1 节中所提及,在日常民间心理学中,我们是用如下欲望－信念原则来因果地解释行动者的意向行为的:如果 S 意欲 F,且相信做 A 将有助于确保 F,那么在其他情形相同的条件下,S 将会去做 A。假设我的化身与我面对着不同,但主观上不可分辨的苹果——可把它们分别称之为"苹果 1"和"苹果 2"。经过打量,我们所能说的只是,它们是相同的苹果。我伸手去拿苹果 1,因为我想要一些有益健康的东西,并且我相信苹果 1 是有益健康的。我的化身伸手去拿苹果 2,因为她想要一些有益健康的东西,并且她相信苹果 2 是有益健康的。正如我们在 4.1 节中所看到,知觉指示性思想不仅是被宽地个体化的,它们也是对象依赖的:苹果 1 是有益健康的这个思想是通过我正思考的被指示地认同的苹果而个体化的,但是仅当苹果实际在那里让我去指示我才可以这样去想。此外,由于我的化身和我面对着不同的苹果,我们的行为如果是宽地以这些苹果来描述的话,那将是有差异的。正如 7.2 节中所说,当我们环境的相关因素有差异时,我们的宽行为也会有差异。因此,该例子似乎显示了对象依赖状态可以因果地解释宽行为。

语义内在论者无需宣称对象依赖状态是解释无效的。她所需要指出的是,此类状态是解释冗余的(explanatorily redundant):无论它们解释的是什么,都同样能用窄内容以及环境中的相关因素来解释。这实质上就是所谓的化身挑战(doppelgänger challenge)。[17] 显然,窄内容因果地解释了窄行为,即化身间所共有的行为。我伸手去拿苹果,因为我想要一些有益健康的东西,并且我相信苹果是有益健康的。类似地,我的化身伸手去拿苹果,因为她想要一些有益健康的东西,并且她相信苹果是有益健康的。我们的行为都没参照我们各自环境中的特定因素。并且不论被拿到的是哪个苹果,我们心灵状态的共有内容都是可获得的。该共有内容的确是对象依赖的:要是我们在知觉上产生了苹果存在的幻觉,那我们都将处于带有该内容的那些状态之中。

窄内容并不是全靠它们自身来解释宽行为的。我对有益健康之物的欲望连同我相信苹果是有益健康的信念,并不能解释为什么我去拿的是苹果 1 而不是苹果 2。但这些心灵状态,连同相关事实,却解释了宽行为。我去拿苹果 1 而不是苹果 2,是因为苹果 1 是那个实际上在我面前的苹果。要是我面前的是苹果 2,假定我的心灵状态保持不变的话,我可能就会去拿它。因此,尽管我的对象依赖状态解释了我实际的行为方式,如果要是我处于一个不同的环境中,我的窄状态就解释了我可能的行为方式。而一旦实际环境是已知的,我们就有一个以我的窄状态对我实际的行为方式所作的解释。根据这种因果解释的双重要素概念(dual – component conception of causal explanation),对象依赖状态没有任何殊异的解释角色:窄状态连同相关的环境因素也能很好地解释宽行为。

上述内容还略显粗略,但仍有各种途径来使如下指责变得更加犀利:对象依赖状态在对行为的因果解释中是多余的。诺南设想了两类情形:一种是实际情形(A),其中 S 基于真实的知觉,踢了她面前的一只老虎;而另一种是反事实情形(C),其中 S 基于知觉幻相,踢向子虚乌有之物。诺南(1993:285 – 88)随后建构了下面的冗余性论证(redundancy argument):[18]

(5) 解释了 S 在(A)中行为的是她含有知觉指示性概念那只老虎的对象依赖状态。

(6) 解释了 S 在(C)中行为的是她含有概念有只老虎的对象独立(object – independent)状态。

(7) S 在(A)中的对象依赖状态在(C)中是不可得的,但 S 在(C)中的对象独立状态却可以在(A)中得到。

(8) S 在(C)中的行为可以通过诉诸 S 的对象独立状态得以理性地解释。

(9) 通过诉诸 S 在(C)中的对象独立状态足以解释 S 在

(C)中的行为。

(10)因此,通过诉诸 S 在(C)中的对象独立状态足以解释 S 在(A)中的行为。

(11)因此,通过诉诸(A)中额外的对象依赖状态是冗余的。

要注意,冗余性论证既排除了对象依赖状态的存在,又排除了其因果效力。其显示的仅是此类状态如果是存在的话,那它们在解释上就是冗余的。以下有两种反对意见:

(I)从(9)到(10)的推论假定了(A)中的行为与(C)中的行为是相同的。但是即使 S 在(A)和(C)中都做出了完全相同的身体活动,他们的行为在某些意向描述下也会有差异:袭击一只老虎与凌空蹿虚是不同的。

作为回应,诺南把行为的差异视为仅仅是外在的:在两种情形中 S 都作击打状,但只有在(A)中她才与老虎有过接触。正如 S 在(C)中的窄行为可被 S 在(C)中的对象独立状态所解释,S 在(A)中的宽行为也可被同一些状态、连同老虎的出现所解释。这种回应由此假定了宽行为是可以被对象独立状态连同相关环境因素所解释的。但如同克劳福德(1998)所论述,这种因果解释的双要素概念是有问题的。设(C*)为一个反事实情形,S 在其中遭受着真实幻相(veridical hallucination):在 S 的面前出现了一只老虎的幻相,然而当她踢向老虎时幸运地与老虎有了接触。直觉上,S 在(A)中的意向宽行为与 S 在(C*)中的意向宽行为有所不同,因为只有在(A)中 S 才确实是有意地踢了那只老虎。但是双要素概念不能辨别这两种情形:因果解释在两种情形中都在于援引 S 的对象依赖状态连同老虎的出现。这就容许解释为什么在(A)和(C*)中 S 踢向那只老虎,而非解释为什么只有在(A)中 S 才是有意地踢向那只老虎。要解释后者,必须要诉诸 S 的对象依赖状态。因此,为了解释意向宽行为在(A)和(C∗)中的不同,必须援引此类状态。[19]

(II)前提(10)讲的是,S 在(C)中的对象独立状态足以解释(A)中的行为。但这与(A)中的对象依赖状态足以解释(A)中的行为是相容的。正如是因果充分的不同于成为一个充分原因,对因果解释是充分的也不同于成为一个充分因果解释。假设我形成了要使用电脑台上邻近的空闲电脑(无论哪台)的欲望。当 7 号机突然空出来时,我形成了要使用这台电脑的欲望。然后我坐了下来,接着登入系统。与特定信念一道,后一个欲望充分地、因果地解释了我的行为,而这又因果地抢先排斥(pre – empt)了前一个欲望,但要是后一个欲望没有这样做的话,前一个欲望也能充分地、因果地解释我的行为。

作为回应,诺南指出两个例子之间存在不当类比。在电脑的例子中,两个欲望中的一个不出现的话,另外一个也会出现。但在老虎的例子中,当 S 持有知觉指示性概念那只老虎时,有只老虎这个概念不可能是不可获得的。因此,对象依赖状态并未因果地抢先排斥对象独立状态。此时,诺南并没有援引任何东西来支持(7)中的论断,即 S 在(C)中的对象独立状态在(A)中也是可得的。尽管如此,因果抢先排斥也还有别的情形,即其中在假定的原因之间存在着依赖性。苏西和比尔都朝瓶子扔了一块石头。比尔扔出在先,但是苏西的石头后发先至击中了瓶子,因为她扔得较比尔快得多。而且苏西只是在比尔先扔之后才扔出她的石头。因此,对于瓶子破碎而言,苏西的石头是原因,而比尔的石头是因果充分的。要是苏西没扔出她的石头,比尔的石头就会导致瓶子破碎。然而,要是比尔不扔出他的石头,苏西也不会扔出她的石头。

假设冗余性论证是正确的,且对象依赖状态在解释上是多余的。前提(6)说的是,有只老虎这个概念是对象独立的,但假定老虎是一个自然类概念,且因而将面临孪生地球论证。此时,冗余性论证的支持者们也许会承认,老虎不是在化身之间被共享的,然而却仍保持着它的对象独立性。回想下 4.1 节中在弱与强的语义外在论之间所作的区分。由于冗余性论证与具有宽的但却是对象依赖独立的内容将会是相容的,这就不会对因果解释中宽状态的不可或缺性构成直接威胁。冗余性论证完全不会对窄内容提供任何支持。或者,这个论证的支持者也许会试图用纯描述性属性来解释老虎:黄褐色、带黑色斑纹的、肉食性、无鬃毛猫科动物。我们来仔细检查下这个建议。该想法认为,这个描述性概念的内容不仅是窄的,而且也足够精细(fine-grained)合于心理解释的目的。它详细说明了概念的拥有者是如何设想老虎的,因而适合出现在对涉及老虎时他为什么如此行事的信念-欲望解释之中。语义内在论者通常将窄内容视为在我们的心理生活中实质上扮演着特定认知角色之物。正是其内容有助于对我们的言行进行因果解释。

然而,正如我们在 2.2 和 2.3 节中所看到,这也困难重重。首先,究竟是基于什么使得是这些而不是其他描述性属性被选入概念老虎的窄内容? 例如,为什么要除去有毛皮、是动物、原产于印度和凶猛的? 直觉上,是动物也是对"老虎"的定义,但原产于印度却不是。老虎必然是动物,但是可以不是原产于印度。在什么是对"老虎"的定义和什么是关于老虎的特定经验知识之间的界限,该划在哪以及该怎样划? 其次,几乎所有这些据称构成了老虎窄内容的描述性属性肯定会把"老虎"的外延弄错。想一想实际或可能的白虎、无斑虎和鬃毛虎。

作为回应,语义内在论者可以抛下所有表面属性,而仅持有那些本质属性。但如果只是像是动物、肉食性或属于猫科这样的属性入选的话,我们就不能解释老虎的认知内容(cognitive content),即那类适于出现在对行为的因果解释中的内容。说话者对老虎的概念化不同于豹与黑豹,但是豹与黑豹也是肉食性猫科动物。此外,"动物"、"肉食性"和"猫科动物"其自身就是易受孪生地球论证攻击的自然类词项。当然可以对相关属性进行约束,甚至进而使其仅容纳那些详细说明了虎种关键遗传密码的属性。通过把白虎吸纳进来，并把豹子排斥在外，就不会再弄错外延了。但这些属性都未能捕捉到认知内容。说话者确实可以拥有老虎这个概念，而无需知道任何有关老虎基因构造的知识。科学本质在那些完全掌握了老虎概念的普通说话者中并不是广为人知的。

让我们换一种策略来建构(C)中 S 心灵状态的内容，以证实其窄内容。可对比一下知觉指示性概念那只老虎。一种策略是，这些状态的窄内容包含了与指示性表达"那只老虎"相关的特征。特征是当说话者掌握了索引性或指示性表达后所知道的语言学意义。正如在 2.3 和 4.1 节中所提及，特征是从言说语境到这些语境中命题内容的函项，同时命题内容相应地是从评价环境到所指、外延或真值的函项。当涉及索引性表达时，命题内容是语境依赖的，因此不为化身之间所共享。对"那只老虎很吓人"的言说表达的是哪个单称命题取决于究竟是哪只老虎被指示性地识别。如果 S 指的是老虎1，那么 S 就表达了老虎1很吓人这个单称命题。如果 S 的化身孪生 S 所指示性识别的是老虎2，那么孪生 S 就表达了老虎2很吓人这个单称命题。但特征是语境依赖的，因此在化身间是共享的。"那只"的特征将某种语境映射到该语境中被指示地识别的对象上。不论是老虎1还是老虎2是那只语境显著的老虎，被 S 和孪生 S 所使用的"那只老虎很吓人"都是与被指示地识别的老虎很吓人这个特征相联系的。

佩里(1993)和卡普兰(1989)论述了一个带有内容的心灵状态，其认知意义在于其特征(佩里称之为"涵义")，而非其单称命题内容(佩里称之为"思想")。如果保罗说"我正要被一头熊攻击"，而彼得说"你正要被一头熊攻击"，那么他们表达的是同一个单称命题保罗正要被一头熊攻击，后者含有保罗和正要被一头熊攻击的属性作为其构成要素。但他们是处于不同的特征下而这样做的，即说者正要被一头熊攻击和听者正要被一头熊攻击。换句话说，保罗和彼得是以不同的方式相信同一件事情。结果,他们的行为也是不同的。保罗蜷成一团静卧不动。而彼得则找来公园看守人。但是如果彼得和保罗都说"我正要被一头熊攻击",那么他们就表达了不同的单称命题:保罗正要被一头熊攻击和彼得正要被一头熊攻击。然而他们是处于相同的特征下这样做的:说话者正要被一头熊攻击。换句话说,保罗和彼得是以相同的方式相信了不同的事情。相应地,他们的行为都一样,即蜷成一团。简言之,带有不同特征的相同单称命题内容将暗示着不同的行为,而带有相同特征的不同的单称命题内容则将暗示着相同的行为。因此,看起来只有特征扮演了解释性角色,至少在某些意向描述下是如此。

作为回应,西格尔(2000:108)反对道,特征太过粗化(coarse-grained)而不能扮演认知内容的角色。对比以下表达:"昨天"、"正说出这句话的前一天"和"昨天,或者如果今天是周日,那就是最近的那个周六"。这三种表达都将某种语境映射到了同一个所指之上,但是它们显然具有不同的认知意义。去想昨天下雨了无需涉及任何关于周日或关于说出一个句子这样的思想。这意味着这些思想将导致各种不同的语言或身体行为。

另一个问题是,像水和关节炎这样的普遍概念是否有明显的特征。任何有能力的说话者都知道"我"挑出了语境中的说话者,但"水"的情形又是怎样呢?卡普兰(1989)允许索引性表达具有一个语境敏感特征,因为它们的命题内容随言说语境的变化而变化;但他坚持认为非索引性表达只有一个固定特征,因为在所有这些语境中都援引了同样的内容。如果"水"是非索引性的,那么它将与"H_2O"具有相同的特征:它们都将某种语境映射到了同一个所指之上。那将阻止它们的特征成为在认知上有意义的,因为关于水的思想和关于 H_2O 的思想会导致各种不同的行为。

假设"水"被解释为"实际上的水状之物"的简称,而"实际上的"是个索引词,它挑出了言说语境的世界。再假设言说语境的决定因素含有一个中心世界,即一个有着被指示的说话者和环境的世界。这时"水"就有某种类似语境敏感特征的东西,这主要在于从这样一个扩展了的语境到所指的函项。假定"H_2O"并不包含此类索引性元素,其特征就将是固定的。鉴于"水"和"H_2O"将与不同的特征相联系,而后者就将构成认知内容。这个策略与查尔默斯的词项的认识内涵概念(2002,2003,2011)有相似之处,后者是将被认为是现实的世界投射到这些世界中的所指的映射。正如在4.3节中的解释,"水"和"H_2O"的认识内涵显然是不同的,因而也能服务于成为认知上有意义的这个目的,因此是解释上相关的。

然而,西格尔的问题(2000:111)还在那里:即便是语境敏感特征,也没有精细到适于扮演认知内容的角色。假设"水"是"实际上的水状之物"的简称。在地球和在反事实的孪生地球上,这都不会将水的指称弄错。但"实际上的水状之物是或不是 H_2O"亦是如此。重要的是,这两个严格化的摹状词具有相同的语境敏感特征,因为它们都导致了从扩展了的语境,或被认为是现实的世界到所指的映射。如果地球被认为是现实的那它们就挑出了 H_2O,而如果孪生地球被认为是现实的它们就会挑出 XYZ,但如果干涸地球被认为是现实的它们就不会挑出任何东西。然而它们具有不同的认知内容。某人完全能够想水是湿的,而无需拥有任何含有概念 H_2O 的思想。结果,涉及实际上的水状之物的思想和涉及实际上的水状之物是或不是 H_2O 的思想将导致各种不同的行为。

7.4 宽内容的解释值

到目前为止,我们已经考察了宽内容或对象依赖状态的因果相关性和解释力。语义外在论者也许会试图表明,这些问题同样也会困扰窄内容状态。在4.5节中的争论是,即便窄内容也不是内在的。窄内容随附于内在属性之上,而由此被各化身所共享。宽窄内容都是外在的,但其外在方式有着重要差异。宽内容有一种特定的世界依赖性,而窄内容仅有一种普遍的世界依赖性,后者与倾向性属性的情形大致相同。要使一块方糖可溶于水,就是要使普遍环境是这样的:当把方糖浸入水中,它就会溶解。即便一种溶质从来没有溶解在任何特定溶剂中,它也保持着其可溶性。但只有局部或内在属性是有因果效力的。使我手臂活动的是一簇神经和心理属性。关于内容的因果相关性问题这样看来就推广到作如此理解的窄内容上了。

　　如果语义内在论者在某种程度上能够确定倾向性属性的因果效力,他也许因而就会避免这个问题。何以如此呢? 诸如可溶性或易碎性这样的倾向性属性是根据其在特定给定输入之下做出特定输出来定义的。但它们(总是或通常)也植根于范畴基础属性(categorical base properties)。如在一阶和二阶属性之间作一区分,二阶属性是那些拥有某些与输入、输出及其他属性处于特定因果关系中的一阶属性的属性。要清楚,二阶属性不是一种属性的属性,而是例示了一阶属性的对象的属性。对象拥有一种二阶属性,仅当它拥有了一种扮演特定因果角色的一阶属性。二阶属性是角色属性(role properties),而一阶属性是填充属性(filler properties)。以可溶性为例。角色属性是这样的属性,它拥有一种导致浸入溶液中的溶质溶解的属性。而填充属性则是扮演了该角色的微观结构属性,例如,当一块方糖被置于水中时,分子间的键合导致了方糖的溶解。

　　倾向性属性总被视为等同于角色属性。糖和盐都共享可溶于水的倾向性属性。这些溶质所共同具有的是这样的属性,其拥有一种能导致在水中溶解的属性。但它们是通过不同的微观结构填充属性来共享此相同的角色属性的。这就对倾向性属性何以能够具有因果效力或是解释性的提出了问题。尤其是,它们似乎并未导致结果,而正是通过后者它们才得以界定的。假定易碎属性是拥有一个如果坠落就会导致破碎的属性。说杯子掉在地下碎了是因为杯子是易碎的,就是说杯子掉在地下碎了是因为杯子具有一个如果坠落就会致使其破碎的属性。这听上去有些奇怪。填充属性完成了所有的因果作用。更好的说法是,杯子掉在地下碎了是因为杯子具有一种特定的分子键合属性。就是这种微观结构属性连同坠落一道因果地导致了杯子的破碎。或者再来看布洛克的例子(1990:155-156)。激怒公牛的是斗牛士斗篷的红色,即正是这个作为红色的一阶属性导致了公牛的愤怒。[20]而斗篷同样具有挑衅的属性。这是拥有了例如红色这样的一阶属性的二阶属性,它导致了公牛的愤怒。但是斗篷的挑衅性并未导致公牛的愤怒。公牛太过愚鲁还未能体会于此。它至多可能导致动物权利组织采取抗议斗牛的行动。因此,这里的教训是:二阶角色属性对其定义所从出的结果没有因果效力。[21]

倾向性属性即使被视为是因果无效力的,但毫无疑问此类属性在科学中却经常进入因果解释。根据理查德·费曼的调查,导致挑战者号航天飞机爆炸的原因是:其中一个固体火箭助推器上的 O 形密封环在升空时失效。这些封闭环是用来阻止热燃气逸出并危害其他部件的,但当温度降低时这个特定的 O 形环未能随助推器的其他部件一起膨胀。因此,费曼是通过低温下该 O 形环伸缩性的减弱来解释这场灾难的。伸缩性是一种对象在使其变形的压力被移除后恢复原形的倾向性属性。可以想想橡皮筋是什么样的。非伸缩对象抑制了变形,因而是刚性的(rigid)。因此刚性是一种对象在外力下没有弯曲、折叠或伸缩的倾向性属性。这些倾向性属性在某种意义上是因果相关的。费曼在该情形下是正确的,即低温下 O 形环的刚性基础导致了灾难。杰克逊(1996:397)建议道,通过倾向性属性而进行的因果解释提供了两类信息:(i)由该倾向的范畴基础所导致的结果,和(ii)结果是该倾向由以被界定的输出之一。我们需要(ii)中所描绘的这类信息,因为某些基础属性可以支撑不止一种倾向,例如,金属的导电性和导热性有着共同的范畴基础。费曼所发现的是刚性的范畴基础导致了这场灾难,而灾难源自于刚性所特有的那类输出:O 形环在压缩后未能膨胀,而其失效就导致了灾难。

现在让我们回到窄内容。如果窄内容在本性上最好被视为是倾向性的,那么此类内容的因果效力又如何得以证实呢? 假设信念归属句是通过知觉输入和行为输出而被外在地界定的:"S 相信 p"为真,当且仅当 S 处于一个在特定知觉刺激下导致了特征性行为输出的物理状态之中。这是一个关于此类句子真值条件的论题,而既如此也并未就究竟是哪个状态同一于所论及的心灵状态这个形而上学问题作出回应。一种选择是将一个窄(信念)状态等同于一个二阶角色状态,即处于一个扮演了因果角色的物理状态之中的状态。语义内在论者也许就会将杰克逊关于倾向性属性的观点吸收进窄状态中去。这将会保持住窄状态的解释力,但会抹杀其具有任何产生它们所由以界定的结果的因果力的可能性。所有的因果作用都由一阶填充属性执行。要以某种方式解决作为窄状态因果效力的基础的形而上学问题,它必须等同于那些填充属性。这不是说心灵状态是等同于一阶物理状态的二阶状态,而毋宁说"S 相信 p"指称这类物理状态。这实际上相当于某种版本的身心同一论:心灵状态等同于大脑(和身体)的物理状态。因为此类神经生理状态是局部特性,因此在其何以能够具有因果效力以导致行为上没有任何神秘之处。[22]

在本节的剩余部分,我们将简要地讨论语义外在论者三种可能的回击方式。第一种是由威廉姆森提出的。可和他一样假定命题知识——命题 p 的知识——是一个独特的心灵状态,不能被分解为真信念和其他东西。知识是事实性的:S 知道 p 仅当 p 为真。这意味着,当 p 刻画了外在世界,知识只凭借其被论及的态度就将是一个宽状态。确实,正如有对象依赖和种类依赖的心灵状态,知识是一种事实依赖(fact - dependent)的心灵状态。来比较一下非事实性的信念:即对于 S 来说相信一个错误是可能的。如果信念状态是宽的,其如此是凭借它们的内容。威廉姆森(2000:60-64)提出,知识在对行为的因果解释中扮演了一个不可还原的角色。考虑这样一个解释:约翰挖出了宝藏因为他知道它被埋在树下(且他想致富)。关于知道的宽状态解释了宽行为。用"相信"来替换"知道"就削弱了解释,因为其并未蕴涵宝藏就在他所相信的那里。解释项——约翰相信宝藏被埋在树下,对于提高被解释项——约翰挖出了宝藏——的概率而言效果甚微。威廉姆森(2000:62,86-87)提出了一个不同的回应,即用"真诚地相信"来替换原解释中的"知道"。诚然,如果约翰真诚地相信宝藏是埋在树下的,那么解释确实蕴涵了宝藏就在他所相信的那里。但对于此类解释也应该会有反例:盗贼整夜在屋里翻箱倒柜,因为他知道屋里有一颗钻石。用"真诚地相信"来替换"知道"蕴涵了解释力的减弱。理由是,他的真信念可能会由钻石在床下这个假前提所导出,而实际上钻石是在抽屉里。在发现了钻石不在床下之后,盗贼也许会放弃其真信念,而由此就终止其搜寻。如果他知道了钻石是在屋里,就不会是这样了。

对这后一种情形,也许会有如下反对意见。当用"真诚地相信"来替换"知道"时,行动者的其他心灵态度应该是固定的。但在这个情形中,盗贼的真信念被认为是由假信念所导出的,而他的知识却不能由假信念所导出。因此,解释力的差异要归结于其他这些心灵状态间的差异。不是仅仅任何孤立的真信念就能将解释做得同样好的。如果知识可以解释一个行为的话,那么在所有其他相关心灵状态保持不变的情况下,一个相应的真信念也可以作出解释。例如,如果盗贼的知识即屋有钻石是基于屋里某处有钻石这样的证据,那他基于同一个证据的真信念也将使他彻夜在屋里搜寻。[23]

站在语义外在论立场的第二个反对意见是由杰克逊和佩蒂特(1988,1990)提出的。他们建议,因果解释可以援引那些作出规划(program)而未实际产生效果的特性。他们的一个例子(1988,397-398)是这样的。假设对象 X 被压入潮湿的黏土。可压实黏土使

X 形状的印迹留在上面。对象 Y 然后被置于这个印迹上,且与之完全吻合。为什么是这样呢?这有一个根据黏土的窄状态而来的程序解释(process explanation):X 在黏土上留下了一个直径 5cm 的圆形印迹,而 Y 与该印迹吻合因为它的直径也是 5cm。有一个直径 5cm 的圆形印迹是黏土和其所有化身所共有的一个属性。而根据黏土的宽状态而来的规划解释是这样的(program explanation):Y 与该印迹吻合,因为这个印迹是由与 Y 具有相同形状的对象造成的。有一个与 Y 形状相同的对象所造成的印迹不是黏土和其所有化身所共有的一个属性。第一个解释告诉我们实际涉及的是哪些特定形状,而由此得出在某种意义上特定形状是起作用的;而第二个解释则告诉我们起作用的是 X 与 Y 具有相同的形状,而由此得出在某种意义上特定形状是不起作用的。当然,Y 与黏土的所有副本都吻合——甚至与那些印迹不是由与 Y 形状相同的对象造成的也吻合。规划解释所说的是,如果我们把 Y 和造成印迹的对象的形状都改变,但保持它们之间关系的恒定,那我们仍会得到完全吻合的情形。

以此类推,援引宽状态的解释是规划解释。说话者 S 要拿一个特定的杯子,因为她具有那个杯子是可欲求的这个宽内容信念。该杯子有一簇描述性属性:有特定的颜色、形状、与 S 的距离和相对于 S 的方向。这些可称之为"该 F"。实际导致 S 去拿该 F 的是该 F 是可欲求的这个 S 的窄内容信念——假定杯子所具有的该 F 导致 S 相信该 F 是可欲求的。该 F 就是那个杯子,因此实际导致 S 去拿那个杯子的是该 F 是可欲求的这个 S 的窄内容信念。但要是该杯子具有稍微不同的描述性属性——可称之为"该 G"——那么 S 将会相信 G 是可欲求的——假定杯子所具有的该 G 导致 S 相信该 G 是可欲求的。而且那个信念就会导致 S 去拿该 G。因为该 G 将会是那个杯子,S 就将去拿那个杯子。因此,S 的行为有一个层面——去拿那个杯子——在一系列关于究竟是哪个窄内容发挥了因果作用的可能性中保持不变。

前面所述的一个问题是,尽管宽状态在某个因果解释中也许扮演着不可还原的角色,但是它们都全无因果效力。根据这个建议,所有的因果作用都是由窄状态完成的——宽状态只是搭了个便车。有人可能会像伯奇(1993b)那样回复,即我们的因果性概念根本上就是解释性的,因为因果相关属性就是那些处于最佳因果解释中的属性。我们对心灵因果关系的理解只能从我们对心灵解释的理解那里获得支持。由于宽状态是处于因果规划解释中的,因此它们必须被视为是具有真正的因果性的。[24]

最后一个方案是由德雷茨基(1988,1993b)提出的。它依赖于对结构性(structuring)和触发性(triggering)原因的区分。这有他的一个例子。按下键盘上的一个键,S 就移动了电脑屏幕上的光标。知道了这点,再假设 S 问为什么按下键时光标会移动。此时 S 是在寻找结构性原因。她想知道是什么导致机器处于这样一个状态,其中按下键会有这样的结果。我们将根据是什么产生了硬件条件来给出因果解释,比如,电脑中特定的电子联结,也许还有相关的软件条件。在触发性原因(cT)和结果(e)之间有一种因果规则性(causal regularity):(在特定环境下)无论何时 cT 发生,e 也会发生。但 e 并不规则性地跟从结构性原因(cS)发生:并不是(在特定环境下)无论何时 cS 发生,e 就会发生。此外,在 cS 与 e 之间的结构性因果关系是一对多关系,而在 cT 与 e 之间的触发性因果关系是一对一关系。不同的一次按键会导致光标的一次移动,但是相同的硬件会导致光标的所有移动。较之 cT 作为 e 的原因,也许 cS 才应最好被刻画为 cT 在其中导致 e 的背景条件的原因。软件程序员和硬件工程师一起制造了一台电脑,使得操作者可以通过按键来移动光标。触发性原因 cT 是 e 的单一原因,而 cS 是 cT 导致 e 的原因。

现在,让我们回到心灵的情形。德雷茨基提出了一个双重解释项策略(dual‐explanandum strategy),根据该策略,触发性原因仅对身体活动负责,而结构性原因则对意向行为负责。行为是心灵状态导致身体活动的过程。当 S 去拿一杯水时,因为 S 想要解渴且她相信去拿一杯水喝可以满足这个欲望,她的行为不是她手的活动,而是这个信念 – 欲望对子导致她伸手去拿的这个过程。德雷茨基将触发性原因视为心灵状态,而将结构性原因视为这些状态的内容。他承认,当一个心灵状态触发了一个导致运动输出的过程,它这样做仅仅是凭借其内在的物理属性。然而,该状态的宽内容在建构那些作为行为的因果过程中发挥了因果作用。正是因为 S 的信念具有其所具有的内容——拿一杯水喝是一种解渴的方式——(这和欲望一道)被征用为手活动的一个原因。因此,当 S 的纯内在物理状态导致了她手的活动时,是该内容致使那些状态去导致了那个活动。

作为回应,布洛克(1990:153 – 154)和金在权(1993b:302 – 303)反对道,在建构大脑中的因果过程时,宽状态的宽内容是否确实扮演了一个因果角色是可疑的。此类内容旨在通过致使神经生理状态导致身体活动来塑造这些过程。但导致这些过程得以发生的条件,与在此时此地实际导致某物是不同的。确实,S 大脑的物理状态似乎只是对其局部或内在属性才是因果可修正的。任何高度外在化的属性都不能进入导致身体活动的因果机制。

小 结

在这一章的开头,我们考察了心灵因果关系的各个层面。心灵状态由物理状态所导致,接着又导致了行为状态及其他心灵状态。尤其是,如果我们的信念为真的话,我们倾向于以满足我们欲望的方式来行动。民间心理学中有大量通过信念和欲望来对行为作出的因果解释,而且此类解释似乎预设了这些心灵状态相对于行为的因果效力。问题是:这些心灵属性何以能够凭借其所具有的内容去导致行为？关于内容的因果相关性的这个问题,语义外在论者尤感不安。因为根据其观点,信念和欲望的命题内容是由远端环境因素而个体化的。但因果关系却是局部的:行为的原因必定内在于行动者的身体。因此,如果心灵状态的因果属性是内在的,而其内容又是这个状态的外在属性,那么一个心灵状态何以能够凭借其所具有的内容去导致某种行为结果？我们仔细检查了福多的模态论证。由于心理学旨在进行因果解释,它应在方法论上采纳那些仅对其因果力敏感的心灵状态的分类体系。虽然宽状态具有导致宽行为——外在个体化的行为——的因果力,但两个不同的宽状态在导致不同宽行为之间的差异却不是因果力的差异。一个状态所具有的因果力是由其进入的偶然联结所决定的,但关于水的思想和关于水的行为之间的联结在概念上是必然的。福多旨在为窄内容辩护,但他对这个概念所试图作出的解释却被发现是成问题的。我们随后考察了诺南的冗余性论证,后者是用来反对对象依赖心灵状态的因果解释力的。这类状态是用来对宽行为进行因果解释的,但它们的解释力是冗余的:无论它们解释什么,都同样能被窄状态加之环境的相关特性所解释。然而,这种解释的双重要素概念似乎不能处理真实的幻相情形,其中某人产生了一个特定对象的幻相,然而却幸运地与一个不同但相似的对象发生了行为接触。进而,我们批判性地讨论了试图将窄内容例示为扮演特定认知角色之物的策略。尽管窄内容似乎有必要对内在副本间的行为异同作出说明,但语义内在论者已发现很难说这确切是什么。我们讨论了如果窄状态也是外在特性的话,是否会有一个关于窄状态因果效力的相应问题。最后,我们提供了三种涉及宽内容解释值的方案。威廉姆森论述了知识作为一种宽心灵状态,在对行为的因果解释中扮演了一个不可还原的角色。杰克逊与佩蒂特则将援引宽状态的因果解释视为规划解释:它们为结果作出规划,而无需实际产生什么。最终,德雷茨基提出了一种双重解释项策略,根据其论心灵状态仅仅是身体活动的触发性原因,而这些状态的宽内容则是行为的结构性原因,后者被理解为一个导致身体活动的心灵状态的过程。

拓展阅读

有大量哲学文献是关于心灵因果关系的,而我们应当有意识去厘清很多不同但总是相关的问题。对于心灵因果关系诸多层面、及其基础形而上学问题的易于理解的介绍,参见 John Heil 的(2004a) *Philosophy of Mind. A Contemporary Introduction*。Tim Crane 的(1995)"The Mental Causation Debate"和 Frank Jackson 的(1996)"Mental Causation"稍微更具挑战性,但在这方面仍是非常有帮助的。John Heil 和 Alfred Mele 在其 *Mental Causation*(1993)中收录了一定数量专门关于心灵内容的因果相关性的杰出论文。另外一些在这个主题有着重大影响的文章可以在 Andrew Pessin 和 Sanford Goldberg 编著的 *The Twin Earth Chronicles* 的第三部分找到。Robert Wilson 的(1995)*Cartesian Psychology and Physical Mind*:*Individualism and the Sciences of Mind* 是对 Fodor 模态论证的批判性讨论。亦参见 Frederick Adams 的(1993)"Fodor's Modal Argument"和 *Philosophical Psychology* 6(1)关于该论证的一个不错的专题中的一些其他不错的文章。Gabriel Segal 的(2000)*A Slim Book about Narrow Content* 中第 5 章捍卫了窄内容在心理解释中的角色。Frances Egan 的(2009)"Wide Content"论述了对内容归属解释性角色的考察未能支持窄内容的存在性。Tyler Burge 的(2007b)*Foundations of Mind* 捍卫了宽状态在此类解释中扮演了不可还原的角色这一论断。当涉及知识在行为的因果解释中的角色时,Timothy Williamson 的(2000)*Knowledge and Its Limits* 的第 2 章是关键性的读本,而第 1 章和第 3 章也同样值得细加审视。规划解释与过程解释的区分是在由 Frank Jackson 与 Philip Pettit 合著的一系列文章中发展起来

的,例如他们的(1988)"Functionalism and Broad Content"和(1990)
"Program Explanation:A General Perspective"。Dretske 的双重解释
项策略和对触发性原因与结构性原因的区分,在他的(1993b)
"Mental Events as Structuring Causes of Behaviour"和(1988)*Explaining Behaviour:Reasons in a World of Causes* 中均得以阐述。

术 语 表

分析/综合(analytic/synthetic) 一个句子(或陈述或命题)是分析的,当且仅当它是凭借构成它的表达或概念的意义为真的。一个综合句不能同时是分析的。例如,"雌狐(vixen)是雌性的狐狸"这个句子是分析的。作为一只雌性的狐狸就是"雌狐"所意谓的。通常,分析真理是先天可知的。理解了"雌狐"的意思就足以知道"雌狐是雌性的狐狸"为真。与之相较,"雌狐重约 5.2 千克"这个句子是综合的。重约 5.2 千克甚至不是"雌狐"意义的一部分。仅仅理解了"雌狐"的意思还不足以使人知道"雌狐是雌性的狐狸"为真。她还需要经验信息,比如,查阅一本百科全书。这个句子因此只是后天可知的。

先天/后天(a priori/a posteriori) 一个命题(或事实)是先天可知的,当且仅当它独立于经验调查或感觉经验就是可知的。一个后天可知命题不能同时是先天可知的。例如,命题红是一种颜色是先天可知的。要注意,一些哲学家认为,一个人不能拥有(现象)概念红,除非他具有对某种红的经验。这并未使得该命题就是后天可知的。关于一个人是否可以先天地知道一个命题这个问题,只有当他能够掌握这个命题之后才会产生。而为了掌握这个命题需要特定经验这一事实,与对这个问题的解决是无关的。

原因论(aetiology) 某事件或事实的原因论与其因果历史有关,即对该事件的发生或该事实的获得做出过因果贡献的先前因素。

因果解释(causal explanation) 一个解释由解释项(explanans)、解释者和被解释项(explanandum)构成。对一个事件进行因果解释就是要援引在某种意义上对先前事件因果负责的某些其他事件。因果解释回答"为什么"的问题,例如,为什么琼斯把盐放入水中? 因为他想煮一些意大利面。这里的问题意指被解释项,答案意指解释项。一些哲学家宣称事件能处于对其他事件的因果解释中,而无需对于那些其他属性是有因果效力的。因果解释在认知和特殊科学中很盛行,只要当行为是通过援引信念 – 欲望对子而得以解释的。应该把它们与还原解释辨别开来,后者回答的是"怎么样"的问题,例如,盐是怎样溶于水的? 氯化钠晶格分解为被水分子所包围的单个离子。特殊科学经常用低层属性来对高层属性进行还原解释。

因果相关性(causal relevance)　一个对象(或事件)的某些属性对于该对象的某些结果是因果相关的,而另一些则是因果无关的。假设棒球棒打碎了窗子。球棒的重量、速度和方向对于窗子的破碎是因果相关的,但颜色、价格和所有权则是因果无关的。球棒凭借所具有的前三个属性导致了窗子的破碎,但后三个属性对于结果是没有任何影响的。一些哲学家在以下宽泛的意义上来使用"因果相关性",即意味着某个对象(或事件)可以在导致某结果的因果关系中扮演一个角色,而无需实际产生该结果。

知识封闭(closure of knowledge)　说知识在已知蕴涵下封闭,即是说如果一个人知道 p 且 p 蕴涵 q,那么他也知道 q。然而,封闭原则的这个简化版本也有反例:当一个人知道 p 且 p 蕴涵 q 但就是未能形成 q 的信念。一个更好的建议是,如果一个人知道 p 且有能力从 p 中演绎导出 q,由此开始相信 q,这样保持着一个人关于 p 的知识,他就知道了 q。一些认识论中的怀疑论证依赖于封闭原则。拒斥这条原则,如同很多知识的敏感性和相关可替代项方案所倡导的那样,为迅速回应怀疑论铺平了道路。

言说语境/评价环境(context of utterance/circumstance of evaluation）　言说语境是由说者、听者以及该表达被言说的时间和地点构成。如果被言说的是一个含有索引性表达的句子,那么言说语境就需要被用来决定被表达的是哪一个命题。以"我是秃子"为例。如果约翰是语境中的说话者,那他表达的命题是约翰是个秃子,但如果布莱恩是说话者,那他表达的命题是布莱恩是个秃子。评价环境是由语境特性所构成的索引,这些特性无需在任何可能语境中一起出现。需要它们来评价所表达命题的真值。如果是对其中约翰是秃子,而布莱恩不是的环境进行评价,那么约翰所表达的命题为真,而布莱恩所表达的命题为假。如果是对其中谁都不是秃子的环境进行评价,那么这两个命题都为假。诸如此类。

偶然/必然（contingent/necessary）　说一个命题（或句子）是偶然的,就是说其为真但也有可能为假。例如,爱丁堡是苏格兰的首府这个命题是偶然的。照目前的情况爱丁堡是苏格兰的首府,但要是史实略有不同,格拉斯哥或斯特林就会成为苏格兰的首府。一个偶然命题在现实世界中为真,但在其他某个可能世界中则为假。说一个命题（或句子）是必然的,就是说其在包括现实世界在内的所有可能世界中为真。取决于被考察的是哪些可能世界,不同的必然性概念就会产生。在标准大气压下水的沸点是100℃这个命题在法则学上是必然的:其在与现实自然律一致的所有可能世界中为真。要找到一个在其中该命题为假的可能世界,你就不得不改变自然律。水是 H_2O 这个命题在形而上学上是必然的:其在所有形而上学上可能的世界中为真。它在一个有着怪异的自然律或不同的特定事实的可能世界中仍为真。

反事实（counterfactuals）　一个反事实是一个形如"如果 p 要是如此,那么 q 就会是如此"的虚拟条件式。这个虚拟条件式为真当且仅当或者 p 必然为假,或者 q 在 p 为真的那个最近似的可能世界中为真,其中近似性是个关于对自然律的遵从和特定事实匹配的问题。来考察如下反事实,"如果赛道要是浸水,赛马就会被取消"。

由于赛道可能已浸水,所以前件并非必然为假,因而反事实是非空真。但鉴于赛道浸水时赛马就不可更改地要取消,在其中赛道浸水的最近似的可能世界就是其中比赛被取消的世界。存在这样的可能世界,尽管赛道浸水但比赛继续进行,但这些是比赛道浸水且比赛取消的世界更为遥远的可能世界。前面的世界比起后面的世界需要改变更多的特定事实,比如,支配这些比赛的规则的改变。反事实条件式与形如"如果 p 是如此,那么 q 是如此"实质条件式是不同的。后者为真当且仅当如果 p 为假或者 q 为真。

从物/从言(de re/de dicto) 从物/从言的区分经常被与信念和知识一起应用。从物信念/知识形如"S 相信/知道一个是 F 的对象"。而从言信念/知识则形如"S 相信/知道一个对象是 F"。"从物"指示了一个对象,而"从言"指示了一个命题。

描述主义/指称的描述理论(descriptivism/descriptive theory of reference) 指称的描述理论或描述主义认为,指称项有与之相联的描述意义,后者既是有能力的说话者理解词项后所知之物,也是决定指称之物(如果有指称的话)。这种观点在语言哲学中应用于单指词项,例如像"罗伯特·伯恩斯"这样的专名,和通指词项,例如像"犀牛"这样的自然类词项。

间接引语(disquotation) 说一个人的语言中用了间接引语,就是说那个人能使用任何有意义的指称项来刻画它自身的指称。如果一个人知道了"指称"和引号的意义,那么那个人就有了其自身语言有间接引语的先天知识。例如,由于专名"阿历克斯·弗格森爵士"在我的语言中是有意义的,所以我先天地知道"阿历克斯·弗格森爵士"指称阿历克斯·弗格森爵士。允许间接引用一个人自身的语言,并不意味着就拥有了关于指称的识别性知识。我是否知道阿历克斯·弗格森爵士确切是谁是更进一步的问题,例如,他是曼联的苏格兰裔教练。类似地,通过成为一名有能力的语言使用者,我知道自己语言中一个同音异义真理论所表达的命题,即我知道自己语言中的句子"S"有间接引语的真值条件:"S"为真当且仅当 S。这与知道我语言中一个非同音异义真理论所表达的经验命题是不同的。我只能后天地知道"S"为真当且仅当 r,这里的 r 是对"S"的阐明。

认识论的怀疑论(epistemological scepticism)　认识论的怀疑论是关于我们缺乏实体某方面知识的论断,通常是如此这般的外在世界或局限于过去的外在世界,他人心灵或不可观察的科学实体。怀疑者是个虚构的角色,而怀疑论最好被视为是方法论的——作为一种做知识论的方式。最好的怀疑论证都是悖论:它们从直觉上有说服力的前提出发,经由直觉上有说服力的推导规则或认识原则,论证至一个直觉上不具说服力的结论。一个令人满意的回应因此应该不仅是拒斥其前提之一或推理,还应解释为什么该前提或推理一开始看起来如此具有说服力。

歧义谬误(fallacy of equivocation)　当一个词项的使用模棱两可,论证过程中在所具有的不同所指间游移,论证就会出现歧义谬误。考虑如下情形:山姆前往最近的堤岸(bank)采海藻。而最近的银行(bank)是南街上的苏格兰银行。因此,山姆前往南街上的苏格兰银行采海藻。这个论证是无效的:当结论为假时,其两个前提都可以为真。它犯了歧义谬误,因为在第一个前提中"bank"被用来指示堤岸,而在第二个前提中被用来指示银行,而这个歧义被用来得出结论。如果一个论证含有模棱两可的词项,但却并不依赖于这个歧义,它也许会是误导性的但却不会犯歧义谬误。

一阶/二阶属性(first – order/second – order property)　一个二阶属性就是具有一个一阶属性的属性。例如,与天空有着相同的颜色是个二阶属性,而是蓝色的则是个一阶属性。二阶属性不是属性的属性,而是例示了一阶属性的对象的属性。我的牛仔裤有是蓝色的属性,而它们也有与天空有着相同的颜色这个属性。二阶属性与一阶属性是不同的。如果天空突然变成了灰色,我的牛仔裤仍然有是蓝色这个属性,但它们不再具有与天空有着相同的颜色这个属性。心灵哲学中的一些功能主义者认为心灵属性是二阶功能属性:它们是具有扮演了特征因果角色的一阶属性的属性。这就允许不同物种通过处于扮演着相同因果角色的不同物理状态中而共享相同类型的心灵状态。这即是说,通过不同的填充状态来共享相同类型的角色状态是可能的。

不相容论(incompatibilism) 不相容论是指哲学中任何这样的观点:其中两个表面上具有说服力的论题是不相容的。在当前的语境下,它是这样的观点:语义外在论不相容于自我知识。缓慢切换论证试图指出,在不知情的情况下经历了一系列地球与孪生地球之间缓慢传输的说话者,不会先天地知道他们正在思考关于水的思想,因为他们不能排除他们正在思考关于孪生水的思想这个相关可替代项。另一组论证旨在显示,如果说话者先天地知道他们正在思考关于水的思想和如果他们正在思考关于水的思想那水是存在的,那么他们就能演绎地推出水存在的先天知识。

意向语境/外延语境(intentional context/extensional context)指称项"a"出现于意向语境中仅当"a"被内嵌于一个诸如信念算子这样的意向算子的辖域之中。指称项"a"出现于外延语境中仅当"a"未被内嵌于这样一个算子的辖域之中。例如,专名"波诺"出现于句子"波诺是 U2 乐队的主唱"的外延语境中,然而却出现于句子"利兹相信波诺是 U2 乐队的主唱"的意向语境中。一个自然的想法是,共指词项在外延语境中可以相互替换而不改变真值,但在意向语境中却非如此。"波诺是 U2 乐队的主唱"为真,而"保罗·戴维·休森是 U2 乐队的主唱"也为真。但似乎有可能"利兹相信波诺是 U2 乐队的主唱"为真,而"利兹相信保罗·戴维·休森是 U2 乐队的主唱"却为假。当利兹只知道这个人的艺名时,这就有可能发生。

内在/外在属性(intrinsic/extrinsic property) 一个内在属性是

一个对象仅凭借该对象所是的方式而具有的属性,这独立于其他对象所具有的属性,甚至独立于其他对象是否存在。一个外在属性就不是内在的,因此一个对象具有一个外在属性取决于其他对象及其属性的存在。例如,具有特定质量是个内在属性,但具有特定重量是个外在属性。一个对象的质量是个关于该特定对象中物质的量的问题。而一个对象的重量则是个关于地心引力作用于其质量的问题。当在地球表面移动一个对象时,它的质量保持不变,但其重量却会随引力场的变化而变化。

语言学意义/说话者意义(linguistic meaning/speakers' meaning)　语言学(或词典或约定)意义是一类表达式意义,它独立于任何特定的言说语境。相比之下,说话者意义是说话者在一特定语境说出一个表达时所意指的东西。说话者说一件事却意指另一件事是司空见惯的。假设我用"街角有卖酒的商店"这个句子意在告诉你哪能买到酒。在这里说话者意义是我通过说些别的——即街角有卖酒的商店这个语言学意义所意谓或暗示的——你能在街角买到酒。由于我们共享关于语境显著特征的知识,而且都依赖于关于成功交流所需的特定假设,因此你就能把握我意欲交流的——我在交流中所暗示的东西。

方法论的唯我论/方法论的个体主义(methodological solipsism/methodological individualism)　方法论的个体主义是这样的观点:心灵状态根据其因果力而个体化,以致两个心灵状态是不同的,当其仅当它们具有不同的因果力。一个心灵状态的因果力在于处于该状态的个体在特定环境下可能导致的结果。方法论的唯我论是这样的观点:心灵状态不用根据其真值条件而个体化,以致两个等同的心灵状态有可能会有不同的真值。

身心同一论(mind‑body indentity theory)　心灵哲学中的身心同一论认为,心灵状态在数值上(numerically)同一于大脑或身体的物理状态。所论及的同一性可以是个例‑个例同一,也可以是类型

- 类型同一。个例同一性理论认为,对于每个个例心灵状态 M 个例,都存在某个个例物理状态 P 个例,以致 M 个例同一于 P 个例。更强的类型同一性理论认为,对于每种(被实际例示的)类型心灵状态 M 类型,都存在某种物理类型 P 类型,以致 M 类型同一于 P 类型。

可能世界(possible worlds)   大致说来,一个可能世界是事物可能会是的一种方式。一些人将可能世界视为具有最大一致性的句子集合。一些人将它们视为最大可能事态。然而另一些人认为可能世界是不可还原的,而且如同现实世界一样真实。不管这些争论,可能世界可以被用来更好地理解模态句的语义学。以句子"猪会飞是可能的"和"热是分子在气体中的平均能量是必然的"为例。模态算子"是可能的"和"是必然的"可以被视作刻画可能世界的量词。第一个句子为真当且仅当存在一个其中猪会飞的可能世界,而第二个句子为真当且仅当对于所有可能世界热都是分子在气体中的平均能量。这里的"存在一个"和"对于所有"分别指示了存在量词和全称量词。

语用学/语义学(pragmatics/semantics)   语用学处理的是特定语境下的言说或表达个例。对比之下,语义学处理的是独立于特定言说语境的表达类型。另一种作出区分的方式认为语义学关注的是语言学意义,而语用学关注的是说话者意义或使用。还有区分认为语义学处理的是真值条件或与真值条件相关的内容,而语用学处理的是超越于真值条件的意义要素。然而这三种区分并不吻合。例如,人称代词"我"和"她"是语境依赖的,但它们的真值条件内容是由语义学研究的。

命题(proposition)   一个命题就是由一个诸如"妮可·基德曼出生在美国"这样的陈述句在语义上所表达的东西。命题也经常被视为真值的主要承担者。因为命题妮可·基德曼出生在美国为真,所以表达该命题的句子也为真。最后,命题也被等同于信念及其其他命题态度的内容。关于信念归属句的语义学的一个简单观点认为,"布莱恩相信妮可·基德曼出生在美国"这个句子为真,当且仅当布莱恩在信念上相关于由"that"从句所表达的命题。一些哲学家认为命题是结构性实体。例如,指称主义者认为妮可·基德曼出生在美国这个单称命题是由妮可·基德曼和出生在美国这个属性所构成的。另外一些哲学家认为命题是从可能世界到真值的函项。假设在可能世界 W 中,妮可·基德曼出生在德国。那么这个命题就将现实世界映射到真,而将 W 映射到假。

指称主义/直接指称论(referentialism/direct reference theory)直接指称论或指称主义认为,指称项直接指称其所指,即不经由对任何相关限定摹状词的满足。此类摹状词也许会在确定词项指称时发生作用,但它们不会给予该词项以意义。根据这个观点,指称项的意义就不是其所指之外的东西。对于词项为何具有其所具有的指称,因果历史方案作如下解释:词项在过去的某个时刻被命名仪式引入语言,接着又经由某条交流的因果链条传播。

知识的相关可替代项方案(relevent – alternatives account of knowledge)　知识的相关可替代项方案认为,知识就在于消除对于已知的所有相关可替代项。根据这个观点,知道但无需排除所有替代项因此是可能的。支持者们就什么使得可替代项是相关的这点上还未能达成一致。例如,一些人说相关性是由言说语境的特性确定的,以致一个可替代项在一个语境中可以被算作相关的,而在另一个语境中却不行。

严格指示(rigid designation)　一个严格指示词是在对象存在的所有可能世界中都指称相同对象的词项(而在该对象不存在的可能世界中不指称任何其他对象)。所有直接指称性词项都是严格的,但不是严格指示词都是直接指称性的。直接指称性词项是规则上严格的(rigid de jure),因为它们的严格性是由语义规则所确保的。但某些限定摹状词,比如数学摹状词,是事实上严格的(rigid de facto），因为它们碰巧在所有可能世界中都挑出了相同的对象。大多数语言哲学家都认同普通专名和自然类词项是严格指示词。一个非严格限定摹状词可以用索引词"实际的"来严格化。"2006 年国际足联世界杯获胜者"这个摹状词在现实世界中挑出了意大利，而在其他可能世界中则根据谁在那些世界中赢得了 2006 年国际足联世界杯来挑出其他国家。而严格化后，"2006 年国际足联世界杯的实际获胜者"则在所有可能世界中挑出了意大利。没有任何这样的可能世界，在其中意大利输掉了现实世界中的 2006 年国际足联世界杯。

自我知识（self - knowledge） 自我知识是一种一个人对其自身心灵状态及其内容的特许进入，它产生了关于那些状态及其内容的先天知识。它首先可以应用于诸如疼那样的当下的现象状态和当下的信念与欲望。自我知识可由权威性、非推导性和显著性来刻画。假定了有能力、真诚和专注，一个人无需提供理由以支持他处于某当下心灵状态中的论断，一个人无需从其行为推知其处于该状态，且如果一个人处于该状态他将倾向于注意到他处于这个状态。自我知识与一个更强的论断形成了对照，后者认为个体能够先天地知道任意两个所掌握的命题是相同还是相异的。说一个人能以这种方式具有内容的逻辑属性的先天知识，就是说这些内容在认识上是透明的。尽管大多数语义外在论者主张有当下心灵状态内容的先天知识，但他们拒绝认为这些内容在认识上是透明的。

语义遵从（semantic deference） 说一个指称项被以语义遵从的方式使用，即是说当涉及该词项的应用条件时，一个人遵从其语言共同体中语言专家的意见。这个现象在自然语言中是普遍存在的。它使得对一个指称项的掌握还不完备的说话者能够在交流中正确地使用该词项，并被赋予涉及其指称的信念。假定我有很多关于西红柿的真信念：它们是红色的、味道可口、可用来做匹萨、直径 5 -9 厘米。但是，像其他很多人一样，我也认同"西红柿是蔬菜"。

我遵从地使用"西红柿",因此当专家向我指出西红柿是水果时,我就更正了我的用法。尽管是个错误,但最好把我的言说理解为是关于西红柿的,因此它表达的是我的(错误)信念——西红柿是蔬菜。

语义外在论/语义内在论(semantic externalism/semantic internalism)　语义内在论是这样的观点:语言或心灵的内容随附于个体的内在特性之上——它是被化身或内在副本所共享的内容。语义外在论是与之相反的观点:语言或心灵的内容并不随附于个体的内在特性之上——其内容在处于相关不同外在环境中的那些化身或内在副本之间各有不同。

知识的敏感性方案(sensitivity account of knowledge)　知识的敏感性方案陈述了一个人知道 p 当且仅当其关于 p 的信念是敏感的,而一个关于 p 的信念是敏感的当且仅当如果 p 为假他就不会相信 p。由于敏感性在模态术语中被理解为反事实,知识的敏感性方案也是一种知识的模态或追溯方案。要知道 p 需要一个人在一系列可能世界间追溯真理。

随附(supervenience)　一个属性集 A 随附于另一个属性集 B,仅当两个对象不能相异于 A 属性而不相异于 B 属性。如果它们就其 A 属性有差异,那么它们也必须相异于其 B 属性。换言之,如果两个对象共享相同的 B 属性,那么它们也必须共享相同的 A 属性。对其 B 属性的不可分辨性蕴涵了对其 A 属性的不可分辨性。

沼泽人(Swampman)　沼泽人是一个想象中的唐纳德·戴维森的物理副本,作为闪电击中一棵死树的后果,他碰巧被从不同的分子中拼凑出来。假定沼泽人也是唐纳德·戴维森的功能副本,他的每一种行为方式都与戴维森相同。尽管沼泽人和戴维森之间在功能和物理上相似,目的论语义学和其他内容的历史观点断言,沼泽人应该完全不可能思考任何想法。其理由是沼泽人没有任何因果历史。他不属于人类血统,他确实缺乏任何自然选择史。此外,他也从来不是任何物理或社会环境的一部分。

目的论语义学（teleosemantics）　目的论语义学，或目的论内容观，认为心灵状态的命题内容是由其生物功能给出的，而此类功能是用进化论术语来理解的，即通过这些状态，被自然选择的某种历史过程选择来用作什么来得以理解。通过将表征状态认同为生物状态，目的论语义学可被算作一种自然主义的内容理论。

类型/个例（type/token）　一个类型是事物的一个普遍种类，而一个个例则是事物的该普遍种类的一个特定具体的例示。类型是抽象的无形实体，而个例是时空中的具体属相。在"letter"这个单词中有四种字母类型，但有六个字母个例。

孪生地球（Twin Earth）　孪生地球是一颗想象中的、宛如地球的遥远行星，除了那种降自云端、从龙头流出、又充满海洋的干净、可饮之物有着极其不同的微观结构，简称为XYZ。我们每个人在孪生地球上都有一个化身，其对化学的了解（也像我们被认为的那样）知之甚少。孪生地球思想实验是被设计用来确立语义外在论的。当我在地球上使用"水"时我指称的是H_2O，而当我的化身在孪生地球上使用"水"时她指称的是XYZ。鉴于指称的不同蕴涵了意义的不同，我们各自的"水"的个例就有了不同的意义。但由于我的化身和我是内在相像的，我们所意谓的就不能是我们内在特性的函项。意义的个体化必须进而依赖于我们不同物理环境的、可能是未知的本性。

二维语义学（two-dimensional semantics）　二维语义学依赖于两种不同的设想可能世界的方式。人们可以将可能世界设想为反事实。然后问道：鉴于现实世界所是的方式，如果它要是如此这般又会怎么样？或者人们可以将可能世界设想为现实的。然后问道：如果现实世界要是变得如此这般又会怎么样？相应地，取决于可能世界如何被设想，可以将两类不同的函项指派给一个陈述或一个指称项。一个陈述/词项的认识内涵是从被设想为现实的可能世界到真值/所指的函项。一个陈述/词项的虚拟内涵则是从被设想为反事实的可能世界到真值/所指的函项。虚拟内涵是后天可知的,因为它们需要关于哪个可能世界是现实的知识。更具争议的是,认识内涵是先天可知的,因为它们的可知是独立于哪个可能世界是现实的。

亚决定(underdetermination)　说一个理论或假说是被证据所亚决定的,就是说在一给定时刻可获得的证据不足以决定该理论或假说是否为真或是否可接受。可能还存在另一个理论或假说,虽不相容于第一个,但却能同样好地相容于那一时刻可获得的全部证据。这有一个自然科学中的例子(New Scientist 19 September 2009)。为什么有些雌性动物会有角? 偶蹄类动物的角被认为是进化用来相互争斗的,但大多数母牛或鹿都不涉足此类争斗。证据是,角最有可能出现于那些居住在旷野且大得足以被捕食者看到的物种身上。一种理论认为,角被进化用作防御性武器,但其他竞争理论也同样能相容于如下证据:雌性动物为食物而争斗就是角进化的原因。

注　　释

1 描述主义

1 引号在各处的使用是为了避免使用/提及的混淆。说明如下，"布朗"指示谈及那个指称布朗其人的名字，例如，"布朗"含有五个字母，但是在布朗那里没有字母。

2 为简便计，我们将偶尔说"水"指称 H_2O，但它在这里的意思是，"水"指称的是构成其外延的自然类 H_2O 的例示。与之竞争的一种观点认为，自然类词项指称的是抽象种类自身，而不是它们的具体例示。在 4.4 部分前，我们将暂且不顾及此论。

3 此后我们将在陈述句的意义上使用"句子"，例如，一个句子可被用来作出一个论断。

4 当我们说一个表达"表达了什么"时，我们此后所指的将是语义表达。说话者也能使用表达去传达其他类型的意义，例如，非字面意义或语用上的言外之意。

5 弗雷格（1994a/1892）把这种只处理对象和指称项的观点称为"对象观点"，如今这个观点也有得名自密尔的另一个称呼"密尔主义"。第 2 章将专注于指称主义。

6 弗雷格实际使用的是"早上的星"（"the morning star"）和"晚上的星"（"the evening star"）这样的名字，但我们将继续使用"暮星"（"Hesperus"）和"晨星"（"Phosphorus"）这样的专名。

7 此后我们谈及概念和命题时将用黑体以显示。

8 弗雷格（1994a/1892：143）谈到，"……符号的涵义，包含在呈现模式之中"。我们也能将涵义视为指称被决定的方式、或通达指称的途径。埃文斯(1982：16 – 17)谈到,"……有一种特定的思考指称的方式,被理解了该词项的有能力的语言使用者所共享"。

9 伯奇(1977)和萨蒙(1986)认为弗雷格的意义旨在扮演(i)心理角色:它们将充当对象的纯概念表征,一个有着完备能力的说话者会将其联系于词项,(ii)语义角色:它们将充当词项指称被确定的机制,(iii)认知角色:它们将充当词项的语义值——词项对其所在句子的信息内容所作的贡献。

10 依从克里普克(1980),我们将方便地谈论水同一于 H_2O,尽管严格说来这是有误导性的。例如,水是液态的,但是某些由水构成的化合物呈现为水蒸汽或冰。而且,一个单一的 H_2O 分子不是一种液体。我们也能代之说水(主要地)是一种由 H_2O 分子构成,且有与氢键和低聚物有关的特定动态结构。亦参见 Needham 2000。

11 类型是普遍的种类,而个例是那些种类的具体特殊事例。让我们以"letter"为例来说明类型和个例的区分。这个单词有六个个例字母,却只有四种类型的字母。或假设我说你和我有相同的宝马汽车,我也许指的是你我共有同一辆个例汽车,也许我们各自拥有同一类型的汽车中的一个个例。更多关于语义学和语用学的区分参见 Bach 2008。

12 亦参见 3.2 节。

13 弗雷格的解决方案不是毫无问题的。例如,它违背了语义无知原则(the principle of semantic innocence):嵌入信念归属的句子恰恰表达了它们没有嵌入时所表达的命题。尤其是,无论指称项是处于信念算子的辖域之内还是以外,看上去它们都显示出相同的语义行为。我们在第 2 章将论证名字总是指称相同的对象,因而不能被用以指称与之相联的涵义。相关讨论参见 Forbes 1990。

14 在 2.4 节中我们将详细阐述一种指称主义者的回应,在 3.4 节中将讨论克里普克悖论在社会外在论语境下的一个应用。关于进一步的讨论参见 Kallestrup 2003。

15 详见 Goldman 1967。

16 杰克逊(2004)似乎捍卫一种类似于(D)的观点,即当一个说话者意欲就命题 p 进行交流时,他成功地就 p 进行了交流,仅当听者都知道说话者意欲就命题 p 进行交流,并且最终在交流结束后心中有了 p。作为回应,克鲁恩(2004)似乎倾向于(B):所有成功的交流要求说者和听者知道他们所指的是同一个对象,但是此种共同指称的知识能够在不假定他们共享任何描述内容的情况下得以确保。

2 指称主义

1 更多详尽的讨论参见 Kaplan 1978,1989,Recanati 1993,Marti 1995 和 Soames 2002。

2 批判性的讨论参见 Evans 1973。我们将在4.4节详述自然类词项的指称主义语义学。

3 一些描述主义者承认名字和自然类词项与限定摹状词并不同义,但它们的指称却总是被这些摹状词确定。然而克里普克(1980:83 – 92)容许某些词项的指称以这种方式被确定,他的哥德尔 – 施密特的例子就旨在说明,作为一项事实,大多数日常专名的指称不是由限定摹状词确定的。因此,甚至这种更弱形式的指称主义也是难以维持的。

4 并非任何真的命题知识归属都能这样。该归属的内容必须:(i)对 S 识别出亚里士多德的独立方式进行说明,且(ii)将此方式与作为"亚里士多德"承担者的属性相联。S 不能得知"亚里士多德"所指称的亚里士多德,除非对于某个异于作为"亚里士多德"承担者的属性 G,S 将亚里士多德识别为 G 并且知道 G 是"亚里士多德"的承担者。例如,G 可以是作为亚历山大大帝老师的属性。更多细节和讨论参见 Dummett 1978:125 – 127 和斯托内克 1997:547。

5 我们应该加上,严格指示词即在所有对象在其中存在的可能世界中都指称相同对象,而在对象不存在于其中的可能世界里不指称其他对象。这给严格指示词在对象不存在于其中的可能世界里是否指称相同对象,或在这样的世界中缺乏所指留下了空间。

6 "亚里士多德"实际指称哪个对象当然取决于是那条偶然约定在支配名字。在语言中,我们实际上说"亚里士多德"是用来指示亚里士多德的,但在某些可能语言中"亚里士多德"则指示其他某个人。然而,当决定"亚里士多德"严格与否时,这些可能性是无关的。重要的是我们实际使用"亚里士多德"的方式。亦参见克里普克1980:77。

7 或参见克里普克在 1980:fn.56 处的论述。

8 更多谈论参见 Stanley 1997 和 Salmon 2003。

9 对描述主义的其他公开反对如下所述。假设专名"皮亚诺"是"皮亚诺公理的发现者"的简称。这意味着,这个名字指称任何发现那些公理之人。语义论证即可展开如下。直觉上,句子"皮亚诺是意大利人"为真,但句子"皮亚诺公理的发现者是意大利人"为假。是戴德金发现了那些公理,而他是德国人。而认识论论证的展开也如下述。直觉上"如果亚里士多德存在,那么亚里士多德写了《尼各马可伦理学》"是后天可知的。但是,如果"亚里士多德"的命题内容是由"《尼各马可伦理学》的作者"给出,那么那个句子应该是先天可知的,因为这在语义上等同于"如果《尼各马可伦理学》的作者存在,那么《尼各马可伦理学》的作者写了《尼各马可伦理学》",后者显然是先天可知的。更多细节参见 Salmon 1986 和 Soames 2002。

10 要请杰克逊(2004:273 – 274)原谅,他建议将水和 H_2O 间的关系视如钻石和碳之间的关系:为使 H_2O 算作水,它必须具有某些水状属性。微观结构事关重要,而形式亦有关系。

11 普特南(1990:70)坚信,就某物成为水而言的形而上学充要条件是什么这样的问题毫无意义。一旦我们改变了自然律,"水"的外延是什么就变得捉摸不定。

12 亦参见克里普克 1980:10 – 15。

13 在 1.2 节中我们考察了一条组合性原则(组合命题),即由句子表达的命题是被它表达的组成部分的命题内容和这些内容的组合方式所决定的。模态替换原则(模态替换)实际是这条组合性原则用于模态句的结果。

14 要记住第 1 章的第 9 个尾注中弗雷格式的涵义扮演的三类角色。有人也许将模态论证视为显示了作为陈述的描述性模式的涵义不能构成确保指称的语义机制。这与涵义仍旧扮演其他心理或认知角色是一致的。模态论证至多显示了单个涵义概念不能扮演全部三种角色。亦参见 Salmon 1986 和 Burge 1977。

5 更深入的讨论参见 Stanley 1997:574 和 Jackson 2004:260。

6 我们将在 3.3 和 3.4 节转回到涉及语义遵从的情形。

7 参见克里普克 1980。

8 关于言说语境与评价环境的区分,更多细节参见卡普兰 1989:494。正如我们将在 4.3 节所看到,这个区分与查尔默斯在可能世界的两种考察方式间作出的区分有相似之处。

9 关于索引性表达的更多讨论参见 4.1 和 7.3 节。佩里 (1993)将弗雷格(1994b/1918)解释为说"我"的涵义是私人的和不可交流的,这被认为与他关于涵义是普遍可达和可共享的观点相矛盾。安娜不能用(18)来表达托马斯使用(18)时所表达的东西。安娜也不能使用"该说话者感到鼓舞"或"安娜感到鼓舞"。正如我们将在 4.2 节看到,索引性信念的内容是不可还原地以自我为中心的。想象安娜正承受严重的失忆之苦,以致她丝毫不知谁是说话者或她叫什么。她依然有能力使用"我"去直接指称她自己。埃文斯 (1981)评论道,即便某些弗雷格涵义不可共享,它们仍旧可能是客观的,因为它们的存在和具有其真值都独立于说话者对它们的持有。

10 接下来的讨论要多归功于索姆斯 1998:15 – 16,2002:43 –
46,和 2005:304 – 305,尽管他用的是专名作例子。批判性的讨论参
见凯勒斯特拉普(即出)。

11 我们认为水的概念在于由"水"所表达的命题内容。

12 对象确实可以在其他任何对象缺席的情形下具有它们的内
在属性。内在属性的例子包括作为正方形和有六英尺高的属性,外
在属性即非内在的属性。其例子包括在格拉斯哥以东和比我妹妹
高的属性。这种对内在的定义在大多数情况下是可行的,尽管考虑
到有"是孤独的"这样的属性。或者,对象的内在属性可以被定义
为,被那个对象的所有内在或完美的复制品所共享的属性。这种解
释的问题是,作为与玛丽等同的属性,虽然直觉上是内在的,但却并
非被任何玛丽的副本——比如玛丽的同卵双胞胎所共享。更多细
节参见朗顿(Longton)和刘易斯 1998。失去或获得内在属性的对象
即经历了实质变化,而失去或得到外在属性的对象只是经历了吉奇
所称说的"剑桥变化"("Cambridge change")。当由于妹妹的成长
我不再比她高时,她经历了一个实质变化,而我则仅仅经历了一个
剑桥变化。内在和外在的区分总被视为与非关系和关系的区分相
同。但考虑有比胳膊更长的腿这个属性。最好把处于关系中视为
概念的属性,而非属性的属性。例如,挑出内在属性的关系方式是
存在的。

13 更多关于严格化和完美地球的讨论参见 3.4 节和凯勒斯特
拉普(即出)。

14 更多细节参见萨尔蒙 1986 和索姆斯 1987,1989。索姆斯
(2002)最近的观点是,含有名字的句子语义上表达了单称命题,但
说话者也能用这类句子部分地断定描述命题。肖(Thau)(2002)认
为,说话者可以使用约定上隐涵描述命题但语义上表达了单称命题
的句子来就描述命题进行交流。认为(21)和(22)的真值相异的直
觉,即可由如下事实加以解释:尽管这些句子表达了相同的单称命

题,但说话者使用它们来就描述命题进行交流,对于后者他们相信有不同的真值。日常说话者不会这样总是敏感于语义表达和断定/约定隐涵的区分。对所谓的米利恩描述主义(Millian descriptivism)的批判性讨论,参见布劳恩和赛德 2006 和卡普兰 2007。克鲁恩(2004)持相关但不同的观点,即虽然指称项的命题内容是其所指,但是所指是由有能力的说话者系于该词项的描述属性决定的。

3 从语言到思想

1 自然类的形而上学是个复杂的问题,我们在这里不会过于深入。只是提下,萨尔蒙(1981)认为,从普特南和克里普克的语义论证中只能推出琐屑形式的本质主义。

2 物理主义者主张,心灵属性同一于,或至少强决定于物理属性。如果物理主义是假的,那么我们需要补充道,这些孪生地球上的化身就其非物理的心灵属性也同一于地球人,比如经历体验是什么样(what it is like)的这类基本的质的属性。

3 普特南(1975:152)认为,"水"有个"未被注意到的索引性构成"。如果是这样的话,那自然类词项在什么程度上是索引性的这个问题将在 4.4 节中探讨。

4 说得清楚些,当普特南谈论"意义"时他指的是命题内容:指称项的意义在于其对决定由包含它的句子表达的命题所作的贡献。

5 参见伯奇 1986。

6 A 属性集随附于 B 属性集,仅当没有两个对象会相异于其 A 属性,而不相异于其 B 属性。换句话说,随附说的是,如果两个对象就其 B 属性看是不可分辨的话,那它们对于其 A 属性一定也是不可分辨的。随附因而与如下可能性相容:两个对象有相同的 A 属性,却相异于其 B 属性。

7 在文献中,该观点也被叫作"反个体主义"和"内容外在论"。伯奇(2010:61)将"反个体主义"定义为这样的论断:"许多心灵状态的本性建构地(constitutively)依赖于超越于个体的主题和具有这些心灵状态的个体间的关系",其中这些关系包括因果的、非表征性的关系。

8 要注意,在建立孪生地球思想实验时,水被假定为一律是H_2O,但是有些H_2O肯定缺乏很多水状属性,而其他化合物可能具有一些这类特征——想想不纯的水、重水等等。作为回应,"水"的指称可由水的局部范式实例的基础属性来决定,例如,从我们家中水龙头里流出的自来水。

9 参见伯奇 1989:305。

10 法卡斯(2003:76–77)的脑膜炎的例子显示了内在/外在的分界不应总是沿着皮或骨来划分。你和我都有典型的脑膜炎症状,但我的症状是由脑膜炎导致的,而你的症状则是由另一种不同的细菌引起的。因此,我们是在物理上相异却处于同样的环境中。要没有我们的知识,我们含有"脑膜炎"的个例句子表达的就是不同的命题。法卡斯转而建议内在副本不应是物理的而应是现象的。也要注意,语义内在论可能主张,即使像克拉克和查尔默斯(1998)所宣称的那样,认知过程应该延伸过皮与骨的界限。如果他们的扩展心灵理论是对的,那么相关问题就变成了命题内容是否随附于内在特征和被任何扩充或技术手段所扩展的心灵的合取。亦参见查尔默斯 2002:fn.22,和杰克逊 2003。

11 此后我们将继续使用"语义外在论/语义内在论"的术语来区分这些分别来自认识论外在论和认识论内在论的观点。参见 S. 哥德堡 2007b 关于心灵哲学和知识论中这些观点间有趣关系的结集文章。

12 亦参见斯托内克 1990:133。

13 或来看另一个例子。在批评这种对普特南格言的解释中,亚布罗(1997:269)评论道:"[普特南]也许也会说便士不在口袋中,因为口袋中的事件不足以使其成为便士。"除非在合法的铸币厂中被铸造出来,否则没有什么是一便士,但这并不是说所有的便士都在铸造它们的地方。更进一步的例子和有深度的讨论参见伯奇2010:Ch.3。关于这个例子的更多讨论参见7.3节。

14 参见西格尔2000:25。

15 要记住第1章的尾注2。当我们说"水"指称一个自然类时,我们指的是该类落在"水"的外延中。一个自然类是一个抽象实体,而它的例示是时空中的具体实体。相似地,当我们随后说我们与水发生因果关系时,我们指的是水的具体样本,而不是抽象的种类本身。

16 最后一个例子应归功于西格尔 2004:338。也参见梅勒1997:303,克朗1991:10 – 13,刘易斯2002:fn.2 和杰克逊2003。

17 更多关于因果描述主义的讨论参见塞尔1983:204 – 205,克鲁恩1987,刘易斯1997,杰克逊1998a,2003,2004:274。亦参见4.2节。正如杰克逊(2003:106)的评论,因果描述主义似乎具有来自2.1中指称的因果理论所具有的一切:存在一条联结"水"和H_2O的因果历史链条当且仅当H_2O满足这样的摹状词"被一条因果历史链条联结于'水'的东西"。

18 参见西格尔 2000:122 – 132,和 2004:339 – 343,和杰克逊2004:326。S.哥德堡(2002)捍卫语义外在论,而反对如下指控:对宽内容心灵状态的赋予并不忠实于个体关于世界的视角性概念。

19 反事实条件句(形式化后:$p \square\!\!\rightarrow q$)的形式是这样的:如果p是(或曾是)如此,那么q将会是那样。其为真仅当 p 在里面为真的最接近的可能世界——最类似于现实世界的世界中,q 也为真。其中,接近性(closeness)是通过对自然律的遵守和特殊事实的匹配来衡量的。一个可能世界就其特殊事实和自然律越相像于现实世界,它就越接近于现实世界。更多细节参见刘易斯1973。

20 关于这个回应的更多内容参见杰克逊2003。

21 参见怀特(White)1982 和布洛克与斯托内克1999。

22 此后我们将可互换地使用术语"意向状态"和"表征内容"。

23 也许某些信念是语言上无法表达的,例如,就动物也拥有信念而言,它们随后想必就会处于的那种状态。但就有能力的说话者来说,大多数(如果不是全部的)信念似乎确实是原则上可用语言来表达的。

24 要注意,信念和欲望都是非事实性的心灵状态:一个人可以相信或欲求 p,即使 p 为假。与之相对,后悔和承认则是事实性的:一个人可以后悔或承认 p,仅当 p 为真。知道和看见 p 同样也是事实性的。知道、看见、承认、后悔 p 都是宽状态,因为处于这些状态取决于 p 为真。重要的是,不像相信或欲求 p,这后两种状态是宽的凭借的是其态度,而不是人拥有的态度所朝向的命题。亦参见 7.4 节。

25 为公正起见,应该加上普特南(1975)自己也提供了一个旨在显示语言学内容取决于社会语言事实的孪生地球论证。普特南不能将榆树和山毛榉区分开来,而在一个除了"榆树"和"山毛榉"这两个词被互调,其他都极其类似地球的孪生地球上,普特南的化身同样不能将其区分开来。不过,但普特南说"榆树"时他意指的是榆树,但当他的化身说"榆树"时其所意指的是山毛榉。

26 这不是说意向状态与那些外在条件相同一。扩展的心灵论题,正如出现于克拉克和查尔默斯的著作中那样(1998),是这样的论断:在特定情形下,邻近环境的特征可被视为构成了认知系统的一部分;而不是这样的论断:关于水的远端事实或关于"关节炎"的用法字面上构成了心灵状态。

27 关于更多社会外在论语境下的概念错误的讨论,参见维克福斯 2001 和索亚 2003。参见泰 2009:186—187,关于这样的一个推定论证,即将伯奇式的社会外在论扩展至我们对于现象特征的内省应用的通称概念上来。

28 亦参见伯奇 1993a:313—319。

29 要注意到根据伯奇(1979),不完全理解既能存在于误解中,也能存在于不可知论中。阿尔夫的例子说明了前者,因为他正确地将"关节炎"应用于关节处,但也错误地认为这还适用于他的大腿。后者的一个例子可以是某人正确地将"关节炎"应用于关节处,但不确定这是否也能挑出其他地方的病症。不可知论作为一种不完全的理解要求的是:当存在关于某概念是否适用的决定性事实,却处在不确定该概念是否适用的状态中。亦参见布朗(2000),他论述道,鉴于我们的自我概念作为关键的推理者,那就我们能不完全地理解概念的程度,必须存在一条界限。

30 普特南在1975年只是用语言的劳动分工来表明指称是被社会地决定的,而非意义也是被社会地决定。要注意到,社会决定可以意味着以下的两件事情之一。在诸如"水"这样的自然类词项的情形中,日常说话者遵从专家意见以求得正确的外延,而后者是由该类的内在本性决定的。在诸如"化油器"这样的社会、人造或功能词项的情形中,外延是由专家的最佳建议决定的,而这也是这类说话者所遵从的。任何为内燃机混合空气和燃料的装置都可以算作是化油器,这里不存在任何决定指称的内在本性。这意味着,虽然语义遵从对于伯奇的关节炎论证是至关重要的,然而普特南的孪生地球论证却丝毫不依赖于这个现象:"水"的外延自身能在对自然类概念的个体化中发挥作用。更具争议的是,伯奇(1979)也相信颜色概念是遵从性的,并且最近泰(2009)论证道,如果颜色概念是遵从性的,那么现象概念也是,后者挑出了颜色体验的现象特征。关于遵从性概念和对不完全理解命题的相信,更多讨论参见雷卡纳蒂1997,2000。

31 参见福多的例子1982:106。在这个时候,杰克逊(2004:271—272)援引了相关他者依赖摹状词的内隐知识。确实,诸如与"水"这样的词项相联的任何属性的知识,就决定它们的指称而言大多是内隐的。唐纳兰(1993:167)捍卫了某种版本的元语言观,据其

观点,阿尔夫通过"关节炎"表达了关节炎,但他的信念内容却涉及
一个不同的概念——被专家称之为"关节炎"的状况。对此的批判
性讨论参见雷卡纳蒂 2000。

32 与之相关,西格尔(2007:6—8)论述道,关节炎论证假定了
一种过强形式的消费主义(consumerism):这样的论题,当具有起码
能力的说话者使用公共语言词项时,他们不仅表达了公共语言的意
义,而且其命题态度的内容也被这些意义所确定。

33 该例子来自伯奇 1979:91。

34 这个问题不是我们何以能够判断或知道沼泽人是否在思
考。换句话说,沼泽人所提出的挑战不是传统的关于他人心灵的认
识论问题。

35 三角定位在平面三角学中至为常见:如果已知一个三角形
的一边和两角,则另外的两条边和角就能被计算出来。关于对戴维
森著作中三角定位的更多讨论参见格吕尔(Glüer 2006)和 N. 哥德
堡 2008。

36 相似的观点参见德雷茨基 1996:82。更进一步的批判性讨
论参见福多 1994:117 – 118,和亚当斯与相泽(Adams and Aizawa
1997)。

37 海尔(2004b:290)认为沼泽人构成了对外在论的一个反例,
因为他将沼泽人在倾向上与戴维森不可分辨视为显示了沼泽人是
生来具有思想的。

38 要注意到三角定位也是戴维森关于彻底解释观点的一个构
成部分。彻底解释者将外在对象三角定位于将 S 和她自己与那些
对象相联的各条因果链的交汇处。这样的三角结构涉及 S 和彻底
解释者间的因果联系,以及那些个体和外在对象间的因果联系,如
果彻底解释者要将意义指派给 LO,该结构必须准备就绪。更多细
节参见格吕尔 2006 和 N. 哥德堡 2008。

39 唯一的例外是,如果关于专名意义的知识需要关于它们所

指包括以及这些所指的因果联结的知识,那么沼泽人就不能知道戴维森朋友们的名字,甚至都没有关于其名字的信念。

40 说雄鹰和孪生雄鹰在功能上是不可分辨的,是说它们以相同的方式运转,而不是说它们有相同的功能。内容的目的论理论将后者理解为一个历史概念:某物具有功能 F 仅当它是被选择去做 F 这件事的。可以用尼安德的一个例子(Neander 1996:121)说明如下,我的肾之为肾,不是凭借其实际工作方式,而是凭借它被自然选择来选择做什么。正常的肾和有疾病的肾的运作是非常不同的,尽管两者都应该用来调节血压、排除毒物和制造荷尔蒙等等。

41 二元关系是传递性的仅当处于如下情形:Rac 由 Rab 和 Rbc 导出。例如,a 如果比 b 富有,而 b 比 c 富有,那么 a 比 c 富有。

42 亦参见尼安德(1996)的沼泽牛的例子。

43 福多(1994:117 – 118)提供了更进一步的考量来支持该直觉。

44 布兰登 – 米歇尔和杰克逊(Braddon – Michell and Jackson 1997)论证了水和 H_2O 的类比不成立,因为特定的选择史既不能被视为意向状态的本质属性,也不能科学地同一于内容。其中一个担忧是日常说话者通常是独立于选择史来识别内容。另一个担忧则是他们无需关心选择史,因为它决定内容的方式与他们关心其信念和欲望内容的方式是一样。

4 宽窄内容种种

1 参见麦克劳林和泰 1998b 和伯奇 2007a:11。注意在两种情形下由于内容均不随附于内在特征,仅仅否认随附是不能抓住这两类语义外在论的差别的。

2 亦参见麦克劳林和泰 1998a:371,和 1998b:291—295。

3 干涸地球也许看上去相当怪力乱神,但被设想发生在干涸地球上的一切,就如同地球上实际发生在燃素上的那一幕。曾几何时,科学家们把燃素看作出现于所有可燃物中的自然类,并在燃烧时释放,但尽管看起来如此,最终还是被证明该物是不存在的。

4 哈格奎斯特和维克福斯(Häggqvist and Wikforss 2007)指出,科曼(2007)(和拉德洛 2003)构成了语义外在论的极端化版本。尽管孪生地球论证显示了"水"的描述性语义学——"水"的意谓——随环境因素的变迁而改变,他的观点却暗示了"水"的基础语义学——"水"是否有指称主义者或描述主义者的语义学——随此类交替而改变。根据他们的观点,此类语义事实更应取决于语义意向或语言实践。

5 类似的讨论参见麦金 1989:30 – 36,47 – 48。对波戈斯扬干涸地球论证的批判性讨论,参见麦克劳林和泰 1998b:302 – 311。

6 西格尔(2000:32 – 59)基于干涸地球的考察,提供了一个支持窄内容的论证。基本上,语义外在论者必须说,要么"水"的干涸地球个例表达了一个空的描述性概念,要么不表达任何概念。而后者是不能被接受的,因为当科学家使用空词项"燃素"或"以太"时,他们显然表达了概念。否则我们都不能在心理学上理解其言行。但在语义外在论者看来,"水"的干涸地球个例也不能表达一个空概念。因为如果这样做,该概念也会被"水"的地球个例所表达,那将会是一个共享的窄概念。在干涸地球上,无论是什么足以使"水"来表达空概念的物理环境,也都能在地球上获得。因此,尽管干涸地球和地球的"水"的个例有着不同的外延,它们都表达了相同的窄概念。对此的批判性讨论参见科曼 2007。

7 在最近的著作中,伯奇(2010:68 – 69)论证道,这些科学家不能通过与其他含有像物理个体、燃烧或质量这类相关非空和外在个体化概念的思想间的特定关系去思考含有空概念燃素的思想。燃素的思想是经由指称和科学理论建构性地与上述思想相联。此外,初学燃素理论的新手可被认为是通过与专家或其他知情者的交流而去思考燃素思想的。

8 有人可能甚至宣称，即使 H_2O 在宇宙各处已不复存在，水还会是一种自然类概念。所要紧的不是水存在的必要条件是否会在某处恰好获得，而是其存在是否已由自然律所保证。对比下钔（原子序数 101），它可以说是通过如下的方式而被算作自然类的：这种合成元素是受自然律支配的。但如果钔是一个自然类概念，它就被假定一直是此种概念，甚至在它 1955 年由阿尔法粒子轰击锿而被创造之前就如此。要注意，由于一个人不能先天地知道相关的自然律，这就可以理解他也不能先天地知道给定概念是一个自然类概念。

9 索姆斯（2002：36）反对称，系统地实施此策略使得描述主义"事实上得到了先天的保证，以致无法被驳倒。"一种对索姆斯的答复参见杰克逊 2007。

10 亦参见杰克逊 2003，和伯奇 1982，2007a、斯托内克 1989、唐纳兰 1993 和法卡斯 2008 对此的讨论。

11 亦参见杰克逊 2003：100，和 2004：325。我们的描述主义者是否将不得不采纳单称内容，完全取决于他是否倾向选择一种援引此类内容的指称性表达的语义学。

12 一个相关的例子参见卡普兰（1989：531）：卡斯托尔和波琉克斯是双胞胎兄弟，当他们各自说出"我兄弟早于我出生"这个句子时，他们在心理上相似，但却表达了不同的单称命题。

13 如果海姆森和休谟被设定为是内在的副本，那么我们就得到了两个这样的副本不能共享其带有内容的心灵状态的情形，然而这个失败并不归结为他们外在环境的变化，比如，不论其外在坏境的特性如何，他们都将处于那些不同的状态中。这为一种弱的语义外在论类型，就像塞尔所捍卫的那种（1983），铺平了道路。对此的批评参见纽曼（Newman 2005）。

14 佩里（1993：47 - 50）建议道，休谟和海姆森是在相同的陈述模式下相信了不同的单称命题，因而尽管他们处于不同的信念关系,他们却是在相同的信念状态之中。佩里(1993:43 − 44)也反对道,相对化命题在在两个说话者共享关于同一个体的共同信念时不能构成信念内容。史密斯抵挡住了幻想,因而在休谟作为听者的语境下,通过说出"《人性论》是你写的"将写了《人性论》的属性归属给休谟。史密斯和休谟的信念所共享的内容是由休谟和该属性所构成的对子(pair)。对其回复参见刘易斯1979,更深入的讨论参见雷卡纳蒂 2007 的第 12 和 13 章。

15 当然在一种意义上,相对于更加绝对意义上的真值条件,该函项相当于指派了相对的真值函项。关于此区分的更多讨论,参见4.3 节。

16 一种关于刘易斯观点的考虑令人回想起 2.3 节中孪生地球论证对严格化描述主义的反对,即直觉上安娜可以相信水是湿的,而不用因而具有关于她例示特定属性的任何信念。关于世界是什么样的信念无需总是涉及关于其自身的信念。更多细节参见纽曼2005:166 和凯勒斯特拉普(即出)。

17 普特南在 1996 年支持一种更加彻底的语义外在论。

18 亦参见洛尔 1998 和福多 1987,1991。洛尔区分了由外在环境因素个体化的宽的社会内容,和由常识心理学个体化的窄的心理内容。福多的混合观点在 7.2 节中将有更加彻底的讨论。

19 关于心灵内容何以能具有此因果或解释力的问题,将在第 7章加以详尽处理。

20 麦金在此处与福多(1982,1987)这样的窄内容的其他支持者处于同一阵线中。

21 关于该区分,我们在 4.5 节中还有更多的话要说。

22 关于内容的因果 − 解释力,我们在第 7 章中还有更多的话要说。

23 更多细节参见戴维斯和亨伯斯通(Davies and Humberstone 1980)和戴维斯 2004。

24 在其他情形中,直觉也许没有这么分明。要是我们实际上居住在一个水状之物由 50% 的 H_2O 和 50% 的 XYZ 构成的混合地球上又会怎么样呢? 也许"水"就挑出了一个析取的自然类。可以对比一下实际上是由硬玉和软玉混合而成的玉,尽管 H_2O 和 XYZ 被普遍认为是比这些化学类还要更加异质。或许这也没有一个确定答案。

25 查尔默斯(2006,2011)也将情境思考为认识论上可能的世界,即事物可以被所有说话者所知的(先天)方式。说水不是 H_2O 是认识论上可能的,即是说有一个在认识论上可能的世界证实了该陈述。

26 这"约略而言"的部分是很重要的。查尔默斯(2002:627)拒斥窄内容总是由限定摹状词刻画的观点。窄内容是一个由被设想为现实的(中心)世界到所指和真值的函项,且只能通过详细说明在给定(中心)世界的此类真值而得以全面刻画。要评价与玛丽对"水"的使用相联的认识内容,要把各种(中心)世界假定地认可为现实的,然后在此假设的基础上就能得到关于"水"的指称的合理结论。当检查这类例子时,通过具有水状属性(加上某种与世界中心的因果联系),不同种类的东西都被算作"水"的所指。窄内容并非不可名状,但是一旦我们试图通过其他词项来清楚说明一个词项的认识内容时,总会出现不确切之处。杰克逊(2004:263 – 273)建议有能力的说话者对窄内容应有隐性的知识。

27 亦参见杰克逊(1998b:68 – 86),他在类似的思路上论述了水是 H_2O 这个陈述联系于不同的 A – 内涵和 C – 内涵。克里普克(1980)是第一个论述此类理论同一是后天必然的人。

28 借用埃文斯的术语(1979),"水"在表面上(superficially)是严格的,因为它在所有反事实世界都指称 H_2O,但在深层上(deeply)却不是严格的,因为其指称在不同的被设想为现实的可能世界间漂移。关于日常专名在深层和表面上都是严格的论证参见戴维斯 2004。

29 这假定了查尔默斯对所谓二维模态逻辑的语义学或认识论解释(2006),大概即随着我们将各种可能世界设想为现实的,词项就具有了固定的意义。与之相对,斯托内克(2001)更倾向于元语义学或语境解释。更进一步的批判性讨论参见施罗特(Schroeter 2004)、索姆斯 2005:Ch. 9,以及伯恩和普赖尔(Byrne and Pryor 2006)。

30 相关观点参见刘易斯 1994 和杰克逊 2004。布洛克(1991)、斯托内克(1989,1990)和布洛克和斯托内克(1999)对二维语义策略可以得出窄内容概念的批评。伯奇(2010:77-78)论证了水状之物不能刻画出水的语义、认识和心理的外观。例如,一个人可以将某种液体设想为水,然而却惊诧且怀疑它是否是水状的。

31 索姆斯(2005:Ch. 4)提出了一个详细论证,以反对查尔默斯和其他"雄心勃勃的"二维主义者,在他看来,他们试图使用某种类似于卡普兰关于命题内容与特性的区分来复兴描述主义。

32 关于这些的更多内容参见 7.3 节。

33 在一段足够长的时间后,玛丽将经历某些概念上的变化。尤其是,因为她现在与 XYZ 之间有因果作用,从某刻起当她使用"水"时,她将开始表达孪生水的概念。关于地球和孪生地球间缓慢旅行的更多内容参见 5.4 节。

34 严格指示词"这"挑出了所有可能世界中的语境显著位置。例如,当我在格拉斯哥说"这阴云密布"时,那么"这"在所有可能世界中指的是格拉斯哥。如果想评估我在某个可能世界说的话是不是真的,我需要决定是否在该世界中格拉斯哥是阴云密布的。关于索引性表达严格性的更多内容参见卡普兰 1989。

35 2.1 节中埃文斯的描述性名字"尤里乌斯"是关于这点的另外一个例子。

36 亦参见伯奇 1977、萨尔蒙 1986:Vol.1,pt4,和唐纳兰 1993。

37 更多细节参见萨尔蒙 1981,1986 和索姆斯 2002,即出。

38 要是两个不同的自然类词项指称相同的属性/自然类然而却似乎表达了不同的命题内容又会怎样呢？索姆斯(2007)建议自然类是粗放属性,它同时是诸如"水"这样的简单自然类词项的意义和所指。相较之下,诸如"H_2O"这样的语法复杂的自然类词组指称相同的粗放属性,但它们的意义是精细的、结构复杂的属性。因此"水"和"H_2O"不是同义的。

39 关于休谟格言的更多细节,参见斯托伊尔(2008)。关于内在/外在的划分参见 2.4 节,尾注 22。

40 我们将把下列问题都视为是开放的:褐斑是否需要暴露在此种照射下,这确实是一个外在问题,或棕黑色素的产生方式是不是无足轻重的。或者,以戴维森的晒状斑(sunnishburn)(1987:451–454)为例,这是一种只用看就能察觉的皮肤状况。

41 以下很大程度上要归功于杰克逊和佩蒂特 1993:271,和斯托内克 1989:289–291。

42 也许这就是当维特根斯坦(1968/1953:217)说:"如果上帝可以看透我们的心灵,他也许不能看到我们在那里谈论的是谁"时在他心目中的意思。

43 更多关于窄内容作为在世界内为窄的讨论,参见杰克逊和佩蒂特 1993:272–273。要注意,某些语义内在论者意在从宽内容中建构窄内容,多少是以成为一个脚状印迹可从成为一个脚印中建构而来相同的方式进行。福多(1991)警告且反对这种削减策略:这就像建构一个窄的单身汉是通过从一个现有的单身汉中移除其未婚性(unmarriedness)而得!正如我们将在 7.2 节中所见,福多将窄内容视为决定了信念的真值条件作为相信者外在环境的一个函项。其他人将窄内容视为内容的首要概念,通过其次要的宽内容就能得以确定,例如,查尔默斯 2002,2003。

5 自我知识

1 一些哲学家将"先天知识"保留给数学、逻辑、分析或哲学真理,但排除通过内省所得的知识。我们应更加宽广地使用"先天知识",以致其也能包括内省真理,但任何有实质重要性的东西都不取决于此。

2 对自我知识内感觉模型的批判性讨论参见 5.2 节。

3 泰(2009:190)拒斥这样的论断:当我们的内省官能正常运转时,必然地,如果 S 处于某种现象状态,那么 S 仅在内省的基础上就能知道她处于该状态。泰坚持一个红色经验的现象特征就是我的经验所表征的颜色,即红色。要内省我的经验特征,就是要关注表面的红色性(redness)。

4 接下来的讨论很大程度要归功于莱特 1998。

5 现象声称是不是不可错的是个令人烦恼的问题。一方面,戴维森(1984:103)谨慎地认为,不可就此类自我归属的不可错性或不可纠正性来理解他所说的"第一人称权威性"。存在着一个正确性的假设,尽管是条可挫败的假设。另一方面,泰(2009:Ch5 & 8)最近建议经验现象特征的知识相当于由亲知而得的不可错知识。

6 正如孪生地球教给我们的,某物可以在每一方面都好似水而不是水,但却没有东西能在每一方面都好似疼却不是疼——或像克里普克(1980:152)表述的那样:"若要达至身处相同的认识境况,仅当要疼先需有疼(had a pain is to have a pain)。"

7 这里的表述略有不同。亦参见波戈斯扬 1994:36,费尔维(Falvey)和欧文斯 1994:109 – 110,和 S. 哥德堡 2007a。

8 正如费尔维和欧文斯(1994:109)所述,S 可以对内容具有内省性知识,而无需对比较性内容具有内省性知识。关于此区分的更多讨论参见 6.3 节。

9 更多细节参见伯奇 1996:93 和 2003b:504,批判性讨论参见加索鲁(Casullo)2010。

10 事情也可以是这样的:为了获得特定概念,人们必须拥有特定的知觉经验,例如关于红的视觉经验据说被植入了现象概念红的获取方式,现象概念即关于经历此类经验是什么样的概念。这并没有暗示含有该概念的所有命题知识就是后天的。可以命题没有东西既是红又非红为例。仅当认识者理解了该命题,因而拥有了全部构成性概念之后,才会产生这类知识是先天的还是后天的这样的问题。参见伯奇 1996:94 – 95。

11 莱特(2003:60—68)就资格在解释基本自我知识中扮演重要角色这点与伯奇意见相同。他们也赞同:S 有着可挫败却是直接的资格,即便当她不能为此提出理由或证据时也是如此。在莱特看来,资格是一种非证据性的、"不劳而获的"保证。但伯奇也会回避莱特的如下论断:S 可以先天地知道她在想什么,仅当她对外在的许可条件具有资格。

12 关于伯奇自我证实判断的更多阐述和批判性讨论参见 5.3 节。

13 伯奇(1996:105)也论述了自我知识的内感觉模型不能解释我思式的思想,且思想和命题态度缺乏一种与之相联的独特现象学的事实削弱了其与外间世界知觉的类比。

14 语义外在论与自我知识表面上的张力已被广泛认识到,参见伯奇 1998:653 与费尔维和欧文斯 1994:113 – 114。

15 知识的相关替代项方案说的是:S 知道 p,仅当 S 的信念 p 是基于与所有 p 的相关替代项 A 不相容的证据。根据德雷茨基的版本(2003),A 相关于 p 当且仅当:要是 p 为假,A 可能成立。参见欧文斯 1994:116。

16 令人震惊的是普特南(1996)同情不相容论。很多语义内在论者,包括福多 1982:103,塞尔 1983:Ch. 8,和法卡斯 2008:Ch. 6,都持有各种不同的不相容论立场,确实都采用不相容论证来支持其各自版本的语义内在论。

17 但要注意到这有多么奇怪,即 S 相信命题 p 但我不相信 p。如果 S 相信该命题,那么 S 相信 p 且 S 相信她不相信 p。但如果 S 相信 p 为真,那么她不相信 p 这个信念就为假。她关于该命题的信念由此就是自我证伪的。关于这个所谓的摩尔式悖论(Moorean paradox)和自我知识的更多讨论参见舒梅克 1995。

18 公平起见,应该注意到伯奇从未宣称自我证实应用于我思式思想之外的任何东西。

19 最后这个论断可能会引起争议,麦克劳林和泰(1998a:366)宣称,我们不能内省地知道我们过去的思想是什么。

20 拉德罗(1998:309 – 310)和布吕克纳(1998:325)都认为在 t2 那些在 t1 所获得的宽内容都被清除了,但只有布吕克纳承认 S 实际上忘掉了某些东西。吉本斯(1996:295,305)在两类概念集都被继续持有这点上倾向于同意波戈斯扬(1998a),但认为缓慢切换论证对哪一种解释都未奏效。伯奇自己(1998:356 – 357)否认在迁至新环境所获得的新概念清楚了旧环境中得到的旧概念。正如伯奇所表述的(1998:364),“取代从来不是切换情形的一部分,至少就我对它们的理解来说是这样。共处总是被假定的情形”。

21 亦参见波戈斯扬 1992:19 – 20,更深入的讨论参见拉德罗 1998。

22 正如在 3.3 和 3.4 节中所强调,伯奇承认 S 可被认为相信一个其构成概念她并非完全理解的命题。由此可知,如果 S 对这些概念具有先天知识,那么将会有一些关于其内容的一些东西她还缺乏知识。进而,费尔维和欧文斯(1994:111 – 113)论证了(认识的透明性)由于与语义外在论相龃龉而未能成立。波戈斯扬(1994:36)论证了指称主义版本的语义外在论和(认识的透明性)是不相容的。关于这点的讨论参见凯勒斯特拉普 2003。大多数语义外在论者都乐于承认(认识的透明性)为假——例子可参见伯奇 1998b,S. 哥德堡 2003a 和布朗 2004:Ch. 5。

23 我们可以想象涉及"吊裤带"(suspenders)、"内裤"(pants)、"教授"(professor)这些类似的情形,它们在美国英语和英国英语中有着不同的意义。

24 麦克劳林和泰(1998a:363 – 364)质疑了内省证据纯粹是质的(qualitative)这个基本假设。以可靠论者(reliabilist)对内省的考察来看,此类证据就在于那些为内省信念所关涉的、就是那些当下思想的心灵状态。这即是说,内省进入是直接之于这些思想自身的,这由此为相应的内省信念提供了决定性的证据。我们可以通过具有被外在环境所导致的经验来进入该环境,但是我们对我们当下思想的进入,却并非经由被这些思想所导致的经验。我们的思想是自我呈现的(self – presenting),因为我们对自己思想的体验,不是通过拥有关于它们的经验,而是通过直接拥有它们来实现的。

25 布朗(2004:136)也宣称,由于缓慢切换正常情况下是无关的,而自我知识正常情况下也是有保障的,而 S.哥德堡(2006a:310 – 311)则将其视为太过让步,因为自我知识不应受制于外在环境,即使是在替代项在其中是相关的外星情形中。

26 为了说明一个推论出现歧义就是没有说服力的,可以来看如下论证:所有星星都位于外层空间的轨道上,而麦当娜是一颗星,因此麦当娜位于外层空间的轨道上。当论证被消除歧义时,其错误是显而易见的:所有星体都位于外层空间的轨道上,而麦当娜是一位娱乐明星,因此麦当娜位于外层空间的轨道上。

27 亦参见7.1节。

28 布朗(2000)论述了不完全地拥有概念削弱了 S 参与批判性推理的能力的可能性,即要反思地领会她命题态度间的合理关系。尽管布朗的论证不是直接针对语义外在论的,它确实对伯奇提出了问题,后者在1996强调了这种能力的重要性,然而正如我们在3.3和3.4中所见,却采纳了拥有不完全理解其内容的信念的可能性。

29 S.哥德堡(2007a:186 – 187)论述了如果记忆未能保持住第

二个前提中她思想的内容,那么她的记忆也将不能保持她曾具有的对该思想内容的辩护。为一个关于孪生水的命题做辩护之物,并不必然就能为一个关于水的命题(以同样的力度)做辩护。

6 怀疑论

1 值得强调一个告诫。(封闭)原则与下列肯定前件式的例示是不同的:如果 S 知道 p 那么 S 知道 q,且 S 知道 p;因此 S 知道 q。那些拒斥(封闭)原则的人通常不会拒斥肯定前件式。

2 参见霍桑 2005:29。自此我们将假定有能力地从 p 演绎地推出 q 涉及要知道该蕴涵。对此的批评参见德雷茨基 2005,以下假定的反例都是基于该文本。

3 关于内省证据的一个不同观点,参见第 5 章脚注 15。

4 更多讨论参见瓦希德(Vahid 2003)。

5 这两条原则都将在 6.2 节中略作回顾。

6 在 6.1 节中,我们选取了此原则的一个修正版本,但为了阐释之便我们自此将采用(封闭)。

7 这假定了 S 能够相信她不是缸中之脑,如果她就是缸中之脑的话。正如我们将在 6.3 节中看到,缸中之脑是否拥有对具有该信念来说是必要的概念,这点是可疑的。为公平起见也应注意到,费尔维和欧文斯(1994)在对外在世界怀疑论论证失效的诊断中从未援引(相关替代项)。

8 有人也许会疑惑缸中之脑如何能够说出哪怕任何词来。可将这里的言说视为对自己默诵一个句子的某种心灵行为。

9 还请普特南(1999)原谅,不论是语义外在论,还是直接或因果的指称理论严格说来都不必然是普特南的目的所在。他所要求的是指称有因果约束,正如我们在 3.2 节中所见,描述主义和语义内在论也能允许将因果属性纳入到一簇相联系的决定指称的属性中去,例如,"树"指称通常导致关于树的视觉经验的任何东西。亦参见怀特 1992:72。

10 之后普特南(1999)明确地将间接引语策略作为其反怀疑论证明的一个前提。在这个语境下更多关于(间接引语)使用的讨论参见诺南 1998,索亚 1999,布吕克纳 1999,诺南 2000 和约翰逊(Johnsen)2003。

11 布吕克纳(1994b:829 – 830)论述了,通过重点关注于信念而非感觉经验上,这些知识的模态概念违背直觉地断定在语义外在论的语境中 S 可以知道她不是缸中之脑。正如他的表述,"在怀疑论者的反事实情形中,S 用'我是缸中之脑'将会表达一个不同命题这一事实,与 S 在现实中用该句子所表达信念的认识地位毫无关系……其要点在于,S 基于其现实信念的感觉证据能够在其中他是缸中之脑的情形中得以复制。在此情形中,谁会在意他相信些什么?"

12 关于梦的怀疑论的更多讨论参见莱特 1991 和索萨 2007 第 1、2 和 5 章。

13 莱特(2000,2003)和戴维斯(1998,2003)认为,尽管麦肯锡配方构成了一个论证的有效形式,但是前提的知识(或保证)未能传递给结论,其中知识的传递原则约略等同于 6.1 节中的(封闭*)。因为使 S 知道第一个前提的部分原因是她已经知道了结论。因此,认为 S 可以在知道前提的基础上,再以她的方式加以推理就能知道结论就有循环论证之嫌。为说明知识传递失败的概念,可假设你声称知道上帝存在的基础是圣经这般说和圣经不可错。其后一个无神论者要你为圣经是不可错的这一论断辩护,鉴于其他书都是可错的。回应称圣经不可错是因为上帝写了它是不合法的。因此,即便上帝的存在可由不可错的圣经中所说的事实所导出,你也不能经由此事实的推论而知道上帝是存在的,因为你关于圣经不可错的知识部分取决于你关于上帝存在的知识。对此,认识论回应的一个迫切问题是,先天知识可能未能跨越蕴涵传递,而继续被封闭在先天已知的蕴涵中,而后者正是所有不相容论者所需要的。更多细节参见麦肯锡 2003:102 - 104,布朗 2004:Ch. 7,和布吕克纳 2008:389。

14 语义外在论在这里还欠下一个对什么是水的内在属性的考察。波戈斯扬(1998a:162,171)建议道,对一个对象仅作检查能产生仅关于其内在属性的知识,而一个对象的外在属性不能通过知道其内在属性而被知晓。戴维森的例子(1987)要记在心里:不论我的手臂是因日光浴而被晒黑,还是出于美容被日光浴床晒黑,都不能仅仅通过检视我胳膊上的皮肤来决定。我的皮肤内在所是的方式与这两种情形都是相容的。唯一的差别是因果方面的,因而是外在的。

15 由此 S. 哥德堡(2003b:40)认为,由于拥有水对有水存在的形而上学依赖,其自身还依赖于水和 H_2O 的形而上学同一,前者的依赖是后天的因为后者的同一是后天的。但是,正如盖梯尔(Gertler 2004:46)所反对,如果 S 对化学一无所知,那么她能够知道前者的依赖而无需知道后者的同一。

16 更多细节参见4.1 节。

17 S 是否能先天地知道她对其概念水的应用条件不确定——当此类确定条件都已准备就绪。关于这个问题,更多近期的讨论参见布吕克纳 2002,2005 和诺德霍夫 2004,2005。

18 关于硬着头皮应对的更多讨论参见沃菲尔德 1995,布朗 2004:238 - 239,诺德霍夫 2004 和布吕克纳 2007b。

7 心灵因果关系

1 我们在这依赖的是6.1 节中(封闭 ∗)的一个二前提版本。

2 该术语是由查尔默斯(1996:Ch.5)创造的。

3 更多细节参见克莱因 1995。自此之后,我们将谈论状态导致其他状态,和属性导致其他属性,而后者是属性例示导致其他属性被例示的简称。

4 亚布罗(2003:321 - 325)认为如下定义的因果相关有反例：某原因的一个属性对于结果是因果相关的当且仅当，要是原因发生了却缺乏该属性，那么结果就不会发生。他也建议道，一个更复杂的反事实策略会更好些。

5 亦参见德雷茨基 1988:79。

6 为解释之便，我们自此将不再细究因果关系与因果解释所联结之物的区别。

7 更多细节参见凯勒斯特拉普 2006。

8 可参见例如麦金 1989:133，金在权 1993b:288 和德雷茨基 1993a:187。亚布罗(1997)在我们关于心灵因果关系的两个问题之间作了有趣的联系，即他分别称之为的"自下"和"自内"的论证。

9 更多关于理由和合理性的讨论参见史密斯 2004。

10 在这个例子中，对象是通过其与该外在特征之间的适当因果联结而外在地个体化的。在 3.1 和 4.5 节中戴维森的晒斑例子那里，也是如此。但是外在特征可以使一个对象个体化而无需因果地影响它。一个孩子的降生可以使某人成为曾祖父(或曾祖母)，即便他们从未谋面。

11 亦参见麦金 1982，如 4.3 节中所述。

12 "方法论的唯我论"这个术语是由普特南(1975:136)为下述假设而发明的，即"恰当地说，没有心理状态会预设除该状态被归属主体之外的任何个体的存在。"

13 或以进化生物学为例，按物种作出的分类学依赖于具有一特定谱系的外在属性。

14 亚当斯(Adams 1993:45)论证了在玛丽和孪生玛丽之间不存在任何跨语境的共同行为，因此无需有共享的窄状态以解释任何此类共享行为。关于模态论证更深入的讨论参见伯奇 1989，威尔逊 1992，欧文斯 1993，皮考克 1993，贝克 1994，巴雷特 1997 和查尔默斯 2002。

15 为公平起见,值得一提的是,福多(1994)后来宣布放弃了如此理解的窄内容。

16 福多的两要素观点与其他两种观点所具有的相似性在4.3节有过讨论。

17 杰克逊与佩蒂特1988:389 - 391。

18 相同的推理路线也可以在西格尔1989和诺南1991中找到。

19 对因果解释的双要素概念的更多批评,参见皮考克1993:208 - 209。

20 “什么导致了公牛冲向斗牛士?”“是挥舞着的红色斗篷”这个答案还不够确切。斗篷的红色是因果相关的,但挥舞却不是。正如巴雷特(1997:252)的评论,许多这样的合取属性都含有因果无关的信息。西格尔与索伯(1991:14 - 16)将其与下列例子作了比较:“为什么环境能导致火柴被擦着?”“因为环境中含有空气”这个答案似乎可以接受,即便真正起作用的是氧气。亚布罗(1992:274 - 277,1997:266 - 267)论述了原因必须要与其结果成比例:如果一个假定的原因过于具体,那它将被另一个不那么具体的原因排斥掉;但如果一个原因还不够具体,那另一个更为具体的原因会将其排斥掉。是有色的对于导致公牛的愤怒来说还不够具体,因而红色会将其排斥掉。而是作为深红色对于导致公牛的愤怒来说又太过具体,因而也将被红色排斥掉。

21 更多细节和例子参见布洛克1990:156 - 160,皮考克1993:215 - 220,和杰克逊1996:393 - 400。

22 参见杰克逊和佩蒂特1988:384 - 388。他们也论述了将宽内容心灵状态的宽内容视为对其是至关重要的,就阻止了语义外在论者将此类心灵状态同一于物理填充状态。

23 更多批判性讨论参见亚布罗2003。

24 更多批判性讨论参见孟席斯2007。

参考文献

Adams, Frederick (1993) "Fodor's Modal Argument," *Philosophical Psychology* 6: 41 – 56.

Adams, Fred and Aizawa, Ken (1997) "Rock Beats Scissors: Historicism Fights Back," *Analysis* 57 (4): 273 – 281.

Armstrong, David (1963) "Is Introspective Knowledge Incorrigible?," *Philosophical Review* 72: 417 – 32.

Bach, Kent (2008) "The Semantics – Pragmatics Distinction: What It Is and Why It Matters." Manuscript, http://online. sfsu. edu/ ~ kbach/semprag. html

Baker, Lynne Rudder (1994) "Content and Context," *Philosophical Perspectives* 8: 17 – 32.

Ball, Derek (2007) "Twin – Earth Externalism and Concept Possession," *Australasian Journal of Philosophy* 85: 457 – 472.

Bar – on, Dorit (2005) *Speaking My Mind: Expression and Self – knowledge*, Oxford: Oxford University Press.

Barrett, Jonathan (1997) "Individualism and the Cross – Contexts Test," *Pacific Philosophical Quarterly* 78: 242 – 260.

Block, Ned (1990) "Can the Mind Change the World?," in George S. Boolos (ed.), *Meaning and Method: Essays in Honor of Hilary Putnam*, Cambridge: Cambridge University Press, pp. 137 – 170.

——(1991) "What Narrow Content Is Not," in Barry M. Loewer

and Georges Rey (eds), *Meaning in Mind: Fodor and His Critics*, Oxford: Blackwell, pp. 33 –64.

Block, Ned and Stalnaker, Robert (1999) "Conceptual Analysis, Dualism, and the Explanatory Gap," *Philosophical Review* 108: 1 – 46.

Boghossian, Paul (1992) "Externalism and Inference," *Philosophical Issues* 2: 11 –28.

——(1994) "The Transparency of Mental Content," *Philosophical Perspectives* 8: 33 –50.

——(1998a) "Content and Self – knowledge," in Peter Ludlow and Norah Martin (eds), *Externalism and Self – knowledge*, Chicago: University of Chicago Press, pp. 149 –174.

——(1998b) "What the Externalist Can Know A Priori," in Crispin Wright, Barry Smith and Cynthia Macdonald (eds), *Knowing Our Own Minds*, Oxford: Oxford University Press, pp. 271 –284.

Braddon – Mitchell, David and Jackson, Frank (1997) "The Teleological Theory of Content," *Australasian Journal of Philosophy* 75: 474 –489.

Braun, David (2006) "Names and Natural Kind Terms," in Ernie Lepore and Barry Smith (eds), *Oxford Handbook of the Philosophy of Language*, Oxford: Oxford University Press, pp. 490 –515.

Braun, David and Sider, Theodore (2006) "Kripke's Revenge," *Philosophical Studies* 128: 669 –682.

Brewer, Bill (2000) "Externalism and A Priori Knowledge of Empirical Facts," in Christopher Peacocke and Paul Boghossian (eds), *New Essays on the A Priori*, Oxford: Oxford University Press, pp. 415 –433.

Brown, Jessica (1995) "The Incompatibility of Anti – individualism and Privileged Access," *Analysis* 55 (3): 149 – 156.

——(2000) "Critical Reasoning, Understanding, and Self – knowledge," *Philosophy and Phenomenological Research* 61: 659 – 677.

——(2001) "Anti – individualism and Agnosticism," *Analysis* 61 (3): 213 – 224.

——(2004) *Anti – individualism and Knowledge*, Cambridge, MA: MIT Press.

Brueckner, Anthony (1986) "Brains in a Vat," *Journal of Philosophy* 83: 148 – 167.

——(1990) "Scepticism about Knowledge of Content," *Mind* 99: 447 – 451.

——(1994a) "Knowledge of Content and Knowledge of the World," *Philosophical Review* 103: 327 – 343.

——(1994b) "The Structure of the Skeptical Argument," *Philosophy and Phenomenological Research* 54: 827 – 835.

——(1998) "Externalism and Memory," in Peter Ludlow and Norah Martin (eds), *Externalism and Self – knowledge*, Chicago: University of Chicago Press, pp. 319 – 332.

——(1999) "Semantic Answer to Scepticism," in Keith DeRose and Ted A. Warfield (eds), *Skepticism: A Contemporary Reader*, Oxford: Oxford University Press, pp. 43 – 60.

——(2001) "A Priori Knowledge of the World Not Easily Available," *Philosophical Studies* 104: 109 – 114.

——(2002) "Anti – individualism and Analyticity," *Analysis* 62: 87 – 91.

——(2003) "The Coherence of Scepticism about Self – knowledge," *Analysis* 63: 41 – 48.

——(2005) "Noordhof on McKinsey – Brown," *Analysis* 65: 86 –88.

——(2007a) "Scepticism about Self – knowledge Redux," *Analysis* 67 (4): 311 –315.

——(2007b) "Externalism and Privileged Access are Consistent," in Brian McLaughlin and Jonathan Cohen (eds), *Contemporary Debates in Philosophy of Mind*, Oxford: Blackwell, pp. 37 –52.

——(2008) "Wright on the McKinsey Problem," *Philosophy and Phenomenological Research* 76: 385 –91. Burge, Tyler (1977) "Belief De Re," *Journal of Philosophy* 74: 338 –362.

——(1979) "Individualism and the Mental," *Midwest Studies in Philosophy* 4:73 –121.

——(1982) "Other Bodies," in Andrew Woodfield (ed.), *Thought and Object*, London: Oxford University Press, pp. 97 –120.

——(1986) "Individualism and Psychology," *Philosophical Review* 95: 3 –45.

——(1988) "Individualism and Self – knowledge," *Journal of Philosophy* 85: 649 –663.

——(1989) "Individuation and Causation in Psychology," *Pacific Philosophical Quarterly* 70: 303—322.

——(1993a) "Concepts, Definitions and Meaning," *Metaphilosophy* 24: 309 –325.

——(1993b) "Mind – Body Causation and Explanatory Practice," in John Heil and Alfred Mele (eds), *Mental Causation*, Oxford: Oxford University Press, pp. 97 –120.

——(1993c) "Content Preservation," *Philosophical Review* 102: 457 –488.

——(1996) "Our Entitlement to Self – knowledge," *Proceedings of the Aristotelian Society* 96: 91 – 116.

——(1998) "Memory and Self – knowledge," in Peter Ludlow and Norah Martin (eds), *Externalism and Self – knowledge*, Chicago: University of Chicago Press, pp. 351 – 370.

——(2003a) "Social Anti – individualism, Objective Reference," *Philosophy and Phenomenological Research* 67: 682 – 90.

——(2003b) "Perceptual Entitlement," *Philosophy and Phenomenological Research* 67: 503 – 548.

——(2007a) "Introduction," in his *Foundations of Mind*, Oxford: Oxford University Press, pp. 1 – 31.

——(2007b) *Foundations of Mind*, Oxford: Oxford University Press.

——(2010) *Origins of Objectivity*, Oxford: Oxford University Press.

Byrne, Alex and Pryor, James (2006) "Bad Intensions," in Manuel Garcia – Carpintero and Josep Maci (eds), *Two – Dimensional Semantics: Foundations and Applications*, Oxford: Oxford University Press.

Caplan, Ben (2007) "Millian Descriptivism," *Philosophical Studies* 133:181 – 198.

Cassam, Quassim (ed.) (1994) *Self – knowledge*, Oxford: Oxford University Press.

Casullo, Albert (2010) "What Is Entitlement?," *Acta Analytica* 22: 267 – 279.

Chalmers, David (1996) *The Conscious Mind: In Search of a Fundamental Theory*, New York: Oxford University Press.

——(2002) "The Components of Content," in David Chalmers (ed.), *Philosophy of Mind: Classical and Contemporary Readings*, Oxford: Oxford University Press, pp. 608 – 633.

——(2003) "The Nature of Narrow Content," *Philosophical Issues* 13: 46 – 66.

——(2006) "Two – Dimensional Semantics," in Ernie Lepore and Barry Smith (eds), *Oxford Handbook of the Philosophy of Language*, Oxford: Oxford University Press, pp. 574 – 606.

——(2011) "Propositions and Attitude Ascriptions: A Fregean Account", *Noûs* 45. DOI: 10.1111/j.1468 – 0068.2010.00788.x

Clark, Andy and Chalmers, David (1998) "The Extended Mind," Analysis 58: 7 – 19. Crane, Tim (1991) "All the Difference in the World," *Philosophical Quarterly* 41: 1 – 25.

——(1995) "The Mental Causation Debate," *Proceedings of the Aristotelian Society*, Supplementary Volume 69: 211 – 236.

Crawford, Sean (1998) "In Defense of Object – Dependent Thoughts," *Proceedings of the Aristotelian Society* 98: 201 – 210.

Christensen, David (1993) "Skeptical Problems, Semantical Solutions," *Philosophy and Phenomenological Research* 53: 301 – 321

Davidson, Donald (1963) "Actions, Reasons and Causes," *Journal of Philosophy* 60: 685 – 700.

——(1967) "Truth and Meaning," *Synthese* 17: 304 – 323.

——(1970) "Events and Particulars," *Noûs* 4: 25 – 32.

——(1971) "Agency," in Robert Binkley, Richard Bronaugh and Ausonia Marras (eds), *Agent, Action, and Reason*, Toronto: University of Toronto Press.

——(1973) "Radical Interpretation," *Dialectica* 27: 314 – 328.

——(1982) "Rational Animals," *Dialectica* 36: 318 – 327.

——(1984) "First Person Authority," *Dialectica* 38: 101 – 112.

——(1987) "Knowing One's Own Mind," *Proceedings and Ad-*

dresses of the American Philosophical Association 60: 441 –458.

——(1991) "Epistemology Externalized," *Dialectica* 45: 191 – 202.

——(1994) "Radical Interpretation Interpreted," *Philosophical Perspectives* 8: 121 – 128.

——(2006) "The Perils and Pleasure of Interpretation," in Ernie Lepore and Barry Smith (eds), *The Oxford Handbook of Philosophy of Language*, Oxford: Oxford University Press, pp. 1056 – 1068.

Davies, Martin (1998) "Externalism, Architecturalism, and Epistemic Warrant," in Crispin Wright, Barry Smith and Cynthia Macdonald (eds), *Knowing Our Own Minds*, Oxford: Oxford University Press, pp. 321 – 361.

——(2003) "The problem of armchair knowledge," in Susana Nuccetelli (ed.), *New Essays on Semantic Externalism and Self knowledge*, Cambridge MA: MIT Press, pp. 23 – 55.

——(2004) "Reference, Contingency, and the Two – Dimensional Framework," *Philosophical Studies* 118: 83 – 131.

Davies, Martin and Humberstone, Lloyd (1980) "Two Notions of Necessity," *Philosophical Studies* 38: 1 – 30.

DeRose, Keith and Warfield, Ted A. (eds) (1999) *Skepticism: A Contemporary Reader*, Oxford: Oxford University Press.

Dewitt, Michael and Hanley, Richard (eds) (2006) *The Blackwell Guide to the Philosophy of Language*, Oxford: Blackwell.

Donnellan, Keith (1993) "There Is a Word for That Kind of Thing: An Investigation of Two Thought Experiments," *Philosophical Perspectives* 7: 155 – 171.

Dretske, Fred (1988) *Explaining Behavior. Reasons in a World of Causes*, Cambridge, MA: MIT Press.

——(1993a)"The Nature of Thought," *Philosophical Studies* 70:
185—199.

——(1993b)"Mental Events as Structuring Causes of Behaviour," in John Heil and Alfred Mele (eds), *Mental Causation*, Oxford: Oxford University Press, pp. 121 – 136.

——(1995)*Naturalizing the Mind*, Cambridge, MA: MIT Press.

——(1996)"Absent Qualia," *Mind and Language* 11: 78 – 85.

——(2003)"Skepticism: What Perception Teaches," in Stephen Luper (ed.), *The Skeptics*, Hampshire: Ashgate, pp. 105 – 119.

——(2005)"The Case against Closure," in Matthias Steup and Ernest Sosa (eds) *Contemporary Debates in Epistemology*, Maiden, MA: Blackwell, pp. 13 – 25.

Dummett, Michael (1973) *Frege: Philosophy of Language*, Cambridge, MA: Harvard University Press.

——(1978)*Truth and Other Enigmas*, London: Duckworth.

——(1981)*The Interpretation of Frege's Philosophy*, London: Duckworth.

——(1991)*The Logical Basis of Metaphysics*, Cambridge, MA: Harvard University Press.

Ebbs, Gary (2001) "Is Skepticism about Self – knowledge Coherent?," *Philosophical Studies* 105: 43 – 58.

——(2005)"Why Scepticism about Self – knowledge is Self – undermining". *Analysis* 65: 237 – 244.

Egan, Frances (2009) "Wide Content," in Brian McLaughlin (ed.) *The Oxford Handbook of Philosophy of Mind*, New York: Oxford University Press, pp. 351 – 366.

Evans, Gareth (1973) "The Causal Theory of Names," *Proceedings of the Aristotelian Society*, *Supplementary Volume* 47: 187 – 208.

——(1979) "Reference and Contingency," *Monist* 62: 161 – 189.

——(1981) "Understanding Demonstratives," in Herman Parret and Jacques Bouveresse (eds), *Meaning and Understanding*, Berlin: Walter de Gruyter, pp. 280 – 303.

——(1982) *The Varieties of Reference*, Oxford: Oxford University Press.

Falvey, Kevin (2000) "The Compatibility of Anti – individualism and Privileged Access," *Analysis* 60: 137 – 142

Falvey, Kevin and Owens, Joseph (1994) "Externalism, Self – knowledge, and Skepticism," *Philosophical Review* 103: 107 – 137.

Farkas, Katalin (2003) "What Is Externalism?," Philosophical Studies 112 (3): 187 – 208.

——(2008) *The Subject's Point of View*, Oxford: Oxford University Press.

Fodor, Jerry (1982) "Cognitive Science and the Twin – Earth Problem," *Notre Dame Journal of Formal Logic* 23: 98 – 118.

——(1987) *Psychosemantics: The Problem of Meaning in the Philosophy of Mind*, Cambridge, MA: MIT Press.

——(1991) "A Modal Argument for Narrow Content," *Journal of Philosophy* 88: 5 – 26.

——(1994) *The Elm and the Expert: Mentalese and Its Semantics*, Cambridge, MA: MIT Press.

Forbes, Graeme (1990) "The Indispensability of Sinn," *Philosophical Review* 99 (4): 535 – 563.

Frege, Gottlob (1964) *The Basic Laws of Arithmetic*, partial trans. Montgomery Furth, Berkeley: University of California Press. Originally published in 1893 as *Crundgesetze der Arithmetik* (Jena: Hermann Pohle).

——(1994a) "On Sense and Reference," in Robert M. Harnish (ed.), *Basic Topics in the Philosophy of Language*, New York: Harvester Wheatsheaf, pp. 142 – 60. Originally published in 1892 as "Über Sinn und Bedeutung," *Zeitschrift für Philosophie und Philosophische Kritik* 100: 25 – 50.

——(1994b) "The Thought: A Logical Enquiry," in Robert M. Harnish (ed.)

Basic Topics in the Philosophy of Language, New York: Harvester Wheat – sheaf, pp. 517 – 535. Originally published in 1918 as "Der Gedanke: Eine Logische Untersuchung," in *Beiträge zur Philosophie des Deutschen Idealism us* 1: 58 – 77.

Garcia – Carpintero, Manuel and Macia, Josep (eds) (2006) *Two – Dimensional Semantics*, Oxford: Oxford University Press.

Geach, Peter T (1969) *Cod and the Soul*, London: Routledge.

Gertler, Brie (2004) "We Cant Know A Priori That H2O Exists: But Can We Know That Water Does?," *Analysis* 64: 44 – 47.

——(2010) *Self – knowledge*, Abingdon: Routledge.

Gibbons, John (1996) "Externalism and Knowledge of Content," *Philosophical Review* 105 (3): 287 – 310.

Glüer, Kathrin (2006) "Triangulation," in Ernie Lepore and Barry Smith (eds), *The Oxford Handbook of Philosophy of Language*, Oxford: Oxford University Press, pp. 1006 – 1019.

Goldberg, Nathaniel (2008) "Tension within Triangulation," *Southern Journal of Philosophy* 46: 363 – 383.

Goldberg, Sanford (2002) "Do Anti – individualistic Construals of the Attitudes Capture the Agent's Conceptions?," *Noûs* 36 (4): 597 – 621.

——(2003a) "What Do You Know When You Know Your Own Thoughts?" in Susana Nuccetelli (ed.), *New Essays on Semantic Externalism and Self - knowledge*, Cambridge, MA: MIT Press, pp. 241 -256.

——(2003b) "On Our Alleged A Priori Knowledge That Water Exists," *Analysis* 63: 38 -41.

——(2005) "The Dialectical Context of Boghossian's Memory Argument," *Canadian Journal of Philosophy* 35: 135 -148.

——(2006a) "Brown on Self - knowledge and Discrimination," *Pacific Philosophical Quarterly* 87 (3): 301 -314.

——(2006b) "An Anti - individualistic Semantics for 'Empty' Natural Kind Terms," *Grazer Philosophische Studien* 70: 55 -76.

——(2007a) "Anti - individualism, Content Preservation, and Discursive Justification," *Noûs* 41 (2): 178 -203.

——(ed.) (2007b) *Internalism and Externalism in Semantics and Epistemology*, Oxford: Oxford University Press.

Goldman, Alvin (1967) "A Causal Theory of Knowing," *Journal of Philosophy* 64: 355 -372.

H? ggqvist, S? ren and Wikforss, ? sa (2007) "Externalism and A Posteriori Semantics," *Erkenntnis* 67: 373 -386.

Hahn, Martin and Ramberg, Bj? rn (eds) (2003) *Reflections and Replies: Essays on the Philosophy of Tyler Burge*, Cambridge, MA: MIT Press.

Hawthorne, John (2005) "The Case for Closure," in Matthias Steup and Ernest Sosa (eds), *Contemporary Debates in Epistemology*, Maiden, MA: Blackwell, pp. 26 -42.

Heck, Richard G. (1995) "The Sense of Communication," *Mind* 104 (413): 79 -106.

Heil, John (1998) "Privileged Access," in Peter Ludlow and Norah Martin (eds), *Externalism and Self - knowledge*, Chicago: University of Chicago Press, pp. 129 - 146.

——(2004a) *Philosophy of Mind: A Contemporary Introduction*, Abingdon: Routledge.

——(2004b) "Natural Intentionality," in Richard Schantz (ed.), *The Externalist Challenge*, Berlin: Walter de Gruyter, pp. 287 - 296.

Huemer, Michael (2007) "Epistemic Possibility," *Synthese* 156: 119 - 142.

Hume, David (2000) *A Treatise of Human Nature*, ed. Norton, David F. and Norton, Mary J. , New York: Oxford University Press. Originally published in 1839 - 1840.

Jackson, Frank (1996) "Mental Causation," Mind 105 (419): 377 - 413.

——(1998a) "Reference and Description Revisited," *Philosophical Perspectives* 12: 201 - 218.

——(1998b) *From Metaphysics to Ethics: A Defense of Conceptual Analysis*, Oxford: Oxford University Press.

——(2003) "Narrow Content and Representation - Or Twin Earth Revisited" *Proceedings and Addresses of the American Philosophical Association* 77 (2): 55 - 70.

——(2004) "Why We Need A - Intensions," *Philosophical Studies* 118: 257 - 277.

——(2007) "Reference and Description from the Descriptivist Corner," *Philosophical Books* 48: 17 - 26.

Jackson, Frank and Pettit, Philip (1988) "Functionalism and Broad Content," *Mind* 97: 318 - 400.

——(1990) "Program Explanation: A General Perspective," *Analysis* 50 (2): 107 – 117.

——(1993) "Some Content Is Narrow," in John Heil and Alfred Mele (eds), *Mental Causation*, Oxford: Oxford University Press, pp. 259 – 282.

Johnsen, Bredo (2003) "Of Brains in Vats, Whatever Brains in Vats Might Be," *Philosophical Studies* 112 (3): 225 – 249.

Kallestrup, Jesper (2003) "Paradoxes about Belief," *Australasian Journal of Philosophy* 81: 107 – 117.

——(2006) "The Causal Exclusion Argument," *Philosophical Studies* 131 (2): 459 – 485.

——(2o11) "Recent Work on McKinsey's Paradox," *Analysis* 71: 157 – 171.

——(forthcoming) "Actually – Rigidified Descriptivism Revisited," *Diabetica*, 65(3).

Kaplan, David (1978) "On the Logic of demonstratives," *Journal of Philosophical Logic* 8: 81 – 98.

——(1989) "Demonstratives" in Joseph Almog, John Perry and Howard Wettstein (eds), *Themes from Kaplan*, Oxford: Oxford University Press, pp. 481 – 563.

Kim, jaegwon (1993a) "Events as Property Exemplifications," in his *Supervenience and Mind: Selected Philosophical Essays*, Cambridge: Cambridge University Press, pp. 33—52.

——(1993b) "Dretske on How Reasons Explain Behavior," in his *Super – venience and Mind: Selected Philosophical Essays*, Cambridge: Cambridge University Press, pp. 285 – 308.

Korman, Daniel Z. (2007) "What Externalists Should Say about Dry Earth," *Journal of Philosophy* 103: 503 – 520.

Koslicki, Kathrin (2008) "Natural Kinds and Natural Kind Terms". *Philosophy Compass* 3 (4): 789 – 802.

Kripke, Saul (1979) A Puzzle about Belief in *Meaning and Use*, ed. A. Margalit, Dordrecht: D. Reidel, pp. 239 – 283.

——(1980) *Naming and Necessity*, Cambridge, MA: Harvard University Press. Kroon, Frederick W. (1987) "Causal Descriptivism," *Australasian Journal of Philosophy* 65: 1 – 17.

——(2004) "A – intensions and Communication," *Philosophical Studies* 118: 279 – 298.

Kvanvig, Jonathan (2006) " Closure Principles," *Philosophy Compass* 1 (3): 256 – 267.

Langton, Rae and Lewis, David (1998) "Defining ' Intrinsic ' ," *Philosophy and Phenomenological Research* 58: 333 – 345.

Lepore, Ernest and Ludwig, Kirk (2007) *Donald Davidson: Meaning, Truth, Language, and Reality*, New York: Oxford University Press.

Lewis. David (1972) "Psychophysical and Theoretical Identifications," *Australasian Journal of Philosophy* 50: 249—258.

——(1973) *Counterfactuals*, Oxford: Blackwell.

——(1979) "Attitudes De Dicto and De Se," *Philosophical Review* 88: 513 – 543.

——(1980) " Mad Pain and Martian Pain," in Ned Block (ed.), *Readings in the Philosophy of Psychology*, vol. 1, Cambridge, MA: Harvard University Press, pp. 216 – 222.

——(1984) "Putnam's Paradox," *Australasian Journal of Philosophy* 62: 221 – 236.

Lewis, David (1994) "Reduction of Mind," in Samuel Guttenplan (ed.), *A Companion to Philosophy of Mind*, Oxford: Blackwell, pp. 412 – 431.

——(1997) Naming the Colours, *Australasian Journal of Philosophy* 75: 325 – 342.

——(2002) "Tharp's Third Theorem," *Analysis* 62 (2): 95 – 97.

Loar, Brian (1988) "Social Content and Psychological Content," in Robert Grimm and Daniel Merrill (eds) *Thought and Content*, Tuscon: University of Arizona Press, pp. 99 – 110.

Ludlow, Peter (1995) "Externalism, Self – knowledge, and the Prevalence of Slow – Switching," *Analysis* 55: 45 – 49.

——(1997) "On the Relevance of Slow Switching," *Analysis* 57 (4): 285 – 286.

——(1998) "Social Externalism, Self – knowledge and Memory" in Peter Ludlow and Norah Martin (eds), *Externalism and Self – knowledge*, Chicago: University of Chicago Press, pp. 307 – 310.

——(2003) "Externalism, Logical Form, and Linguistic Intentions," in Alex Barber (ed.), *Epistemology of Language*, Oxford: Oxford University Press, pp. 399 – 414.

Ludlow, Peter and Martin, Norah (eds) (1998) *Externalism and Self – knowledge*, Chicago: University of Chicago Press.

Lycan, William (2008) *Philosophy of Language: A Contemporary Introduction*, Abingdon: Routledge.

Marti, Genoveva (1995) "The Essence of Genuine Reference," *Journal of Philosophical Logic* 24 (3): 275 – 289.

Mcdonald, Graham and Papineau, David (eds) (2006) *Teleosemantics*, New York: Oxford University Press.

McDowell, John (1977) "On the Sense and Reference of a Proper Name," *Mind* 86: 159 – 185.

——(1984) "De Re Senses," *Philosophical Quarterly* 34: 283 – 294.

——(1986) "Singular Thought and the Extent of Inner Space," in John McDowell and Philip Pettit (eds), *Subject, Thought, and Context*, Oxford: Clarendon Press, pp. 137 – 168.

——(1998) *Meaning, Knowledge and Reality*, Cambridge, MA: Harvard University Press.

McGinn, Colin (1977) "Charity, Interpretation, and Belief," *Journal of Philosophy* 74 (9): 521 – 535.

——(1982) "The Structure of Content," in Andrew Woodfield (ed.), *Thought and Object*, Oxford: Oxford University Press, pp. 206 – 258.

——(1989) *Mental Content*, Oxford: Blackwell.

McKinsey, Michael (1991) "Anti – individualism and Privileged Access," *Analysis* 51: 9 – 16.

——(2002) "Forms of. Externalism and Privileged Access," *Philosophical Perspectives* 16: 199 – 224.

——(2003) "Transmission of Warrant and Closure of Warrant," in Susana Nuccetelli (ed.), *New Essays on Semantic Externalism and Self – knowledge*, Cambridge, MA: MIT Press, pp. 97 – 116.

——(2007) "Externalism and Privileged Access are Consistent," in Brian McLaughlin and Jonathan Cohen (eds), *Contemporary Debates in Philosophy of Mind*, Oxford: Blackwell, pp. 53 – 66.

McLaughlin, Brian and Beckermann, Ansgar and Walter, Sven (eds) (2009) *The Oxford Handbook of Philosophy of Mind*, Oxford: Oxford University Press.

McLaughlin, Brian and Cohen, Jonathan (eds) (2007) *Contemporary Debates in Philosophy of Mind*, Oxford: Blackwell.

McLaughlin, Brian and Tye, Michael (1998a) "Is Content – Externalism Compatible with Privileged Access?," *Philosophical Review* 107 (3): 349 – 380.

——(1998b) "Externalism, Twin Earth, and Self – knowledge," in Crispin Wright, Barry Smith and Cynthia Macdonald (eds), *Knowing Our Own Minds*, Oxford: Oxford University Press, pp. 285 – 320.

Mellor, Hugh. D. (1977) "Natural Kinds," *British Journal for the Philosophy of Science* 28 (4): 299 – 312.

Mendola, Joseph (2008) *Anti – externalism*, Oxford: Oxford University Press.

Menzies, Peter (2007) "Mental Causation on the Program Model," in Geoffrey Brennan, Robert Goodin and Michael Smith (eds), *The Common Mind: Essays in Honour of Philip Pettit*, Oxford: Oxford University Press, pp. 28 – 54.

Mill, John S. (1963) *System of Logic, in Collected Works of John Stuart Mill*, ed. J. M. Robson, Toronto: University of Toronto Press. Originally published in 1843.

Millar, Alex (2007) *Philosophy of Language*, Abingdon: Routledge.

Millikan, Ruth (1989) "Biosemantics," *Journal of Philosophy* 86: 281 – 297.

——(1996) "Swampkinds," *Mind and Language* 11: 103 – 117.

Neander, Karen (1996) Swampman Meets Swampcow, *Mind and Language* 11; 118 – 129.

Needham, Paul (2000) "What Is Water?," *Analysis* 60: 13 – 21.

Newman, Anthony (2005) "Two Grades of Internalism (Pass and Fail)," *Philosophical Studies* 122: 153 – 169.

Noonan, Harold W. (1991) "Object – Dependent Thoughts and Psychological Redundancy," *Analysis* 50: 1 – 9.

——(1993) "Object – Dependent Thoughts: A Case of Superficial Necessity but Deep Contingency," in John Heil and Alfred Mele (eds) *Mental Causation*, Oxford: Oxford University Press, pp. 283 – 308.

——(1998) "Reflections on Putnam, Wright and Brains in Vats," *Analysis* 58: 59 – 62.

——(2000) "Reply to Sawyer on Brains in Vats," *Analysis* 60 (3): 247 – 249.

——(2001) *Frege. A Critical Introduction*, Cambridge: Polity Press.

Noordhof, Paul (2004) "Outsmarting the McKinsey – Brown Argument?," *Analysis* 64: 48 – 56.

——(2005) "The Transmogrification of A Posteriori Knowledge: Reply to Brueckner," *Analysis* 65: 88 – 89.

Nozick, Robert (1981) *Philosophical Explanations*, Cambridge, MA: Harvard University Press.

Nuccetelli, Susana (2003a) "Knowing That One Knows What One Is Talking About," in Susana Nuccetelli (ed.), *New Essays on Semantic Externalism and Self – knowledge*, Cambridge, MA: MIT Press, pp. 169 – 184.

——(ed.) (2003b) *Semantic Externalism and Self – knowledge*, Cambridge, MA: MIT Press.

Owens, Joseph (1987) "In Defense of a Different Doppelganger," *Philosophical Review* 96: 521 – 554.

——(1993) "Content, causation, and psychophysical supervenience," *Philosophy of Science* 60 (2): 242 – 261.

Papineau, David (1993) *Philosophical Naturalism*, Oxford: Blackwell.

——(2005) "Naturalist Theories of Meaning," in Ernie Lepore and Barry Smith (eds), *The Oxford Handbook of Philosophy of Language*, Oxford: Oxford University Press, pp. 175 – 188.

Peacocke, Christopher (1981) "Demonstrative Thought and Psychological Explanation," *Synthese* 49: 187 – 217.

——(1993) "Externalist Explanation," *Proceedings of the Aristotelian Society* 67: 203 – 230.

Perry John (1993) *The Problem of the Essential Indexical and Other Essays*, Oxford: Oxford University Press.

Pessin, Andrew and Goldberg, Sanford (eds) (1996) *The Twin Earth Chronicles*, New York: M. E. Sharp.

Prior, Elisabeth and Pargetter, Robert and Jackson, Frank (1982) "Three Theses about Dispositions," *American Philosophical Quarterly* 19: 251 – 257.

Pryor, James (2007) "What's Wrong with McKinsey – Style Reasoning," in Sanford Goldberg (ed.), *Internalism and Externalism in Semantics and Epistemology*, Oxford: Oxford University Press, pp. 177 – 200.

Putnam, Hilary (1975) "The Meaning of 'Meaning'," *Minnesota Studies in the Philosophy of Science* 7: 131 – 193.

——(1981) *Reason, Truth and History*, Cambridge: Cambridge University Press.

——(1990) "Is Water Necessarily H2O?" in his *Realism with a Human Face*, Cambridge, MA: Harvard University Press, pp. 54 – 79.

——(1996) "Introduction," in Andrew Pessin and Sanford Gold-

berg (eds), *The Twin Earth Chronicles*, New York: M. E. Sharp, xv
–xxii.

——(1999) "Brains in a Vat," in Keith DeRose and Ted A.
Warfield (eds), *Skepticism: A Contemporary Reader*, Oxford: Oxford
University Press, pp. 27 –42.

Recanati, François (1993) *Direct Reference: From Language to
Thought*, Oxford: Blackwell.

——(1997) "Can We Believe What We Do Not Understand?,"
Mind and Language 12: 84 –100.

——(2000) "Deferential Concepts: A Response to Woodfield,"
Mind and Language 15: 452 –460.

——(2007) *Perspectival Thought. A Plea for Moderate Relativ-
ism*, Oxford: Oxford University Press.

Rowlands, Mark (2003) *Externalism: Putting Mind and World
Back Together Again*, Chesham: Acumen.

Russell, Bertrand (1994) "On Denoting" in Robert M. Harnish
(ed.), *Basic Topics in the Philosophy of Language*, New York: Har-
vester Wheatsheaf, pp. 161 – 173. Originally published in 1905 in
Mind 14: 479 –493.

Salmon, Nathan (1981) *Reference and Essence*, Princeton: Prin-
ceton University Press.

——(1986) *Frege's Puzzle*, Cambridge, MA: Bradford Books,
MIT Press.

——(2003) "Naming, Necessity, and Beyond," *Mind* 112: 475
–492.

Sawyer, Sarah (1998) "Privileged Access to the World," *Austral-
asian Journal of Philosophy* 76: 523 –533.

——(1999) "My Language Disquotes," *Analysis* 59 (3): 206 –

211.

——(2003) "Conceptual Errors and Social Externalism," *Philosophical Quarterly* 53: 265 –273.

Schantz, Richard (ed.) (2004) *The Externalist Challenge*, Berlin: Walter de Gruyter.

Schiffer, Stephen (i992) "Boghossian on Externalism and Inference," *Philosophical Issues* 2: 29 –38.

Schroeter, Laura (2004) "The Rationalist Foundations of Chalmers'2 – D Semantics," *Philosophical Studies* 118: 227 –255.

Searle, John R. (1958) "Proper Names," *Mind* 67: 166 –173.

——(1983) *Intentionality: An Essay in the Philosophy of Mind*, Cambridge: Cambridge University Press.

Segal, Gabriel (1989) "The Return of the Individual," *Mind* 98: 39 –57.

——(2000) *A Slim Book about Narrow Content*, Cambridge, MA: MIT Press.

——(2004) "Reference, Causal Powers, Externalist Intuitions, and Unicorns," in Richard Schantz (ed.), *The Externalist Challenge*. Berlin: Walter de Gruyter, pp. 329 –346.

Segal, Gabriel (2007) "Cognitive Content and Propositional Attitude Attributions" in Brian McLaughlin and Jonathan Cohen (eds) *Contemporary Debates in the Philosophy of Mind*, Oxford: Blackwell.

——(2009) "Narrow Content," in Brian McLaughlin (ed.) *The Oxford Handbook of Philosophy of Mind*, New York: Oxford University Press, pp. 367 –380.

Segal, Gabriel and Sober, Elliott (1991) "The Causal Efficacy of Content," *Philosophical Studies* 63: 1 –30.

Shoemaker, Sydney (1995) "Moore's Paradox and Self – knowledge," *Philosophical Studies* 77: 211 – 228.

Smith, Michael (2004) "Humean Rationality" in Alfred Mele and Piers Rawling (eds), *The Handbook of Rationality*, New York: Oxford University Press, pp. 75 – 92.

Soames, Scott (1987) " Substitutivity," in Judith Thomson (ed.), *On Being and Saying*, Cambridge, MA: MIT Press, pp. 99 – 132.

——(1989) "Direct Reference, Propositional Attitudes and Semantic Content" *Philosophical Topics* 15: 44 – 87.

——(1998) "The Modal Argument: Wide Scope and Rigidified: Descriptions," *Noûs* 32: 1 – 22.

——(2002) *Beyond Rigidity: The Unfinished Semantic Agenda of "Naming and Necessity*," Oxford: Oxford University Press.

——(2005) *Reference and Description: The Case against Two – Dimensionalism*, Princeton: Princeton University Press.

——(2007) "What Are Natural Kinds," *Philosophical Topics* 35 (1 – 2): 329 – 342.

Sosa, Ernest (2007) *A Virtue Epistemology: Apt Belief and Reflective Knowledge*, Oxford: Oxford University Press.

Stalnaker, Robert (I 989) "On What's in the Head," *Philosophical Perspectives* 3: 287 – 319.

——(1990) "Narrow Content," in Anthony Anderson and Joseph Owens (eds), *Propositional Attitudes: The Role of Content in Logic, Language, and Mind*, Stanford: CSLI, pp. 131 – 146.

——(1997) "Reference and Necessity" in Bob Hale and Crispin Wright (eds), *A Companion to the Philosophy of Language*, Oxford; Blackwell PP. 534 – 554.

——(1999) *Context and Content*, Oxford: Oxford University

Press.

——(2001) "On Considering a Possible World as Actual," *Proceedings of the Aristotelian Society, Supplementary Volume* 75: 141 – 156.

Stanley, Jason (1997) "Names and Rigid Designation," in Bob Hale and Crispin Wright (eds), *A Companion to the Philosophy of Language*, Oxford: Blackwell Press, pp. 555 – 585.

Stich, Stephen (1978) "Autonomous Psychology and the Belief – Desire Thesis," *Monist* 61: 573 – 591.

——(1983) *From Folk Psychology to Cognitive Science*, Cambridge, MA: MIT Press.

Stoljar, Daniel (2008) "Distinctions in Distinction," in Jakob Hohwy and Jesper Kallestrup (eds), *Being Reduced: New Essays on Causation and Explanation in the Special Sciences*, Oxford: Oxford University Press, pp. 263 – 279.

Strawson, Peter F. (1950) "On Referring," *Mind* 59: 320 – 344.

Thau, Michael (2002) *Consciousness and Cognition*, New York: Oxford University Press.

Tye, Michael (2009) *Consciousness Revisited: Materialism without Phenomenal Concepts*, Cambridge, MA: MIT Press.

Vahid, Hamid (2003) "Externalism, Slow Switching and Privileged Self – knowledge," *Philosophy and Phenomenological Research* 66: 370 – 388.

Warfield, Ted A. (1992) "Privileged Self – knowledge and Externalism Are Compatible," *Analysis* 52 (4): 232 – 237.

——(1995) "Knowing the World and Knowing Our Minds," *Philosophy and Phenomenological Research* 55: 525 – 545.

——(1997) "Externalism, Privileged Self – knowledge, and the Irrelevance of Slow Switching," *Analysis* 57 (4): 282 – 284.

——(1999) "A Priori Knowledge of the World: Knowing the World by Knowing Our Minds," in Keith DeRose and Ted A. Warfield (eds), *Skepticism: A Contemporary Reader*, Oxford: Oxford University Press, pp. 76 – 92.

White Stephen L (1982) "Partial Character and the Language of Thought," *Pacific Philosophical Quarterly* 63: 347 – 365.

Wikforss, ? sa M. (2001) "Social Externalism and Conceptual Errors," *Philosophical Quarterly* 51: 217 – 231.

Williamson, Timothy (2000) *Knowledge and Its Limits*, Oxford: Oxford University Press.

Wilson, Robert A. (1992) "Individualism, Causal Powers, and Explanation," *Philosophical Studies* 68: 103 – 139.

——(1995) *Cartesian Psychology and Physical Minds: Individualism and the Sciences of Mind*, New York: Cambridge University Press.

Wittgenstein, Ludwig (1968) *Philosophical investigations*, trans. C. E. M. Anscombe, New York: Macmillan. Originally published in 1953.

Wright, Crispin (1991) "Scepticism and Dreaming: Imploding the Demon," *Mind* 100: 87 – 116.

——(1992) "On Putnam's Proof That We Are Not Brains – in – a – Vat," *Proceedings of the Aristotelian Society* 92: 67 – 94.

——(1998) "Self – knowledge: The Wittgensteinian Legacy," in Crispin Wright, Barry Smith and Cynthia Macdonald (eds), *Knowing Our Own Minds*, Oxford: Oxford University Press, pp. 13 – 46.

——(2000) "Cogency and Question – begging: Some Reflections

on McKinsey's Paradox and Putnam's Proof," *Philosophical Issues* 10: 140 – 163.

———(2003) "Some Reflections on the Acquisition of Warrant by Inference," in Susana Nuccetelli (ed.), *New Essays on Semantic Externalism, Scepticism, and Self – knowledge*, Cambridge, MA: MIT Press, pp. 57 – 77.

Wright, Crispin, Smith, Barn/ and Macdonald, Cynthia (eds) (1998) *Knowing Our Own Minds*, Oxford: Oxford University Press.

Yablo, Stephen (1992) "Mental Causation," *Philosophical Review* 101: 245 – 280.

———(1997) "Wide Causation," *Philosophical Perspectives* 11: 251 – 281.

———(2003) "Causal Relevance," *Philosophical Issues* 13: 316 – 328.

Zimmerman, Aaron (2008) "Self – knowledge: Rationalism vs. Empiricism," *Philosophical Compass* 3 (2): 325 – 352.

图书在版编目（CIP）数据

语义外在论/(丹) 杰斯帕·凯勒斯特拉普著；李奓译. --北京：
华夏出版社，2016.7
书名原文: Semantic externalism
ISBN 978-7-5080-8832-7

Ⅰ. ①语⋯　Ⅱ. ①杰⋯　②李⋯　Ⅲ. ①心灵学－研究
②语言哲学－研究　Ⅳ. ①B846②H0

中国版本图书馆 CIP 数据核字(2016)第 117069 号

Semantic externalism/ by Jesper Kallestrup/ ISBN:978-0-415-44997-7
Copyright© 2012 by Routledge.
Authorised translation from the English language edition published by Routledge,
a member of the Taylor & Francis Group. Copies of this book sold without a
Taylor & Francis sticker on the cover are unauthorized and illegal.

语义外在论

作　　者　　[丹麦] 杰斯帕·凯勒斯特拉普
译　　者　　李　奓
责任编辑　　罗　庆

出版发行　　华夏出版社
经　　销　　新华书店
印　　装　　三河市少明印务有限公司
版　　次　　2016 年 7 月北京第 1 版
　　　　　　2016 年 8 月北京第 1 次印刷
开　　本　　880×1230　　1/32 开
印　　张　　10
字　　数　　247 千字
定　　价　　45.00 元

华夏出版社　地址:北京市东直门外香河园北里 4 号　　邮编:100028
　　　　　　　　网址:www.hxph.com.cn　　电话：（010）64663331（转）
若发现本版图书有印装质量问题，请与我社营销中心联系调换。